医用钛表面生物压电涂层

汤玉斐　吴 聪　吴子祥　著

扫码获得数字资源

北 京
冶 金 工 业 出 版 社
2024

内容提要

本书从生物压电涂层的压电效应对涂层快速钙沉积、骨整合、抗菌性能的调控等方面进行了阐述，分析了压电效应在涂层中的作用机理。本书共分 6 章，主要内容包括：绪论；钛表面 PVDF 和 HA/PVDF 生物压电涂层；钛及钛合金表面 TiO_2@$BaTiO_3$ 同轴纳米管生物压电涂层；钛表面生物压电缓释药物涂层；钛表面 BCZT 生物压电涂层；钛表面 BST 棒阵列生物压电涂层。

本书既可供从事医用钛表面改性技术的研究人员、技术人员阅读，也可供高等院校生物材料、表面工程及相关专业的师生学习参考。

图书在版编目(CIP)数据

医用钛表面生物压电涂层/汤玉斐，吴聪，吴子祥著．—北京：冶金工业出版社，2024. 8. —ISBN 978-7-5024-9909-9

Ⅰ. TG146. 23

中国国家版本馆 CIP 数据核字第 2024LY1347 号

医用钛表面生物压电涂层

出版发行	冶金工业出版社	**电　话**	(010)64027926
地　址	北京市东城区嵩祝院北巷 39 号	**邮　编**	100009
网　址	www. mip1953. com	**电子信箱**	service@ mip1953. com

责任编辑　郭冬艳　美术编辑　吕欣童　版式设计　郑小利

责任校对　李欣雨　责任印制　窦　唯

北京建宏印刷有限公司印刷

2024 年 8 月第 1 版，2024 年 8 月第 1 次印刷

710mm×1000mm　1/16；12 印张；233 千字；182 页

定价 66. 00 元

投稿电话　(010)64027932　投稿信箱　tougao@cnmip. com. cn

营销中心电话　(010)64044283

冶金工业出版社天猫旗舰店　yjgycbs. tmall. com

(本书如有印装质量问题，本社营销中心负责退换)

前　言

医用钛及其合金具有优异的生物性能、力学性能和耐腐蚀性能，使其成为临床上应用最广泛的骨植入材料。目前，临床上所应用的钛及其合金都是生物惰性材料，植入生物体后只能与骨缺损周围的原生骨组织形成简单的机械结合，不能形成强有力的骨性结合，植入体很容易发生松动甚至失效，从而给患者造成二次伤害。此外，术后钛种植体感染仍然是最常见和最严重的并发症之一。虽然目前临床医学在骨植入手术时进行了严格的灭菌，但细菌感染常发生在手术后，同时为了有利于骨整合，医用钛及其合金植入物会设计成粗糙的表面，这也会为细菌的黏附提供有利的条件，极大地增加了感染的风险。

本书从医用钛的发展历史、理化性能等方面进行了介绍，并对医用钛在临床应用中存在的问题、医用钛表面改性以及压电效应在生物材料中的应用进行了详细的讲述。通过对钛表面阳极氧化制备出具有纳米管结构的二氧化钛涂层，并将具有和人骨类似压电效应的聚偏氟乙烯（PVDF）高分子材料和纳米羟基磷灰石引入涂层中，探究压电效应对涂层快速钙沉积的耦合作用机制；进一步将钛酸钡、锆钛酸钡钙压电材料引入钛表面二氧化钛纳米管涂层中，制备出具有压电效应的涂层，研究了具有压电效应的钛表面涂层的骨整合和骨生长过程，在此基础上将药物引入到所制备的涂层中解决细菌感染的问题，探讨压电效应在药物辅助促进骨修复过程中所起的作用。此外，设计了响应低强度脉冲超声的钛酸锶钡压电棒状阵列结构涂层，对压电电荷在纳米棒表面的分布进行了研究，阐明了压电效应对载银棒阵列涂层的抗菌银离子释放的影响。

目前，国内尚无全面详实介绍医用钛表面生物压电抗菌涂层的专业书籍，相关研究人员对压电效应在骨修复以及抗感染中的作用理解尚处于待完善和发展阶段。本书对生物医用钛及钛合金的表面改性研究具有一定的参考价值，同时，我们也期望通过本书促进生物医用钛表面改性技术的创新和进步。

本书内容所涉及的相关研究，依托项目组承担的国家自然科学基金、中国博士后科学基金等科研项目，也参考了相关领域的文献资料，本书的所有章节均由项目承担人员撰写，包括西安理工大学材料科学与工程学院汤玉斐教授、西安理工大学材料科学与工程学院吴聪博士、中国人民解放军空军军医大学西京医院吴子祥医师等。衷心感谢各位教师和研究生对本书撰写所做的工作。

鉴于本书涉及内容较多，作者水平有限，书中难免有疏漏和不足之处，敬请读者提出宝贵意见。

作　者

2024年2月

目　　录

1 绪　　论

医用钛及钛合金优异的力学性能、耐腐蚀性和生物惰性使得其成为临床上应用最广泛的骨植入材料之一，但在临床方面仍存在亟待解决的问题，其生物惰性在植入体内后不能和附近组织形成有效的骨性结合，存在容易松动甚至失效的可能性。另外，医用钛及钛合金在手术移植过程中不可避免地存在细菌感染的风险，为了有利于骨整合，医用钛及钛合金植入物会设计成有利于细胞黏附的粗糙表面，但这又极大地增加了感染的风险。同时，临床上需要尽可能地缩短骨修复周期以减轻患者的痛苦和不便。随着社会的发展，老年人口和骨科疾病患者对医用钛及钛合金的需求量日益增加，在过去的几十年间，研究者们对具有良好的生物相容性的可植入的骨科材料展开了广泛的研究。本章将首先介绍医用钛及钛合金，然后讨论医用钛及钛合金在临床上所面临的问题和医用钛及钛合金的表面改性，最后综述了压电效应的作用。

1.1　医用钛及钛合金简介

1.1.1　医用钛及钛合金发展史

生物医用钛及钛合金根据其发展历程和研究顺序可分为三个阶段，第一阶段是以纯钛和Ti-6Al-4V合金为代表的传统钛合金阶段；第二阶段是以Ti-5Al-2.5Fe和Ti-6Al-7Nb为代表的新型α+β型合金阶段；目前则进入了第三阶段即β钛合金阶段，以开发与研制具有更好的生物相容性和更低弹性模量的钛合金为主。

（1）以纯钛和Ti-6Al-4V合金为代表阶段。纯钛应用于生物体作为体内植入材料始于20世纪中叶的美国和英国，主要用于口腔修复及承载较小的骨替换，如制造螺钉、髓内钉、接骨板和髋关节等。20世纪70年代我国开始使用纯钛制作一些骨损伤体内替代物并在临床试用，取得了较好的疗效。Ti-6Al-4V合金最初是为航天应用而设计的，在20世纪70年代后期因其良好的加工性能和生物相容性被用于外科修复材料：如整形外科植物器械等；Ti-3Al-2.5V材料的出现也在临床上被试用，这种材料较Ti-6Al-4V生物相容性更好，但这类合金的力学性能尤其是耐腐蚀性依然不强。同时，研究人员发现当V离子进入人体后，将引起慢性炎症，V中毒还可能致癌；这类合金弹性模量较生物体骨组织偏高，植入人体一段时间后容易引起骨组织二次损伤，植入物松动等，产生“应力屏蔽”现象。为了避免V毒性引起不良反应、提高材料耐蚀性能、降低材料弹性模量，钛合金研究人员开始寻找V替换元素研发新的钛合金。

（2）新型α+β型钛合金阶段。在20世纪80年代开始进入以Ti-5Al-2.5Fe和Ti-6Al-7Nb合金为代表的α+β型合金时代。瑞士SULZER医学技术公司利用Nb、Mo、Zr元素等代替V，消除了V元素对人体的毒性副作用，开发出Ti-6Al-7Nb、Ti-5Al-2.5Fe、Ti-5Al-3Mo-4Zr合金。根据金属细胞毒性实验和身体防御反应实验显示，Ti-6Al-7Nb合金强度和耐蚀性都比较好，作为牙科用造型材料比纯钛好。Ti-5Al-2.5Fe合金是由德国科学家研发的无钒α+β型钛合金，属于中高强度材料，力学性能与Ti-6Al-4V合金相当，有效地去除了V离子可能产生的毒性。虽然Ti-6Al-7Nb和Ti-5Al-2.5Fe合金生物相容性和耐腐蚀性能都有所提高，但仍有不足之处：与人体骨骼的最大弹性模量仍存在很大差距；含有细胞毒性元素Al，Al在人体内积蓄后，Al离子与无机磷结合使体内缺磷，将诱发器官的损伤，还可能引起骨软化、贫血和老年痴呆症等；材料的生物活性低，骨的传导性低于生物活性陶瓷等。Ti-2.5Al-2.5Mo-2.5Zr（TAMZ）合金是由西北有色金属研究院和第四军医大学共同研制的新型外科植入用钛合金，与Ti-6Al-4V相比，TAMZ材料具有优良的技术成型性、易制成各种形状的部件、无V元素和低成本。TAMZ的强度比Ti-6Al-4V和Ti-5Al-2.5Fe合金的低约100 MPa，抗腐蚀性约为Ti-6Al-4V合金的1.5倍，疲劳性能约为Ti-6Al-4V合金的1.2倍。经实验研究表明，TAMZ合金具备与纯钛相似的良好细胞相容性，不会引起细胞毒性反应，是理想的生物医用钛合金，在临床上作为制作人工骨、人工关节、种植体、口腔修复材料、外科内固定材料等组织修复替代材料，而且不引起急性溶血反应，具有广泛的应用前景。

（3）新型β型生物用钛合金阶段。为了进一步提高钛合金植入物的生物体力学适应性，改善植入物与自然骨骼之间的应力屏蔽问题，降低合金元素的细胞毒性、弹性模量，适应临床对植入材料提出的更高要求，研究人员进行了大量新型β钛合金的研究工作。最近报道的目前已开发或正在研究的β生物钛合金，主要有Ti-Zr系、Ti-Mo系、Ti-Ta系、Ti-Ta-Zr系、Ti-Nb-Hf系、Ti-Nb-Zr系、Ti-Nb-Sn系、Ti-Nb-Ta-Zr系、Ti-Fe-Ta系、Ti-Mo-Zr-Sn系、Ti-Sn-Nb-Ta系、Ti-Mo-Zr-Fe系、Ti-Mo-Nb-Si系、Ti-Mo-Ga系、Ti-Mo-Ge系、Ti-Mo-Al系等合金。

与α+β型钛合金相比，β型钛合金在设计时添加了适量的β相稳定元素，如Nb、Pd、Ta、Zr、Mo、Sn、Fe等，这些合金元素同样具有良好的生物相容性，其中Zr和Sn为中性元素，一般用来强化合金；Nb、Ta、Mo是β相稳定元素，可以在β钛合金中无限固溶，改善合金热加工性能；Nb还能够提高合金耐腐蚀性，Mo可以细化合金晶粒。因为β相稳定元素的作用，β型钛合金较α+β型钛合金的弹性模量更低，因此作为植入用生物医用材料，成为α+β型钛合金的理想替代品。美国和日本的钛合金研究人员发现 Nb 含量与钛合金的弹性模量有一定关系，相继开发出提高铌含量且弹性模量更低的 Ti-35. 3Nb-5. 1Ta-7. 1Zr 及 Ti-29Nb-13Ta-4. 6Zr 等 β 钛合金。Ti-35. 3Nb-5. 1Ta-7. 1Zr 合金拥有良好的力学融合性，且其弹性模量接近于人体致密骨的弹性模量约为 55. 0 GPa。Ti-22Nb-13Ta-4. 6Zr 合金经固溶时效后抗拉强度最高达到了 700 MPa，其最低弹性模量可控制在 60 GPa 左右。Ti-50Nb-20Ge 合金的抗拉强度接近 800 MPa，固溶后由于马氏体转变，合金的延伸率可达到 20%以上，合金的弹性模量只有 55 GPa，非常接近人体骨骼。这一阶段研究者还研发了 Ti-27Nb、Ti-24Nb-1Mo、Ti-2Nb-2Mo 和 Ti-18Nb-3Mo 合金，这些合金在力学性能检验中表现出良好的超弹性；还有学者研究了 O 元素对 Ti-22. 5Nb-0. 2Ta-2Zr（原子分数,%）合金性能的影响，研究发现 Ti-22. 5Nb-0. 2Ta-2Zr（原子分数,%）合金的抗拉强度会随氧含量的增加而增加，伸长率会降低，当 O 含量为 1. 5%时合金的弹性模量最低。

1.1.2 医用钛及钛合金的分类

根据其原子晶体结构，医用钛及钛合金分为四类：α、近 α、α+β 和 β 合金。

α 型钛合金有一种主成分相，称为 α 相，其晶体结构为 HCP。α 合金中的主要合金成分是铁和氧，它们比其他钛合金更耐蠕变，用于低温和高温应用，提供足够的强度、硬度和可焊性，但它们难以锻造。

一种商业生产的 α 合金是单相 Ti-Al-2. 5Sn 合金，近 α 合金中 α 稳定剂的比例高于 β 稳定剂。Ti-3Al-2. 5V、Ti-8Al-1Mo-1V 和 Ti-6Al-2Sn-4Zr-2Mo 属于这一类合金。这些合金用于制造在 400~520 ℃的温度下操作的组件。

α+β 合金有 α 相和 β 相，室温下 β 相的变化范围为整个相的 10%~50%，Ti-6Al-4V、Ti-6Al-2Sn-4zr-6Mo 和 Ti-6Al-2Sn 是最常见的 α+β 型钛合金。热处理改变了 β 相元素的数量和类型，影响了合金的性能。由 α+β 合金制成的组件可以在 315~400 ℃ 的温度下工作。Ti-15V-3Cr-3Al-3Sn、Ti-3Al-8V-6Cr-4Mo4Zr 和 Ti-10V-2Fe-3Al 合金的相均含有 β 稳定剂。

β 相是型钛合金中最常见的成分相，具有 BCC 晶体结构。它们可以很容易地在较大的锻造温度范围内锻造，易于加工，具有良好的抗应力腐蚀性能，还可以热处理到高强度。由于其冷轧特性，它们经常被用于生产薄板。一些 β 合金，如 Ti-10V-2Fe-3Al，具有出色的疲劳性能，而另一些合金（如 Ti-15V-3Cr-3Al-3Sn）与它们的强度相比，疲劳性能较差。

（1）纯钛。市场上可用的纯钛可分为 1、2、3 和 4 级，分级决定了工业纯钛（CP 钛）的耐腐蚀性、延展性和强度。在 1 级 CP 钛中，铁（Fe）和氧（O）的含量最低，使其最易形成。氧和铁含量，以及机械强度，在 2、3 和 4 级逐步增加。在所有四类 CP 钛中，耐腐蚀性能几乎相同。对于要求高耐腐蚀性和良好延展性的应用，2 级比其他的优先。与不锈钢相比，CP 钛具有更强的耐腐蚀性能和更高的机械强度，因此被用作植体。其抗拉强度为 240~550 MPa，杨氏模量为 100 GPa，硬度 HRB 为 70~100。由于机械质量有限，它主要用于种植牙的生产。

（2）Ti-6Al-4V。Ti-6Al-4V 合金中，Al（5.5%~6.1%）为 α 相稳定剂，V(3.9%~4.2%）为 β 相稳定剂。该合金可经过磨辊退火、固溶处理和时效处理，在退火状态下使用时，其微观组织对力学性能有相当大的影响。Ti-6Al-4V 是一种广泛应用于骨科植入物等生物医学领域的钛合金，这种合金最初用于航空航天应用，由于其优良的生物相容性和耐腐蚀性，已进入生物医学行业。其抗拉强度极高（可达 1100 MPa），比密度低，杨氏模量低，硬度高达 36 HRC，疲劳强度高，耐腐蚀性能增强，断裂韧性高，生物相容性好，它还有良好的焊接性和耐蠕变高达 300 ℃。

（3）钛铝铌合金。在生物医学应用中，Ti-6Al-7Nb 是一种通常替代 Ti-6Al-4V 合金的新型钛合金，它在 20 世纪 70 年代被开发出来，作为一种不含钒的植入物，以减轻与钒相关的细胞毒性。该合金可用于棒材、小方坯、挤压件等的铣削形式，是一种三元无钒 α+β 钛合金植入材料，具有良好的生物相容性、力学特性和耐腐蚀性能。

（4）钛镍合金。镍钛合金是一种形状记忆合金（SMA），被广泛应用于各种领域，包括生物医学、微机电系统、驱动器、航空航天和汽车设备，具有形状记忆效应、超弹性、生物相容性和耐腐蚀等特性。

（5）钛锆合金。由于第一代钛合金存在的问题，新的第二代钛合金被研究、制造并推向市场。β 相稳定剂如锆（Zr）、铌（Nb）、锡（Sn）、钯（Pd）、钽（Ta）和铟（In）被用作这些创新钛合金的合金元素，它们具有优良的加工性能和力学性能、生物相容性、耐腐蚀性、弹性模量和耐磨性。

（6）钛铌锆合金。Ti-13Nb-13Zr 合金是多种近 β 型钛合金中的一种，由 Davidson 和 Kovacs 于 20 世纪 90 年代初开发。它具有以铌形式存在的 β 相稳定剂，锆与钛的 α 相和 β 相是同构的。它由水淬条件下的 HCP 马氏体和时效后的亚显微 BCC β 相组成。由于其合金成分，弹性模量（65~79 GPa）较标准 5 级钛合金低，生物相容性好，耐腐蚀性强。

（7）钛锆铌钽合金。由于 Ti、Zr、Ta 和 Nb 颗粒萃取介质中释放的金属离子数量适中（0.3 mg/L），该合金的成分是生物兼容的。与 Ti-6Al-4V 合金相比，由于添加了 Zr，该合金的机械强度更高，弹性模量更低，耐腐蚀能力更强，在 1×10^{8}次循环时，其疲劳强度约为 730 MPa。这种合金不含细胞毒性成分，具有很高的生成磷灰石的能力。

1.1.3 医用钛及钛合金的理化性能

作为植入体材料，医用钛及钛合金需要在人体组织液中长期服役，并且对人体无不良副作用。因此，医用钛及钛合金应具备优异的力学性能、耐磨性、耐蚀性及生物相容性等。

（1）力学性能。医用钛及钛合金应具备良好的力学性能，包括高强度、低弹性模量、高疲劳强度及高延展性。人体的环境复杂多变，植入体材料的强度需要与人体骨组织相匹配；否则，人体骨组织将会因承受力不平衡而造成肌肉萎缩或者骨松动。人体骨组织的弹性模量为10~30 GPa，常用的医用钛及钛合金的弹性模量都远大于人体骨组织的弹性模量，这种弹性模量的不匹配性会导致高弹性模量的植入材料承受几乎所有的负载，阻止了所需应力传递到相邻的骨组织，引起较大的应力集中，产生“应力屏蔽”现象。这种现象会导致植入体周围的骨再吸收，随后会出现植入体松动、脱落，最终导致植入失败，医用金属材料的疲劳强度决定了其植入人体是否能够长期承受循环载荷和应力的综合作用。因此，医用钛及钛合金需要具备与骨组织相近的高强度、低弹性模量及高疲劳强度，这样可以增加植入体的服役时间，避免对患者的二次伤害。

（2）耐磨性及耐蚀性。人体组织环境与周围外界环境完全不同，医用金属材料在人体组织液中应具备优异的耐磨性及耐蚀性。人体关节之间不可避免地会发生磨损，耐磨性差的医用金属材料在长期使用过程中会产生大量磨屑，磨屑的堆积会使周围组织发生异常的生化反应，还可能引发骨吸收，进而导致植入体松动，并且磨屑中的有害离子会引发机体的炎症、过敏及毒性反应。例如，316L（美国牌号，相当于我国的022Cr17Ni12Mo2）不锈钢中的镍（Ni）离子对组织细胞造成毒性，引起皮炎等皮肤病；Ti-6Al-4V中的铝（Al）离子会刺激神经中枢细胞，造成神经毒性；钒（V）离子对人体具有致癌性。此外，磨屑进入关节之间也会加速植入体材料的磨损，减少植入体的使用寿命，增加患者的痛苦。植入体材料的耐蚀性在一定程度上决定了其在人体内的服役时间，人体不同组织处的pH值及氧浓度不同，这一复杂特性使得植入体在人体内的耐蚀性表现不同。植入体材料要适应人体的复杂环境，就必须具备优异的耐蚀性。耐蚀性较差的植入体在人体组织液中发生腐蚀，释放出有害的离子，会给人体造成潜在的危害。另外，腐蚀会降低植入体的力学性能，使其出现过早断裂等失效行为。因此，研究具有优良耐磨性和耐蚀性的医用金属材料，对提高种植体材料安全性和使用周期性具有重要的意义。

（3）生物相容性。植入体与人体组织直接接触，植入体材料对人体不产生任何毒副作用是至关重要的。人体环境的主要组成是水，细胞内水的质量分数为65%~90%。人体内约有96%的元素为C、H、O、N，其组成了水和蛋白质；剩下的元素（4%）主要存在于骨骼、血液及细胞外液中，如矿物质（Ca、Mg 和 P）和电解质（Na、K 和 Cl）。此外，人体内的一些微量元素发挥着特殊的生理作用，但这些微量元素过量也会影响人体健康，这就要求植入材料所含元素无毒且适量，在体内不会产生宿主反应和材料反应，良好的生物相容性是植入体材料植入成功的关键因素。

1.2 医用钛及钛合金在临床应用中面临的问题

生物医用钛及钛合金材料因具有抗拉强度高、比强度高、抗拉强度与屈服强度接近等良好的力学性能，优异的耐腐蚀性能，无磁性，导热系数小，弹性模量低等特点，在生物体外科移植中获得了广泛的应用。但钛及钛合金材料的研究依然存在一些问题，因加入合金元素的种类和数量不同，其反应机理还没有被完全掌握，钛及钛合金植入生物体后部分会产生水肿、血栓栓塞、感染及肿瘤等不良反应；还有部分毒性合金元素 Al、V、Ni、Co、Cr 等存在钛合金中，一旦它们长期埋入体内，有可能溶解成自由的单体进入体液，从而造成对生物体的毒害。医疗人员对医用金属植入材料的第一要求就是要保证长期使用的安全性及可靠性，如果金属的刚性与骨头刚性的不匹配，势必会导致植入物周围的骨骼组织严重弱化，很容易出现应力屏蔽现象，从而导致种植体周围出现骨吸收，最终引起种植体松动或断裂，造成种植失败。此外，钛合金等人工假体植入后，其周围组织有伴生感染的危险。调查表明全髋关节置换后，感染率为 0.1%～1%，全肘关节感染率为 1%～4%，且金属与金属连接的膝关节假体的感染率是金属与塑料连接膝关节的 20 倍。一旦感染发生，不仅会增加病人住院治疗费用，而且有时需要取出内植物重新手术，甚至面临截肢、死亡等危险，给患者带来极大的痛苦，而常规的抗生素疗法很难奏效。由于人工假体通过表面与人体组织相接触，因此生物材料表面骨整合、抗菌及抗肿瘤性能的研究已经成为当前研究的热点。

1.2.1 骨整合能力差

植入体与骨组织之间的牢固结合是确保植入体长期有效存在的关键因素。为了实现良好的骨整合能力，植入体需要与周围骨组织形成坚固的骨键合。这种骨键合是通过骨组织与植入体表面形成化学键的方式实现的，确保了紧密的结合并支持连续的应力传递，使植入体在体内稳定存在。目前常用的生物医用钛及钛合金材料虽然在与周围骨组织连接时通过机械锁合的方式，但这种连接方式并非十分牢固。这种机械锁合虽然在初期能提供一定程度的稳定性，但长期使用过程中，植入体的微小运动可能会导致连接的松动或微动，影响骨组织与植入体之间的稳固性。这种微动可能会诱发异物反应，限制骨整合的有效进行，进而影响植入体的长期稳定性和可靠性。为了克服这一问题，研究人员正在探索创新的植入体设计和材料工程方案。其中，一种方法是改进植入体表面的特性，通过表面处理技术（如表面纳米结构、生物活性涂层等）提高植入体与骨组织之间的结合强度，促进更牢固的骨整合。另外，引入新型材料或设计新的植入体结构，以提供更为有效的骨-植入体接口，减少微动并增强持久稳定性也是当前的研究方向。在材料工程领域，一些研究着眼于开发具有更优异生物相容性和骨整合性能的新型材料，例如生物陶瓷、生物活性聚合物等，以提高植入体与骨组织之间的结合力和稳定性。综合而言，确保植入体具有良好的骨整合能力是医疗器械设计和材料工程中的重要挑战。通过创新的材料设计和工程技术，可以朝着更牢固、更稳定的植入体-骨组织连接方向迈进，从而提高植入体的长期效用和患者的治疗成效。

1.2.2 细菌感染风险大

医用钛及钛合金的表面吸附的粘连蛋白和纤维蛋白的存在为病原体的黏附提供了有利条件，导致在植入体表面形成蛋白膜。这一蛋白膜为细菌的黏附和生长提供了一个理想的环境，促使细菌在植入体表面逐渐繁殖，形成复杂的生物膜结构。值得注意的是，这些生物膜中的细菌往往包括一些常见的致病菌，如金黄色葡萄球菌和大肠杆菌等。金黄色葡萄球菌和大肠杆菌等细菌常具有强大的耐药性，这使得植入体表面感染的治疗变得更为困难。由于这些细菌能够形成抗生素难以穿透的生物膜，使得传统抗生素治疗的有效性受到限制。这也意味着一旦植入体感染发生，治疗变得非常复杂，且容易导致抗生素耐药性的发展。植入体感染的发生通常被视为植入体失败的重要标志，轻微的感染可能导致植入体的功能障碍和患者生活质量下降，而严重的感染则可能危及患者的生命。因此，预防和有效处理植入体感染对于确保植入体的成功和患者的安全至关重要。为了应对这一问题，近年来研究人员着眼于开发具有抗菌性能的新型医用钛及钛合金材料，这些材料的设计目标包括在植入体表面形成具有抗菌特性的涂层，以防止细菌的附着和生长。此外，一些研究还专注于引入抗菌剂、纳米材料或其他生物活性物质，以提高材料的抗感染性能，降低植入体感染的风险。总体而言，针对医用钛及钛合金在植入体感染中存在的问题，研究人员正致力于开发更为先进的材料和技术，以提高植入体的生物相容性，减少感染风险，从而确保植入体的长期成功和患者的安全。

1.2.3 无抗肿瘤性能

骨肉瘤是一种在儿童和青少年中常见的原发性恶性骨肿瘤，高度侵袭性和转移性使其对患者的生活质量和总体生存率构成显著威胁，五年生存率通常在

60%~80%之间。要实现骨肉瘤的根治，关键在于进行准确的肿瘤肿块切除，并在术后进行有效的预防措施。目前，钛及钛合金材料被广泛应用于骨缺损修复，然而由于其功能单一，使用这些传统材料可能导致治疗后期骨肿瘤的复发，最终导致手术失败。因此，迫切需要开发一种新型的功能化钛及钛合金骨修复材料，以满足更为复杂的治疗需求。这种新型功能化骨修复材料应当具备多重功能，不仅能够有效修复骨缺损，还能抑制细菌感染，并预防骨肉瘤的复发。在材料设计上，可以考虑引入抗菌剂、生物活性物质或药物释放系统，以提高材料的生物相容性和抗感染性能。这将有助于减少手术后的并发症，降低感染风险，并为患者提供更加安全和可靠的治疗方案。此外，新型功能化骨修复材料的研发还应当注重其对骨细胞的促进作用，以促进骨组织再生和愈合。通过合理的材料设计，可以实现与周围骨组织更为紧密的结合，提高植入体的稳定性，从而更好地支持患者的康复过程。整体而言，新型功能化钛及钛合金骨修复材料的研发是一项挑战性但至关重要的任务。通过整合先进的材料科学、生物医学工程和临床医学的知识，可以为骨肉瘤患者提供更为全面、个性化的治疗方案，提高治疗效果，并为患者的生活质量和长期生存率带来积极的影响。

1.3 医用钛及钛合金表面改性

研究表明，影响植入材料骨整合能力、抗菌性能及功能化的重要因素主要包括材料表面润湿性、粗糙度、成分以及晶体类型等。体液环境中，植入材料表面润湿性好时，蛋白质容易吸附，更利于细胞黏附。此外，特定的表面形貌更有利于细胞分化生长。作为医用钛及钛合金表面改性的重要方法，在合金表面构建合适的改性涂层，可以在保持合金耐腐蚀性能、力学性能的情况下对合金表面结构、表面成分、润湿性等予以调整，从而实现骨整合能力和抗菌性能的提升，同时兼具抗肿瘤功能。

1.3.1 医用钛及钛合金骨整合改性

表面涂层可以将金属的机械强度与涂层优异的生物性能相结合，陶瓷涂层常常被用来提高钛植入体的生物活性和骨整合能力，常见的陶瓷涂层有羟基磷灰石（HA）、磷酸钙等。羟基磷灰石是骨骼组织的主要无机成分，具有优良的生物相容性、生物活性和骨传导性，可让改性材料与组织形成化学键，增强组织与植入材料的作用力，HA 处理后的植入物表面的细胞黏附和培养的成骨细胞存活率将会变得更好。磷酸钙涂层多孔钛具有明显的促进组织生长的作用，令新骨形成增加和矿化加速，并通过促进体内早期骨整合而缩短愈合时间。然而，有研究者发现对于羟基磷灰石而言，当载荷达到其屈服点以后就会发生脆性崩塌，钛则继续发生弯曲屈服，这也是陶瓷涂层的缺点，即与金属基体的变形不匹配，因此有研究者选择用金属镀层。有研究表明，镁在体内的降解产物没有细胞毒性，同时生成的镁离子可促进新骨形成，增强骨和植入物的整合，并且镁降解形成的碱性环境具有促进骨组织生长和抗菌的双重功效。因此，憨等人采用镁热还原一步法，对钛表面包含 TiO_2 内层和纳米棒状羟基磷灰石（HA）外层的 HA 阵列进行表面改性，从而将大量氧空位（OVs）引入 TiO_2 层并同时在 HA 纳米棒表面沉积含有 Mg-O 元素的非晶纳米膜（10 MT 阵列），同时赋予了钛表面声敏涂层强的抗菌性和骨整合性以促进感染与骨质疏松并发状况下的骨缺损愈合。为了实现骨和钛植入体之间的紧密配合并改善骨的完整性，杨等人将镁和锶离子通过原位生物合成的方式负载到细菌纤维素中，从而在钛表面原位制备出功能性生物涂层来整合手术裂隙，从而促进骨整合。通过对纯钛进行二元酸蚀刻以扩大其反应性结合位点，木醋杆菌并通过原位培养形成含锶（Sr）或镁（Mg）的 BC 涂层。这种涂层可以为组织整合提供合适的弹性模量，其吸水性和膨胀性可以填充种植体和组织之间的空隙，从而提高骨和软组织的整合。

1.3.2 医用钛及钛合金抗感染改性

植入体感染是骨科手术后的一种并发症，在植入体上构建抗菌涂层是应对感染的有效策略。抗生素在抑制多种细菌感染方面效果有限，还会产生抗药性。在现有研究中，刘等人将过氧化钙（CaO_2）纳米粒子、沸石咪唑酸盐框架-67（ZIF-67）和化学偶联物透明质酸-己二酸二酰肼（HA-ADH）进行巧妙结合，在钛植入物表面制造了一种多功能 CaO_2@ZIF-67-HA-ADH 涂层。该研究发现，CaO_2@ZIF-67-HA-ADH 具有敏感的 pH 值响应性，在细菌感染的酸性环境下，CaO_2@ZIF-67-HA-ADH 能够快速释放包裹物中的 CaO_2 和 Co^{2+}，并生成大量的羟基自由基。羟基自由基会使细菌面临更大的氧应激压力，造成细菌氧化损伤而死亡。而在中性环境下，CaO_2@ZIF-67-HA-ADH 比较稳定，只会缓慢释放 Ca^{2+}、O_2、Co^{2+} 等功能成分而促进细胞成骨和成血管。抗菌结果证明，CaO_2@ZIF-67-HA-ADH 涂层具有优异的抗菌性能，能有效杀灭 MRSA 和 PAO-1。此外，吴等人在钛表面制备了一层 N-卤胺聚合物涂层，该涂层同时具有持久的可再生抗菌功效、良好的稳定性和生物相容性。N-卤胺聚合物涂层对种植体周围感染的主要病原菌和种植体周围炎患者的复杂细菌具有强大的杀菌作用。更重要的是，其抗菌功效可在体外、动物模型甚至人口腔中长期持续（12~16 周），涵盖骨整合界面的整个形成过程。此外，该涂层可以通过简单的再氯化恢复抗菌能力，这一特性突出了牙科植入物中可再生抗菌涂层的概念。上述发现表明，抗菌涂层在预防和治疗种植体周围感染领域具有良好的应用前景。

1.3.3　医用钛及钛合金抗肿瘤改性

骨转移严重威胁患者的生命，尽管手术治疗联合辅助化疗显著提高了患者的生存率，但手术切除后的肿瘤复发或转移以及手术治疗引起的骨缺损仍然是临床医生面临的主要挑战。同时，人们对既能够维持肢体功能促进缺失的骨再生，同时又能抑制局部骨肿瘤复发的钛及钛合金复合材料的需求也日益剧增。为了实现目前需求，李等人通过水热生长法在3D打印的多孔钛合金支架上制备了均匀的钛酸钡/铁涂层，通过支架的光热效应来杀死肿瘤细胞后，通过压电效应和铁离子的持续释放来有效促进骨再生。植入后的体内实验表明，该材料具有明显的成骨、血管生成和抗肿瘤作用。此外，研究表明，一方面，姜黄素具有明显的抗炎和抗肿瘤特性，可有效用于骨肉瘤预防，具有肿瘤化学预防和成骨潜能；另一方面，维生素K2作为一种脂溶性维生素，已知能用于骨质疏松症、骨关节炎和肿瘤预防，它作为一种合成代谢剂，通过刺激骨形成和减少骨吸收来改善骨质量。因此，美国华盛顿州立大学的Susmita Bose教授团队开发了一种新的HA涂层的Ti-6Al-4V植入材料，这种HA涂层可作为姜黄素和维生素K2双相药物递送系统，既能释放多种无毒生物分子达到术后肿瘤化学预防的效果，又能促进骨缺损的修复。这种局部药物递送系统辅助传统化疗有望降低治疗对机体的副作用，减少转移风险进而取得更好的临床疗效。

1.4　压电效应

骨具有压电效应，可将其所受应力转化为骨表面的电信号，通过电信号调节骨的代谢与生长。具有生物电活性的压电材料作为骨植入物能在受力时表面生成电荷，恢复损伤骨组织表面电势，从而达到促进骨愈合的目的。

1.4.1　人骨的压电效应

骨组织是一种具有再生能力的组织，骨修复也是一个复杂的过程，依赖于机械、化学、生物电等生物环境。人体的骨组织是一种天然的压电材料。日本科学家于1954年首次报道了骨具有压电性。人体骨骼由细胞和细胞外基质组成，其中细胞包含了成骨细胞、破骨细胞、骨细胞和骨髓细胞（包括造血干细胞），而细胞外基质由65%的矿物质（以羟基磷灰石为主）与35%胶原组成，Ⅰ型胶原约占胶原的90%，具有三重螺旋结构，为骨骼提供主要的拉伸强度，而无机物则以羟基磷灰石钙的形式为骨骼提供主要的抗压强度。最早的研究认为，骨的压电效应主要来源于胶原分子。胶原是一种纤维性蛋白，FUKADA的研究提出剪切力使胶原纤维相互错动进而发生极化，使骨骼体现出压电性能。骨的压电效应使骨胶原在受力发生形变时，其压缩侧呈负电位、张力侧呈正电位。天然骨骼的固有Zeta电位为-5 mV，而由于骨胶原的压缩而产生的负电荷增加了自然活骨中的总Zeta电位和流动电位。除了胶原纤维，骨的压电性能和羟基磷灰石也有关。Lang等人通过对应压电力显微镜观察发现了羟基磷灰石具有压电性，该实验结果表明，羟基磷灰石对骨的压电性具有一定贡献。根据沃尔夫定律，骨可以对机械负载做出反应，使应力较大区域骨的生长和重塑能力增强，其原因在于机械应力增加了骨压电电位的负电荷。在一定范围内，骨所受压力负荷越高，骨表面负电位越高，促进成骨细胞增殖分化的效果越强，成骨作用越强，这也很好地解释了为什么长期卧床的患者和太空旅行的宇航员往往骨密度低，易患骨质疏松。有研究表明，骨组织在受到应力时，带负电位的一面成骨细胞增殖分化能力加快，该面呈骨修复状态，带正电位一面的破骨细胞活性增强，该面呈骨吸收状态。因此，骨的压电效应在骨修复中起重要作用。

1.4.2 压电材料

压电材料是电活性材料，具有成为新型骨替代材料的巨大潜力。压电材料将自身受到的压力转化为合适的电刺激，具有成为骨替代材料的潜力。骨修复研究中的压电材料除了具备优异的电学性能以外，还应有良好的生物相容性和机械性。目前，常用于骨修复中的压电材料主要有压电聚合物和压电陶瓷。

（1）压电聚合物。压电聚合物质地与无机晶体相比，其柔韧性好，易于加工。当前，应用于组织工程学的压电聚合物应满足以下条件：

1）存在永久的分子偶极子；

2）拥有校准或对齐分子偶极子的能力；

3）具有维持偶极子对齐状态的能力；

4）聚合物在受到机械应力时抗牵张的能力。

压电聚合物大多生物相容性良好，但机械强度常不足，难以作为骨植入物承受生理负荷。并且聚合物压电性能不如压电陶瓷，因此单独采用压电聚合物可能难以达到促进骨修复的电刺激阈值。目前多推荐聚合物与无机陶瓷结合形成压电复合材料，一方面增强自身的机械强度，另一方面复合材料本身会使聚合物生物相容性增加，这可能是材料压电性能增强，从而促进了细胞的贴附、增殖与分化功能。

（2）压电陶瓷。目前常见的压电陶瓷包括锆钛酸铅（PZT）、氧化锌（ZnO）、钛酸钡（$BaTiO_3$）、铌酸钾钠（KNN）、铌酸锂钠钾（LNPN）和氮化硼纳米管（BN），其相较于压电聚合物的特点是压电常数高。评估压电陶瓷能否应用于骨组织工程的重要指标就是材料的细胞毒性。总体而言，含铅的压电陶瓷如锆钛酸铅，具有细胞毒性，因此在组织工程的材料研发与应用中较为少见。其他无铅压电陶瓷的细胞毒性与材料的含量相关，相较于含铅压电陶瓷，在组织工程的研究中更受关注。总体而言，钛酸钡中所含钛与钡具有细胞毒性，氧化锌分解产物活性氧具有细胞毒性，而氮化硼、铌酸钾钠等材料所含元素无细胞毒性。但当前压电陶瓷往往与其他材料结合形成压电复合材料，通过改良与修饰可以克服陶瓷自身的不足。

1.4.3 压电材料在生物材料中的应用

压电材料具有独特的压电性能，可通过所受应力诱导电荷载流子的分离，高效地催化化学反应，还可产生电信号影响生命活动，甚至可以利用周围环境中相对微弱和分散的能量资源，如人体运动或心脏跳动等，通过收集这些能量实现植入器械等的能量供给，有可能实现自供能植入器械在生物医学上的应用，并可以嵌入智能化设备中，因此被应用于疾病治疗、有毒物质降解和生物传感等医疗领域，呈现出蓬勃的前景，目前应用于组织工程领域的主要有压电聚合物及压电陶瓷材料。

1.4.3.1 组织工程研究中常见的压电聚合物

A 聚偏氟乙烯（PVDF）

PVDF 是当前研究最广泛的压电共聚物，其压电常数为 34 pC/N。由于 PVDF 柔韧性高，无细胞毒性，因此广泛应用于生物医学领域并被研制出多种产品，包括组织工程支架和可植入的自充电设备。当前已有研究证实压电聚合物 PVDF 基底与小鼠颅顶前成骨细胞（MC3T3-E1）、骨髓间充质干细胞、人脂肪干细胞和山羊骨髓干细胞的生物相容性。极化的 PVDF 压电薄膜能产生足够的电势，诱导前成骨细胞的增殖分化。ARINO 等人报告，当极化与未极化的 PVDF 聚合物基质分别植入大鼠胫骨骨间膜 6 周时，极化的 PVDF 成骨性能显著高于未极化 PVDF。有学者报道，PVDF 共聚物和钛酸钡压电复合物相结合时能显著提高 PVDF 的压电性能，同时也能解决钛酸钡质脆、难加工的问题。RIBEIRO 等人制作的表面极化的 β-PVDF 薄膜同普通 PVDF 薄膜相比，能够提高人骨髓间充质干细胞碱性磷酸酶的活性，同时薄膜在受到动态的机械振动时，其促成骨的效果会进一步增强。刘等人采用 3D 打印技术制备了一种新型氧化锌（ZnO）纳米粒子改性聚偏氟乙烯（PVDF）/海藻酸钠（SA）压电水凝胶支架（ZPFSA），3D 打印制备 PVDF 压电水凝胶既能为伤口愈合提供理想的湿润环境，又能有效减少粘连造成的继发性撕裂伤。另外，水凝胶吸收伤口渗出液时垂直方向上体积变大，运动过程中伤口敷料与皮肤之间水平方向产生摩擦，通过垂直和水平压电响应产生稳定的电流，作为外源性电刺激促进伤口愈合。压电输出结果表明，ZPFSA 0.5 支架的输出电压高于 ZPFSA 0 和 SA，表明 ZPFSA 0.5 支架具有优异的压电性能，进一步证实了 ZnO 纳米粒子对 PVDF 的极化效应。当前普遍认为 PVDF 是具有良好生物相容性的热塑性聚合物，具有极高的耐腐蚀性，虽然其在极端碱性环境会降解，但在正常的生物环境下是不可降解的材料，这也因此限制了其在组织工程学的广泛应用。

B 聚偏氟乙烯-三氟乙烯（PVDF-TrFE）

PVDF-TrFE 是 PVDF 和三氟乙烯（TrFE）的共聚物，是当前压电常数最高的压电聚合物（38 pC/N）。PVDF 和 TrFE 共聚物具有良好的细胞生物相容性并对细胞的贴附和分化有促进作用，可促进骨、皮肤、软骨和肌腱等多种组织的再生。DAMARAJU 等人通过静电纺丝技术制造了 PVDF 和 TrFE 共聚物的 3D 支架，并证明了与非压电材料相比，压电性和机械应力的联合作用更能刺激人骨髓间充质干细胞的增殖、分化、细胞外基质矿化和基因表达。Dai 等人制备的（PVDF-TrFE）-$BaTiO_3$ 压电复合膜可模拟骨组织生物电微环境，通过炎症介导的机制，促进糖尿病大鼠的骨再生。聚合物混合物在骨和软骨组织工程的应用正变得越来越重要，而 PVDF 和（PVDF-TrFE）与淀粉等天然聚合物结合，其形成的 PVDF-淀粉和（PVDF-TrFE）-淀粉植入物异物反应少，弹性模量与松质骨相当，可作为骨修复支架，具有应用于骨组织工程的潜力。Lopes 等人比较了（PVDF-TrFE）-10% $BaTiO_3$ 压电复合材料和聚四氟乙烯分别植入大鼠颅骨缺损 4 周和 8 周后的新骨生成量，与聚四氟乙烯相比，（PVDF-TrFE）-10% $BaTiO_3$ 压电复合材料的表面成骨显著增加，这清楚地表明压电基底促进骨生长的效果，这可能是因为（PVDF-TrFE）-10% $BaTiO_3$ 压电复合材料通过其压电性、亲水性从而增强蛋白结合能力，促进骨生成。而（PVDF-TrFE）与氮化硼纳米管形成的偏氟乙烯和三氟乙烯共聚物-氮化硼纳米管压电复合材料相比，偏氟乙烯和三氟乙烯共聚物其压电性能提高近 2 倍，因此偏氟乙烯和三氟乙烯共聚物-氮化硼纳米管压电复合材料的骨生成量会增加。Donnelly 等人使用压电共聚物（PVDF-TrFE），并在其表面涂上可促进纤连蛋白网络形成的聚丙烯酸乙酯（PEA）涂层，以增强间充质干细胞的黏附性，从而在固相中产生生长因子。然后，通过纳米振动生物反应器加入动态电刺激，并研究间充质干细胞对电刺激的反应。研究表明，PVDF-TrFE 薄膜与 1 Hz、30 nm 振幅的 NK 协同作用，可产生大约 36 pC/N 的电荷和 87. 1 nm 的修正振幅。纳米振动刺激似乎促进了早期成骨标志物的表达，这表明纳米级涂层技术（如 pPEA 和 FN）可在材料上再现生理相关的 ECM，具有提高 PVDF-TrFE 等智能材料生物活性的潜力。PVDF-TrFE 是一种多用途材料，本研究中证明：在 NK 系统中加入压电刺激有利于间充质干细胞的黏附和早期成骨。

C 聚-3-羟基丁酸-3-羟基戊酸酯

聚-3-羟基丁酸-3-羟基戊酸酯（PHBV）是聚羟基脂肪酸家族的一员，于 1986 年问世，由于其良好的生物相容性、可生物降解性和热塑性，在生物医学领域的地位逐步提高。聚-3-羟基丁酸-3-羟基戊酸酯通过酶降解机制水解并释放二氧化碳，与其他生物聚合物相比，其生物相容性良好，植入动物体内引起的炎症反应发生率更低，并且其压电常数（1.3 pC/N）与人骨相似，以上特性使其具有模拟自然骨及作为骨植入物的潜力。PHBV 由于生物活性以及亲水性差，因此需要通过研发与其他材料相结合的复合压电材料来克服 PHBV 的缺点。可生物降解的 PHBV-HA 复合材料已被证明具有促进成骨的功能，因此 Gorodzha 等人成功制备了由 PHBV 与含硅酸盐的羟基磷灰石组成的复合材料骨支架，该支架促进了人骨髓间充质干细胞的增殖、贴附与分化功能。有研究制备的 PHBV-CS-HA 支架相较于普通 PHBV 支架的生物相容性显著提高，并有效促进成骨细胞贴附、增殖与分化。总之，聚羟基脂肪酸家族可与无机材料、聚合物材料和生物活性材料相结合形成复合材料，从而达到改善自身生物活性与亲水性差的问题。当前对于 PHBV 混合材料研发有助于不断完善单一材料自身的缺陷，以实现材料之间促进成骨效应的协同作用。通过对未来混合材料制作的统一标准出台，PHBV 有望制成可生物降解的复合支架，用来治疗骨缺损。

1.4.3.2　组织工程研究中常见的压电陶瓷

A　氧化锌（ZnO）

锌通过调节转录因子、金属蛋白酶和聚合酶等不同酶的活性调节细胞代谢，是细胞增殖和分化中的重要元素。氧化锌生物相容性好，抗菌性能好，是良好的组织工程材料。ZnO 具有压电效应，在受到细胞自身固有机械应力时能产生局部电位，显著改善人 SaOS-2 成骨样细胞和巨噬细胞的代谢活性。Laurenti 等人提出，对于特定的固定纳米尺寸，高浓度（60 μg/mL）的 ZnO 纳米颗粒与低浓度（30 μg/mL）相比更容易降低骨髓间充质干细胞的生物活性，这表明 ZnO 具有浓度依赖性的细胞毒性。除了浓度，ZnO 的细胞毒性还取决于颗粒直径和孔隙密度。由于纳米 ZnO 会生成 ROS，随着颗粒直径的减小，ROS 生成增加，细胞毒性增强。随着孔隙密度的增加，纳米 ZnO 供蛋白反应以及细胞贴附的表面积增加，成纤维细胞的功能也随之提升。大量文献研究表明，在生物材料中加入适量的 ZnO 可以促进材料与成纤维细胞、成骨细胞、干细胞等的生物相容性。例如，Shrestha 等人通过引入体积分数 0.2% ZnO 纳米颗粒，在聚氨酯聚合物支架上观察到前成骨细胞 MC3T3-E1 的刺激成骨增殖和分化。据报道，与不含 ZnO 的支架相比，通过在聚己内酯-羟基磷灰石中加入体积分数 1% ZnO 纳米纤维支架能增强人胎儿成骨细胞活性。纳米氧化锌改善生物材料相容性的原因可能与锌离子的可持续释放相关，而释放的锌离子可调节各种细胞代谢活动，如蛋白质合成和 mRNA 表达等。ZnO 生物相容性好，展现出良好的压电性，自身生成的活性氧一方面具有抗菌效果，另一方面会产生剂量依赖的细胞毒性，这是不可忽视的。因此，一方面研究者在用 ZnO 进行临床试验前，应该在动物模型中寻找 ZnO 的最适浓度；另一方面应通过对 ZnO 材料进行改进和修饰，从而使 ZnO 能够作用于骨组织工程。

B 钛酸钡（$BaTiO_3$）

$BaTiO_3$ 由于生物相容性良好、压电性能优异，同时具有满足骨骼生理负荷的机械强度，成为目前研究最多的压电材料。$BaTiO_3$ 的结构在居里温度（120 ℃）以下其形态会发生从非极性的对称立方到极性的不对称立方的转变，这使得 $BaTiO_3$ 会产生自发的电极化。$BaTiO_3$ 是最早作为骨植入物治疗骨缺损的压电材料，有研究者于 1980 年将 $BaTiO_3$ 植入狗的股骨内，最后观察到了骨组织在材料表面矿化结果良好，未见植入物引起的炎症与排斥反应，证明了 $BaTiO_3$ 良好的生物相容性。随着对 $BaTiO_3$ 的性能不断研究，发现 $BaTiO_3$ 压电性能优异，即使少量应用也可满足骨生长所需电微环境，因此目前 $BaTiO_3$ 常常少量地作为填充物或表面涂层应用于压电材料中，例如 HA-$BaTiO_3$、PVDF-$BaTiO_3$ 等。

目前已有研究支持了具有生物相容性的 HA-$BaTiO_3$ 压电陶瓷在骨种植支架开发的巨大潜能。Beloti 等人观察到压电聚合物薄膜((PVDF-TrFE)-$BaTiO_3$）促进人成骨细胞增殖分化的能力强于非压电聚合物聚四氟乙烯，这是由于压电聚合物薄膜((PVDF-TrFE)-$BaTiO_3$）的亲水性与蛋白结合能力更强。帅等人创新性地将原位生长技术制备具有类草莓结构的银-钛酸钡纳米体系引入压电骨支架，其中纳米银能作为导电相增强 $BaTiO_3$ 极化电场分布强度，从而改善支架的极化效率和电活性，即：银纳米粒子被原位生长修饰在聚多巴胺功能的 $BaTiO_3$(Ag-pBT)上。将草莓状结构的 Ag-pBT 纳米粒子引入选择性激光烧结法制备的 PVDF 支架中，一方面，Ag 纳米颗粒作为导电相，增强了极化电场对 $BaTiO_3$ 的强度，从而迫使更多的畴向电场方向排列，使 $BaTiO_3$ 的压电效应在复合材料支架中得到充分发挥；另一方面，银纳米粒子可以通过释放银离子和产生活性氧来攻击细菌中的多个目标，即纳米银能通过释放银离子和产生活性氧来攻击细菌的多个靶点，赋予支架抗菌活性，这对于骨修复来说是被高度渴望的。实验结果表明，与 PVDF/pBT 相比，PVDF/4Ag-pBT 支架的输出电流和电压分别增加了 50% 和 40%，具有较好的压电性能。体外细胞培养证实，电输出的增强进一步促进了细胞的增殖和分化，同时展现出强劲的抗菌功效，杀菌率达到 81%。

从上述研究可发现，$BaTiO_3$ 压电陶瓷能产生压电电位，刺激 HA 的生成，增强细胞功能，在动物模型中展现出良好的生物相容性。但钛酸钡单独作为骨植入物具有局限性，具体表现在钡离子与钛离子具有细胞毒性，且材料自身的生物惰性阻碍了细胞贴附以及不可降解，导致了钛酸钡不可长期植入体内。因此，研究者应该利用 $BaTiO_3$ 自身压电优异的性能、高机械强度的优势，与其他材料结合，用来改善其他骨植入材料的性能，例如与羟基磷灰石相结合以提高材料的机械强度、与钛合金相结合以提高钛合金的生物相容性和压电性能、与聚合物相结合通过提高材料压电效应从而增加材料生物相容性。随着对 $BaTiO_3$ 的研究不断深入，$BaTiO_3$ 有成为新一代骨植入物的潜能。

参 考 文 献

[1] 莱茵斯 C，皮特尔斯 M，陈振华，等. 钛与钛合金 [M]. 北京：化学工业出版社，2005.

[2] NINOMI M, KURODA D, FUKUNAGA K, et al. Corrosion wear fracture of new P type biomedical titanium alloys [J]. Materials Science and Engineering A, 1999, 263: 193-199.

[3] LONG M, RACK H J. Titanium alloys in total joint replacement-a materials science perspective [J]. Biomaterials, 2003, 19: 1621-1639.

[4] BULY R L. Titanium wear debris in failed cemented total hip arthroplasty [J]. Arthroplasty, 1992, 7 (3): 315-323.

[5] NIINOMI M. Mechanical properties of biomedical titanium alloys [J]. Materials Science and Engineering, 2000, A243: 231-236.

[6] YOSHIMISTISU O, YOSHIMASA I, KENJ K, et al. Corrosion resistance and corrosion fatigue strength of new ttitanium alloys for medical implants without V and Al [J]. Materials Science and Engineering, 1996, A213: 138-147.

[7] 威廉姆斯 D F，朱鹤孙，等. 医用与口腔材料 [M]. 北京：科学出版社，1999：29-63.

[8] LI Z C, ZHAO Y Q, LI C L. Proc. of Xi'an Int. Titanium Conf., Xi'an [Z]. 1998: 463.

[9] 李佐臣，等. 外科植入 TAMZ 合金生物学评价 [J]. 稀有金属材料与工程，1998，27 (1)：59-61.

[10] SEMLITSCH M, WEBER H, STEICHER R, et al. Joint replacement components made of hot-forged and surface-treated Ti-6Al-7Nb alloy [J]. Biomaterials, 1992, 13 (11): 781-788.

[11] ZWICKER R, BUEHLER K, MUELLER R, et al. Mechanical properties and tissue reactions of a titanium alloy for implant material [C]. Ti-tanium'80: Science and Technology, Proc. 4th Int. Conf. on Titanium, Kyoto, 1980: 505-514.

[12] HAO Y L, LI S J, SUN S Y, et al. Elastic deformation behaviour of Ti-24Nb-4Zr-7. 9Sn for biomedical applications [J]. Acta Biomaterialia, 2007, 3: 277-286.

[13] 张玉梅，郭天文，李佐臣. 钛及钛合金在口腔科应用的研究方向 [J]. 生物医学工程学杂志，2000，17 (2)：206-208.

[14] 钱九江. 外科植入物用纯钛及其合金 [J]. 稀有金属，2001，25 (4)：303-306.

[15] MITSUO N. Recent research and development in titanium alloys for biomedical applications and healthcare goods [J]. Science and Technology of Advanced Materials, 2003, 4: 445-454.

[16] NIINOMI M. Fatigue performance and cyto-toxicity of lowrigidity titanium alloy, Ti-29Nb-13Ta-4. 6Zr [J]. Biomaterials, 2003, 24: 2673-2683.

[17] HAO Y L, NIINOMI M, KURODA D, et al. Young's modulus and mechanical properties of Ti-29Nb-13Ta-4. 6Zr in relation to a martensite [J]. Metallurgical and Materials Transactions A, 2002, 33: 3137-3144.

[18] SEMLITSCH M, WEBER H, STREICHE R, et al. Joint Replacement Components Made of Hot-forged and Surface-treated Ti-6Al-7Nb Alloy [J]. Biomaterials, 2001, 13 (11): 781-788.

[19] CARDARELLI F. Less common nonferrous metals [M]. 3rd ed, Springer International Publishing Cham, 2018.

[20] DESTEFANI J D. Introduction to titanium and titanium alloys [M]. Ohio: ASM International, Metals, 1990: 586-591.

[21] LI Y, YANG C, ZHAO H, et al. New developments of ti-based alloys for biomedical applications [J]. Materials, 2014, 7 (3): 1709-1800.

[22] PIMENOV D Y, et al. Improvement of machinability of Ti and its alloys using cooling-lubrication techniques: a review and future prospect [J]. Mater. Res. Technol, 2021, 11: 719-753.

[23] FREESE H L, VOLAS M G, WOOD J R, et al. Metallurgy and technological properties of titanium and titanium K. Ronoh alloys [J]. Titanium in Medicine, Springer, BerlinBerlin, Heidelberg, 2001: 25-51.

[24] SIMKA W, et al. Formation of bioactive coatings on Ti-13Nb-13Zr alloy for hard tissue implants [J]. RSC Adv., 2013, 3 (28): 11195-11204.

[25] SUN Y, HUANG B, PULEO D A, et al. Improved surface integrity from cryogenic machining of Ti-6Al-7Nb alloy for biomedical applications [J]. Procedia CIRP., 2016, 45: 63-66.

[26] FELLAH M, et al. Tribological behavior of Ti-6Al-4V and Ti-6Al-7Nb alloys for total hip prosthesis [J]. Adv Tribol, 2014: 1-13.

[27] CHAUDHARI R, VORA J J, PARIKH D M, et al. A review on applications of nitinol shape memory alloy. Recent Advances in Mechanical Infrastructure [J]. Lecture Notes in Intelligent Transportation and Infrastructure, SpringerSingapore, Singapore, 2021: 123-132.

[28] LEE T, MATHEW E, RAJARAMAN S, et al. Tribological and corrosion behaviors of warm-and hot-rolled Ti-13Nb-13zr alloys in simulated body fluid conditions, Int [J]. Nanomed., 2015, 10: 207-212.

[29] HENRIQUES V A R, GALVANI E T, PETRONI S L G, et al. Production of Ti-13Nb-13Zr alloy for surgical implants by powder metallurgy [J]. Mater. Sci., 2010, 45 (21): 5844-5850.

[30] HARIHARAN A. Designing the microstructural constituents of an additively manufactured near β Ti alloy foran enhanced mechanical and corrosion response [J]. Mater. Des., 2022, 217: 110618.

[31] LEE T, NAKAI M, NIINOMI M, et al. Phase transformation and its effect on mechanical characteristics in warm-deformed Ti-29Nb-13Ta-4.6Zr alloy [J]. Mater. Int., 2015, 21 (1): 202-207.

[32] SHIMABUKURO. The effects of various metallic surfaces on cellular and bacterial adhesion [J]. Metals (Basel), 2019, 9 (11): 1145.

[33] YAMAGUCHI S, TAKADAMA H, MATSUSHITA T, et al. Preparation of bioactive Ti-15Zr-4Nb-4Ta alloy from HCl and heat treatments after an NaOH reatment [J]. Biomed. Mater. Res., 2011, 97 (2): 135-144.

[34] OKAZAKI Y, GOTOH E. Comparison of fatigue strengths of biocompatible Ti-15Zr-4Nb-4Ta alloy and other titanium materials [J]. Mater. Sci. Eng., 2011, 31 (2): 325-333.

[35] YAMAGUCHI S, TAKADAMA H, MATSUSHITA T, et al. Apatite- forming ability of Ti-15Zr-4Nb-4Ta alloy induced by calcium solution treatment [J]. Mater. Sci. Mater. Med., 2010, 21 (2): 439-444.

[36] NARAYAN R, BOSE S, BANDYOPADHYAY A. Titanium alloys with changeable young's modulus for preventing stress shielding and springback [M]. New Jersry: John Wiley & Sons, Inc., 2012.

[37] ASGHARZADEH S H, AYATOLLAHI M R, ASNAFI A. To reduce the maximum stress and the stress shielding effect around a dental implant-bone interface using radial functionally graded biomaterials [J]. Computer Methods in Biomechanics & Biomedical Engineering, 2017, 20 (7): 750-759.

[38] NAPPI F, CAROTENUTO A R, VITO D D, et al. Stress-shielding, growth and remodeling of pulmonary artery reinforced with copolymer scaffold and transposed into aortic position [J]. Biomechanics & Modeling in Mechanobiology, 2016, 15 (5): 1141-1157.

[39] HARUN W S W, KAMARIAH M S I N, MUHAMAD N, et al. A review of powered additive manufacturing techniques for metallic biomaterials [J]. Powder Technology, 2018, 327: 128-151.

[40] HARUN W S W, MUHAMAD N, KAMARIAH M S I N, et al. A review of powered additive manufacturing techniques for Ti-6Al-4V biomedical applications [J]. Powder Technology, 2018, 331: 74-97.

[41] ZHANG X Y, LIU H, LI L, et al. Promoting osteointegration effect of Cu-alloyed titanium in ovariectomized rats [J]. Regen Biomater, 2022, 9: 11.

[42] VISAN A, CRISTESCU R, STEFAN N, et al. Antimicrobial polycaprolactone/polyethylene glycol embedded lysozyme coatings of Ti implants for osteoblast functional properties in tissue engineering [J]. Applied Surface Science, 2016, 417: 234-243.

[43] GUO Y Y, LIU B, HU B B, et al. Antibacterial activity and increased osteoblast cell functions of zinc calcium phosphate chemical conversion on titanium [J]. Surface & Coating Technology, 2016, 294: 131-138.

[44] JI Min kyung, OH G, KIM J W, et al. Effects on antibacterial activity and osteoblast viability of non-thermal atmospheric pressure plasma and heat treatments of TiO_2 nanotubes [J]. Coatings, 2017, 17 (4): 2312-2315.

[45] JIANG P L, ZHANG Y M, HU R, et al. Advanced surface engineering of titanium materials for biomedical applications: From static modificati on to dynamic responsive regulation [J]. Bioact, 2023, 27: 15-57.

[46] CHEN S M, LIU F W, XIN H, et al. Boosting MRSA infectious osteoporosis treatment: Mg-doped nanofilm on vacancy-enriched TiO_2 coating for providing in situ sonodynamic bacteria-killing and osteogenic alkaline microenvironment [J]. Adv. Funct. Mater, 2024, 34 (11): 2311965.

[47] LIU X X, WANG D Y, WANG S, et al. Promoting osseointegration by in situ biosynthesis of metal ion-loaded bacterial cellulose coating on titanium surface [J]. Carbohydr. Polym.,

2022, 297: 120022.

[48] LI X L, XU M F, GENG Z L, et al. Novel pH-responsive CaO_2@ ZIF-67-HA-ADH coating that efficiently enhances the antimicrobial, osteogenic, and angiogenic properties of titanium implants [J]. ACS Appl. Mater. Interfaces, 2023, 15 (36): 42965-42980.

[49] WU S Y, XU J M, ZHOU L Y, et al. Long-lasting renewable antibacterial porous polymeric coatings enable titanium biomaterials to prevent and treat peri-implant infection [J]. Nature Communications, 2021, 12 (1): 3303.

[50] TANG Z, YU D M, BAO S S, et al. Porous titanium scaffolds with mechanoelectrical conversion and photothermal function: a win-win strategy for bone reconstruction of tumor-resected defects [J]. Adv. Healthc. Mater, 2024, 13 (7): 2302901.

[51] NABONEETA S, SUSMITA B. Controlled delivery of curcumin and vitamin K2 from HA-coated Ti implant for enhanced in vitro chemoprevention, osteogenesis and in vivo osseointegration [J]. ACS Appl. Mater. Interfaces, 2020, 12 (12): 13644-13656.

[52] JARKOV L, ALLAN S, BOWEN C, et al. Piezoelectric materials and systems for tissue engineering and implantable energy harvesting devices for biomedical applications [J]. Int Mater Rev, 2021: 683~733.

[53] FUKADA E. Piezoelectric properties of biological polymers [J]. Q Rev Biophys, 1983, 16 (1): 59-87.

[54] AHN A, GRODZINSKY A J. Relevance of collagen piezoelectricity to "Wolff's Law": a critical review [J]. Med Eng Phys, 2009, 31 (7): 733-741.

[55] LANG S, TOFALL S, KHOLKIN A, et al. Ferroelectric polarization in nanocrystalline hydroxyapatite thin films on silicon [J]. Sci Rep, 2013, 3 (1): 1-6.

[56] GUO W, TAN C, SHI K, et al. Wireless piezoelectric devices based on electrospun PVDF/ $BaTiO_3$ NW nanocomposite fibers for human motion monitoring [J]. Nanoscale, 2018, 10 (37): 17751-17760.

[57] RIBEIRO C, SENCADAS V, CORREIA D M, et al. Piezoelectric polymers as biomaterials for tissue engineering applications [J]. Colloids Surf B Biointerfaces, 2015, 136 (8): 46-55.

[58] DAMARAJU S M, WU S, JAFFE M, et al. Structural changes in PVDF fibers due to electrospinning and its effect on biological function [J]. Biomed Mater, 2013, 8 (4): 045007.

[59] RIBEIRO C, PARSSINEN J, SENCADAS V, et al. Dynamic piezoelectric stimulation enhances osteogenic differentiation of human adipose stem cells [J]. J Biomed Mater Res A, 2015, 103 (6): 2172-2175.

[60] LIANG J C, ZENG H J, QIAO L, et al. 3D Printed piezoelectric wound dressing with dual piezoelectric response models for scar-prevention wound healing [J]. ACS Appl. Mater. Interfaces, 2022, 14: 30507-30522.

[61] DAMARAJU S M, SHEN Y, ELELE E, et al. Three-dimensional piezoelectric fibrous scaffolds selectively promote mesenchymal stem cell differentiation [J]. J Biomater, 2017, 149 (9): 51-62.

[62] DAI X H, HENG B C, BAI Y Y, et al. Restoration of electrical microenvironment enhances bone regeneration under diabetic conditions by modulating macrophage polarization [J]. Bioact Mater, 2020, 6 (7): 2029-2038.

[63] LOPES H B, SANTOS T D S, OLIVEIRA F S D, et al. Poly (vinylidene-trifuoroethylene)/ barium titanate composite for in vivo support of bone formation [J]. J Biomater Appl, 2014, 29 (1): 104-112.

[64] HANNAH D, MARK R. Sprott, Anup Poudel, et al. Surface-modified piezoelectric copolymer poly (vinylidene fluoride-trifluoroethylene) supporting physiological extracellular matrixes to enhance mesenchymal stem cell adhesion for nanoscale mechanical stimulation [J]. ACS Appl. Mater. Interfaces, 2020, 15 (44): 50652-50662.

[65] GORODZHA S N, MUSLIMOV, A R, SYROMOTINA, D S, et al. A comparison study between electrospun polycaprolactone and piezoelectric poly (3-hydroxybutyrate-co-3-hydroxyvalerate) scaffolds for bone tissue engineering [J]. Colloids Surf B Biointerfaces, 2017, 160 (9): 48-59.

[66] LAURENTI M, CAUDA V. ZnO nanostructures for tissue engineering applications [J]. Nanomaterials (Basel), 2017, 7 (11): 374.

[67] SHRESTHA B K, SHRESTHA S, TIWARI A P, et al. Bio-inspired hybrid scaffold of zinc oxide-functionalized multi-wall carbon nanotubes reinforced polyurethane nanofibers for bone tissue engineering [J]. Mater Des, 2017, 133 (7): 69-81.

[68] BELOTI M M, OLIVEIRA P T D, GIMENES R, et al. In vitro biocompatibility of a novel membrane of the composite poly (vinylidenetrifuoroethylene)/barium titanate [J]. J Biomed Mater Res A, 2006, 79 (2): 282-288.

[69] SHUAI C J, LIU G F, YANG Y W, et al. A strawberry-like Ag-decorated barium titanate enhances piezoelectric and antibacterial activities of polymer scaffold [J]. Nano Energy, 2020, 74: 104825.

2 钛表面 PVDF 和 HA/PVDF 生物压电涂层

钛及钛合金具有良好的力学性能、耐腐蚀性和生物相容性等优点，被广泛地应用在人工骨、关节和齿科修复中，由于钛及钛合金的生物惰性，在植入体内后难以和附近组织形成有效的骨性结合，存在植入物松动甚至失效的风险。针对这一问题，采用表面改性可以提高钛及钛合金的生物活性。最常用的改性方法就是在钛表面制备一层与人骨无机成分相类似的羟基磷灰石涂层，使得钛表面具有和人骨相似的成分，达到提高钛基体生物活性的效果。但是 HA 只具有骨传导性不具备骨诱导性，骨修复的时间较长。研究表明，人体骨骼的压电效应有助于新骨的生长，钛合金上的生物压电涂层由于具有与人体骨骼相似的压电效应而受到广泛的关注。与压电陶瓷涂层相比，聚合物材料的良好韧性和良好的压电性能具有无可比拟的优势。聚偏氟乙烯（PVDF）作为具有压电效应的高分子材料，受到了广泛的关注，将 PVDF 作为压电相引入钛表面有助于解决钛表面的生物惰性问题。本章制备了钛表面 HA/PVDF 涂层，研究了压电效应对涂层亲水性的影响，利用著者发明的“生理载荷加载装置”，采用模拟人体骨骼受力条件，评价了钛表面 HA/PVDF 涂层的矿化过程，较以往的具有压电效应的生物材料评价更接近真实条件。

2.1 钛表面 PVDF 生物压电涂层及其表面亲水性改性

亲水性是影响生物材料矿化速率的主要影响因素之一。钛表面聚偏氟乙烯（PVDF）涂层的亲水性并不理想，不利于矿化的进行，但可通过改变涂层压电性能来改善其表面的亲水性。本节重点研究极化对 PVDF 涂层亲水性的影响，以及影响的时效性，并进一步评价施加生理载荷（通过设置频率为 3 Hz、加载力为 60 N 来模拟人在快速行走时承重骨受到的力和受力的频率）极化后 PVDF 涂层的矿化效果。

2.1.1 钛表面 PVDF 生物压电涂层制备

制备工艺及其过程如下：

（1）化学抛光。使用线切割将纯钛片切割成 10 mm×10 mm×1 mm 的规则形状；经过清洗除油后，将其浸泡在化学抛光液中进行化学抛光处理，化学抛光液由 40%硝酸、10%氢氟酸、50%去离子水组成。直到抛光液中无气泡生成后，将纯钛片取出超声清洗烘干备用。

（2）阳极氧化工艺制备钛合金表面 TiO_2 纳米管过渡层。将氟化铵、去离子水和乙二醇按一定比例配成阳极氧化所需电解液，以铂片为阴极，预处理后的钛片为阳极，阳极和阴极之间的距离为 20 mm，在一定的电压下氧化不同时间，就可得到钛表面二氧化钛纳米管涂层样品。其中，两次阳极氧化的电解液配方分别为 1 g 氟化铵、5 mL 去离子水和 200 mL 乙二醇，0. 3714 g 氟化铵、5 mL 去离子水和 200 mL 乙二醇，两次阳极氧化的电压和氧化时间分别为 60 V、60 min 和 60 V、30 min。将阳极氧化得到的涂层样品进行热处理，以得到锐钛矿相二氧化钛，热处理过程中温度的变化速率均为 1 ℃/min、保温温度为 400 ℃、保温时间为 3 h。

（3）PVDF 涂层的制备。将 8%（质量分数）的 PVDF 粉末溶于二甲基亚砜中，磁力搅拌 10 h 得到均匀糊状溶液。采用旋转涂膜仪将得到的糊状溶液均匀地涂抹在制备的二氧化钛纳米管涂层的表面，旋转涂膜仪的转速为 500 r/min，涂膜时间为 40 s。最后将涂有 PVDF 的样品放置在 80 ℃真空干燥箱中干燥 8 h，即可得到钛表面 PVDF 生物压电涂层。

对所制得 PVDF 涂层的表面形貌和结构进行表征如下：

（1）所制备的二氧化钛纳米管过渡层的形貌和钛表面 PVDF 生物压电涂层的形貌如图 2-1 所示。从图中可以看出，通过二次阳极氧化制备的二氧化钛纳米管结构清晰，纳米管的直径约为 100 nm、长度约为 3 μm，并且纳米管的外管壁较为光滑。通过旋涂法制备的 PVDF 生物压电涂层的表面呈现出凹凸起伏状，涂层的厚度约为 20 μm。图 2-1（c）和（d）的 PVDF 生物压电涂层顶面和截面形貌中并未发现二氧化钛纳米管过渡层，造成这个现象的主要原因是二氧化钛纳米管涂层的厚度约为 3 μm，相比于 PVDF 涂层的 20 μm 厚度有较大差异，同时 PVDF 涂层为高分子涂层，在处理的过程中会将二氧化钛纳米管涂层包覆，使得二氧化钛纳米管涂层并未呈现出来。为了进一步表征在制备 PVDF 涂层过程中，PVDF 是否进入到二氧化钛纳米管中，采用断裂的方式获得 PVDF 涂层中二氧化钛纳米管过渡层的形貌，和未涂覆 PVDF 的二氧化钛纳米管相比（见图 2-1（b）），涂覆 PVDF 后二氧化钛纳米管的表面变得不再光滑，同时从断面的形貌可以看出，PVDF 附着在二氧化钛纳米管的表面。在真空干燥过程中，二氧化钛纳米管中的空气被抽出二氧化钛纳米管，覆盖在二氧化钛纳米管表面的 PVDF 溶液会在大气压的作用下进入到二氧化钛纳米管中，形成二氧化钛纳米管和 PVDF 的机械嵌合从而提高结合力。

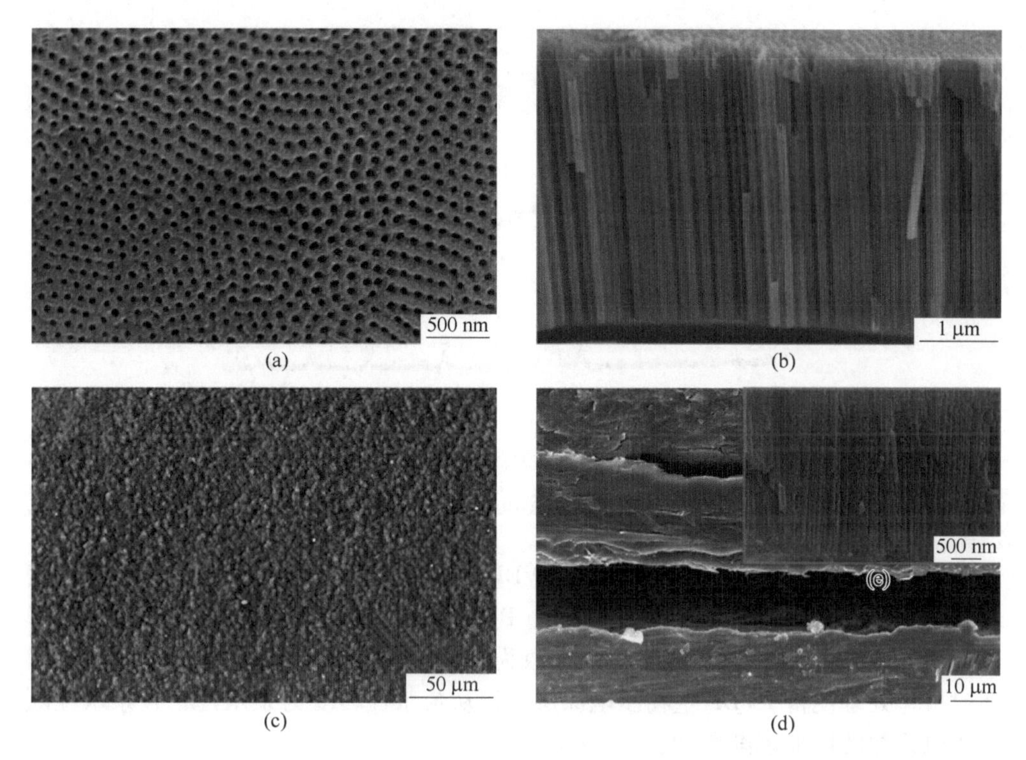

图 2-1　钛表面纳米管涂层形貌

（a）二氧化钛纳米管的顶部形貌；（b）二氧化钛纳米管的横截面形貌；（c）PVDF 涂层的顶部形貌；（d）PVDF 涂层的横截面形貌；（e）钛基体和 PVDF 涂层之间的二氧化钛纳米管过渡层的横截面形貌

（2）二氧化钛纳米管涂层和 PVDF 生物压电涂层的表面物相组成结果如图 2-2 所示。从图中可以看出，通过二次阳极氧化法制备的钛表面涂层的主要成分是二氧化钛和基体钛。主要是通过阳极氧化制备的二氧化钛纳米管涂层的厚度较薄，在 XRD 测试中 X 射线击穿涂层打到基体上，因此物相由钛和二氧化钛组成。而在二氧化钛表面旋涂一层 PVDF 涂层后其表面的主要组成部分是 PVDF，且 α-PVDF 和 β-PVDF 共存，18. 3°处的特征峰对应 α-PVDF，20. 2°处的特征峰对应 β-PVDF。

（3）二氧化钛纳米管涂层和 PVDF 涂层的成分和形貌表明：以二氧化钛纳米管为过渡层的 PVDF 生物压电涂层形貌均匀，结晶性良好，PVDF 渗透进入二氧化钛纳米管中，二者之间无明显界面，形成机械嵌合。

2.1.2　钛表面 PVDF 生物压电涂层的压电性能对亲水性的影响

PVDF 生物压电涂层的疏水特性不利于矿化的进行。通过极化处理使得 PVDF 生物压电涂层具有压电特性，研究了不同压电系数对 PVDF 涂层接触角的

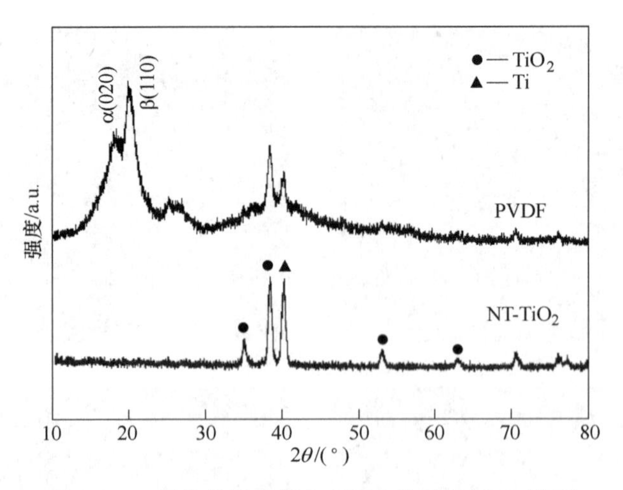

图 2-2　二氧化钛纳米管和 PVDF 涂层的 XRD 谱图

影响，结果如图 2-3 所示。未极化的 PVDF 生物压电涂层的水接触角为 108°，表现出疏水特性。随着压电系数的增加，PVDF 生物压电涂层的水接触角逐渐降低，当 PVDF 生物压电涂层的压电系数为 2.61 pC/N 时，涂层的接触角达 47°。通过极化处理使得 PVDF 生物压电涂层表面从疏水性转变为亲水性，且亲水性随着压电系数的增加逐渐增加。

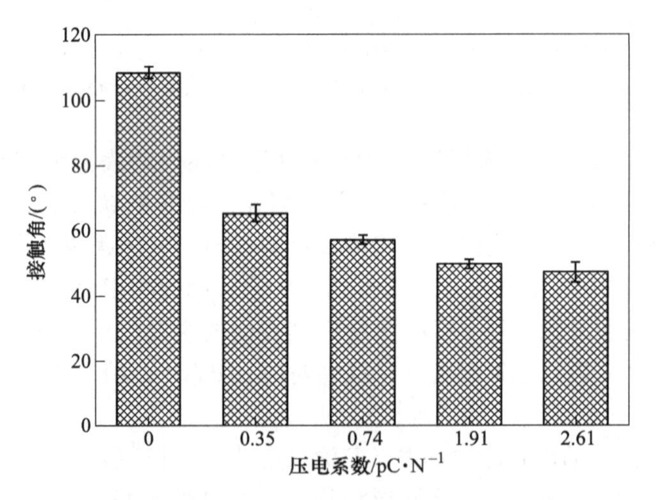

图 2-3　PVDF 涂层不同压电系数对接触角的影响

随着极化后 PVDF 生物压电涂层放置时间的延长，涂层表面产生的负电荷将消失，这将对 PVDF 生物压电涂层的接触角有影响。为表征极化处理对 PVDF 涂层亲水性转变影响的时效性，以未极化的 PVDF 生物压电涂层为对照，研究了极化处理后 PVDF 生物压电涂层［标记为 PVDF(P)］随着放置时间的延长，涂层表面接触角的变化，同时采用生理载荷装置，其装置图如图2-4所示。

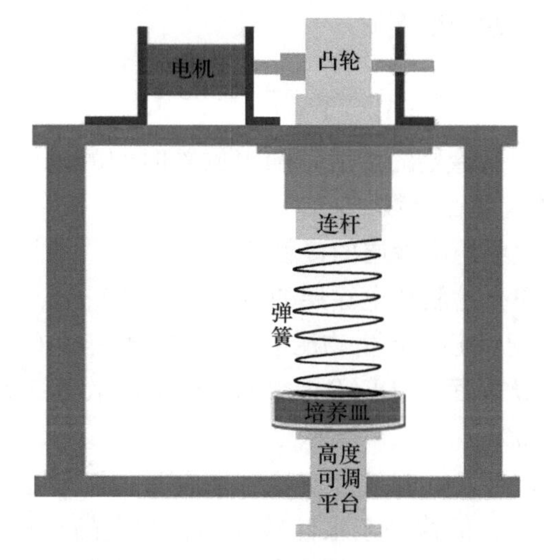

图2-4 生理载荷装置结构示意图

对极化处理后钛表面PVDF生物压电涂层每天施加30 min的生理载荷，探讨生理载荷下极化处理后PVDF生物压电涂层［标记为PVDF(PL)］接触角随放置时间的变化，结果如图2-5所示。从图中可以看出，对于PVDF涂层，涂层的接触角随着放置时间的延长无明显的变化，都表现出疏水特性。不同于PVDF涂层，PVDF(P)涂层的接触角变化呈现出两段变化趋势，在放置的前3天表现随着放置时间的延长表面接触角逐渐增加，3天之后表现出平稳的变化趋势。PVDF(PL)涂层的接触角随着放置时间的延长没有明显变化，表现出亲水特性。

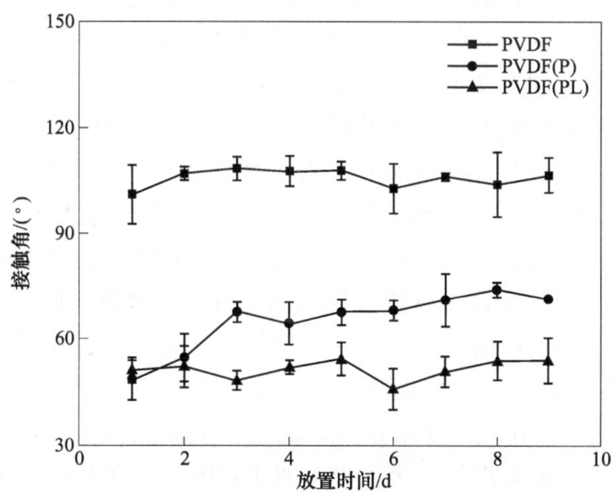

图2-5 PVDF涂层、PVDF(P)涂层和PVDF(PL)涂层的表面接触角随放置时间之间的变化

为进一步明确 PVDF(P) 涂层亲水性的变化，引入公式（2-1）表征极化处理对 PVDF 涂层表面接触角改变时

$$V_{ca} = \frac{C - B}{A - B} \times 100\% \tag{2-1}$$

式中　V_{ca}——PVDF(P) 涂层的接触角随着放置时间的改变占极化处理对 PVDF 涂层改变的百分数,%；

A——PVDF 生物压电涂层的接触角，(°)；

B——PVDF(P) 生物压电涂层的接触角，(°)；

C——放置后 PVDF(P) 生物压电涂层的接触角，(°)。

经过计算可知，钛表面 PVDF(P) 生物压电涂层放置 3 天后 V_{ca}约为 33.7%，放置 9 天后 V_{ca}约为 40%。

PVDF 涂层的亲水性及其时效性实验结果表明：极化处理可使得 PVDF 涂层由疏水性转变成亲水性，但这种亲水性转变会在放置的最初 3 天丢失约 33.7%，最终约 40%的转变量会随着放置而消失。而对极化处理后的 PVDF 生物压电涂层施加生理载荷后，其表面的水接触角随着放置时间的延长没有明显的变化。

影响涂层接触角的主要因素有表面形貌、表面电荷、物相组成。PVDF 生物压电的压电系数与接触角的影响实验结果表明：极化处理会使得 PVDF 生物压电涂层的表面由疏水性转变成亲水性。同时，亲水性的时效性实验结果表明，极化处理所带来的亲水性转变有时效性，极化处理所带来的接触角改变量会随着放置时间的延长而逐渐减少。对极化处理后的钛表面 PVDF 涂层施加周期性的生理载荷，其表面的接触角随着放置时间基本保持不变。对于 PVDF 生物压电涂层，极化处理并未改变 PVDF 涂层的表面微观结构，造成极化后 PVDF 生物压电涂层表面接触角发生改变的可能原因是表面成分的变化以及极化后表面存在残余电荷。结合 XPS 分析结果，极化处理对钛表面 PVDF 涂层的亲水性的影响和影响的时效性机理示意图如图 2-6 所示。极化处理会使得 PVDF 涂层表面的氟原子被烧蚀，空气中的 O 在电晕极化作用下以 C—O 和 C ═ O 的形式进入 PVDF 涂层，同时极化处理也会在 PVDF 涂层表面形成残留电荷，这两种因素都有利于涂层的亲水性。从极化后涂层放置不同时间的成分变化可知，F 原子和 O 原子的含量无明显变化，极化后表面 C 原子含量有较大的增加，且随着放置时间的延长原子含量逐渐增加。对比 PVDF(P) 涂层亲水性的时效性结果可知，涂层的亲水性在初期的 3 天内有较大的变化，后续的变化并不大，说明亲水性的时效性影响因素并不是 C 原子含量的增加。极化处理所形成的表面电荷会随着放置时间的延长而逐渐消失，随着表面电荷的逐渐消失，表面电荷对 PVDF(P) 涂层的亲水性贡献逐渐消失，从而增加了表面接触角。极化后 PVDF 涂层组成的变化对接触角的变化贡献了近 60%，表面残余电荷对接触角变化的贡献约占 40%。通过生理载荷装置对

PVDF(P) 涂层施加生理载荷，涂层的压电效应将生理载荷装置所提供的机械能转变成电能，以表面电荷的方式存在于涂层表面，弥补随着放置逐渐消失的表面电荷，涂层的表面亲水性在生理载荷的作用下基本保持不变，也从侧面证明了影响 PVDF(P) 涂层亲水性的时效性的主要因素是表面电荷。

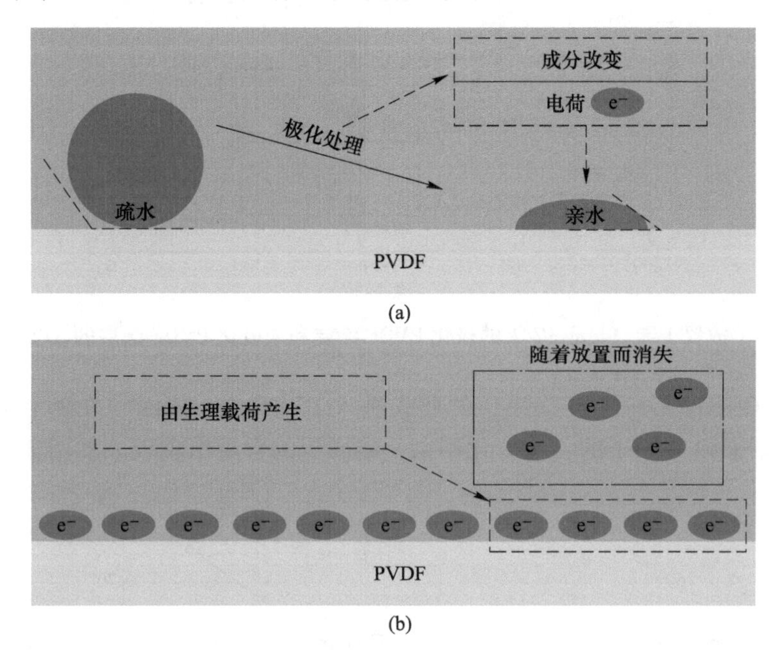

图 2-6 极化处理对钛表面 PVDF 涂层表面亲水性影响（a）及影响的时效性机理（b）示意图

同时，为了验证极化处理对 PVDF 涂层表面成分以及放置处理对 PVDF 涂层表面成分的变化的影响，采用 XPS 分析了未极化处理和极化处理后放置 1 天、4 天、7 天 PVDF 涂层的表面组成的变化，结果如图 2-7 所示。从 XPS 的全谱扫描结果可以看出，未极化的 PVDF 涂层中有 F、O、C 的特征峰，极化处理和放置处理后同样也只有 F、O、C 的特征峰，没有其他物质存在，说明 PVDF 涂层的组成元素为 F、O、C。由此得出，极化处理和放置处理对涂层的组成元素种类没有影响。

通过 XPS 全谱分析结果可知：极化处理和放置处理并没有其他元素的引进，通过原子组成进一步分析了未极化处理和极化处理后放置 1 天、4 天和 7 天后 PVDF 涂层的表面组成的变化，结果如图 2-8 所示。从图中可以看出，极化处理使得 PVDF 生物压电涂层中 F 原子的含量降低、O 原子的含量增加，造成这个现象的主要原因是极化处理过程中持续高电压使得 PVDF 生物压电涂层中的 F 发生烧蚀，出现脱 F 现象。同时有研究表明，空气中的氧在高的电压和温度的作用下

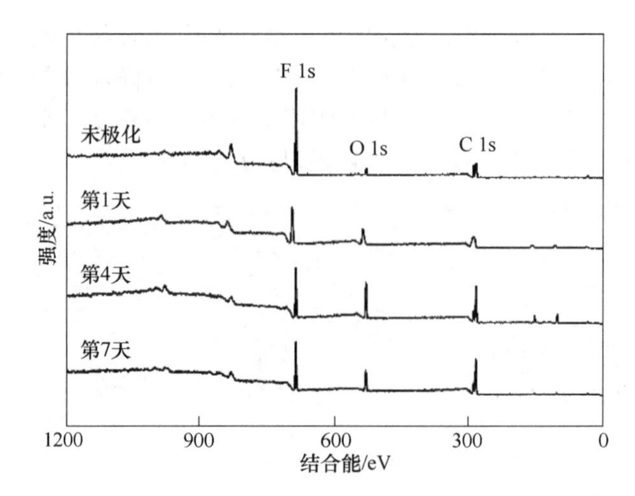

图 2-7　放置 1 天、4 天、7 天的极化 PVDF 涂层和未极化 PVDF 涂层的 XPS 谱图

会以 O ═ C—O、C—O 和 C ═ O 的形式进入 PVDF 中。同时，在随后的放置过程中，F 原子和 O 原子的含量变化不大，碳原子的含量出现较大的增加。

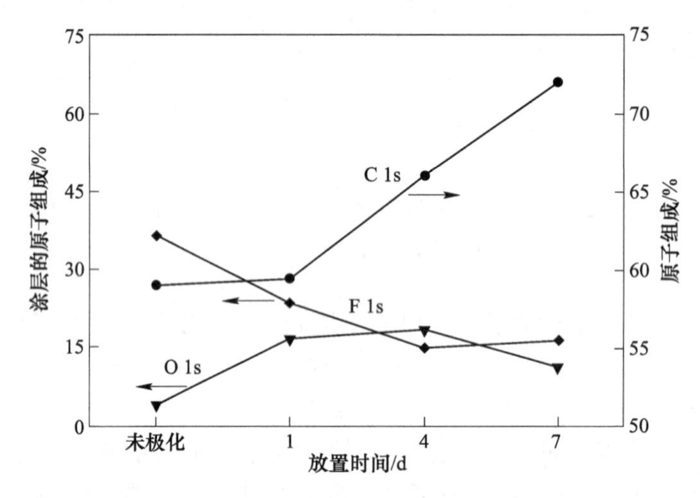

图 2-8　放置 1 天、4 天、7 天的 PVDF(P) 涂层和未极化 PVDF 涂层的原子组成

由于在放置处理过程中，PVDF 生物压电涂层表面碳原子含量有较大的变化，因此采用 C 1s 峰进一步分析了在放置不同天数后涂层表面碳原子价态和峰强的变化，结果如图 2-9 所示。从图中可以看出，极化处理前后和放置不同时间的钛表面涂层样品的每个 C 1s 谱分为 4 个不同的峰：C—C/C—H(284.8 eV)、H—C—H(286.5 eV)、C—O(288.4 eV) 和 F—C—F(291.1 eV)。在极化和放置处理中未发现新峰，这表明在该过程中未生成新物质，并且碳原子的价态也未发生改变。随着放置时间的增加，C—C/C—H 与 H—C—H 峰的强度比逐渐增加。造成

极化后钛表面 PVDF 涂层表面 C 原子含量增加的主要原因是通过极化处理增加了涂层的表面能，空气中的杂质（例如，二氧化碳）更容易吸附在样品表面上，从而增加了碳原子的含量。

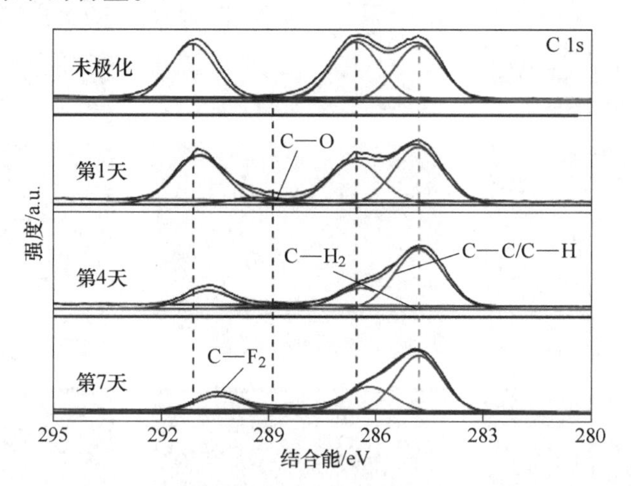

图 2-9 放置 1 天、4 天、7 天 PVDF(P) 涂层和未极化 PVDF 涂层的 XPS C 1s 光谱

2.1.3 钛表面 PVDF 生物压电涂层的矿化

以纯钛为对照组，PVDF 生物压电涂层、PVDF(P) 生物压电涂层、PVDF(PL) 生物压电涂层为研究对象，研究涂层在不同状态下的矿化过程。各组样品在模拟体液中浸泡 1 天、7 天、14 天后的表面形貌如图 2-10 所示。对于纯钛组，随着浸泡时间的延长，其表面没有明显的变化，说明纯钛为生物惰性，模拟体液中的矿化过程较慢。在 SBF 中浸泡 7 天后，PVDF 组表面沉积少量白色颗粒状物质；浸泡 14 天后，覆盖在 PVDF 涂层表面的白色颗粒增多。此外，PVDF 涂层基体形貌模糊，表明在 PVDF 涂层表面沉积了一层薄薄的磷灰石。PVDF(P) 组在 SBF 中浸泡 7 天后表面有大量白色颗粒状磷灰石沉积；浸泡 14 天后，涂层表面覆盖了一层磷灰石。与 PVDF 涂层相比，其基体的形貌更加模糊，但仍然可以分辨出。

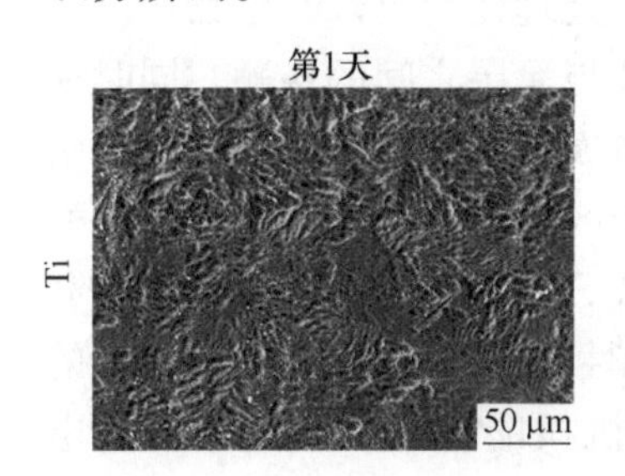

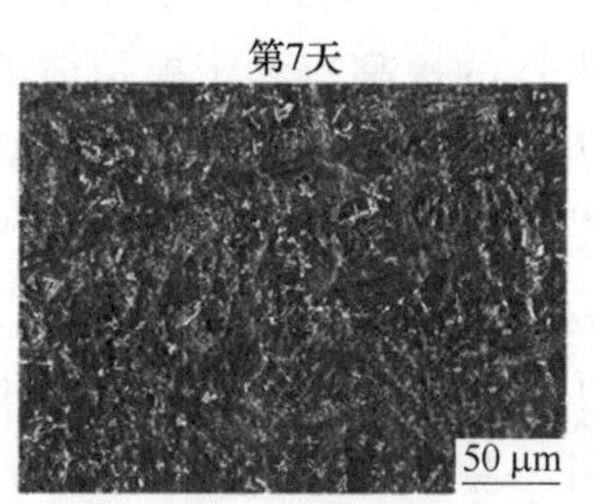

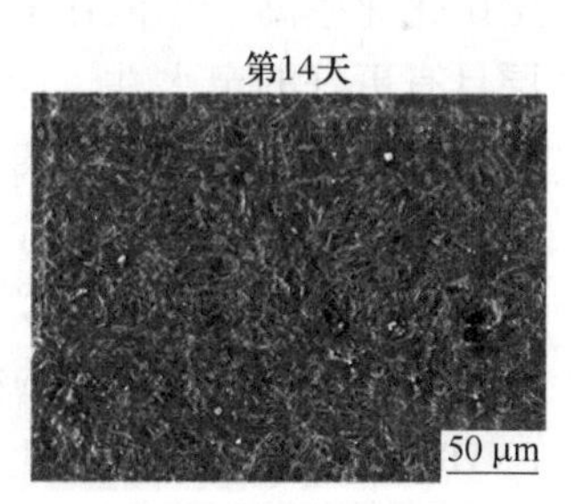

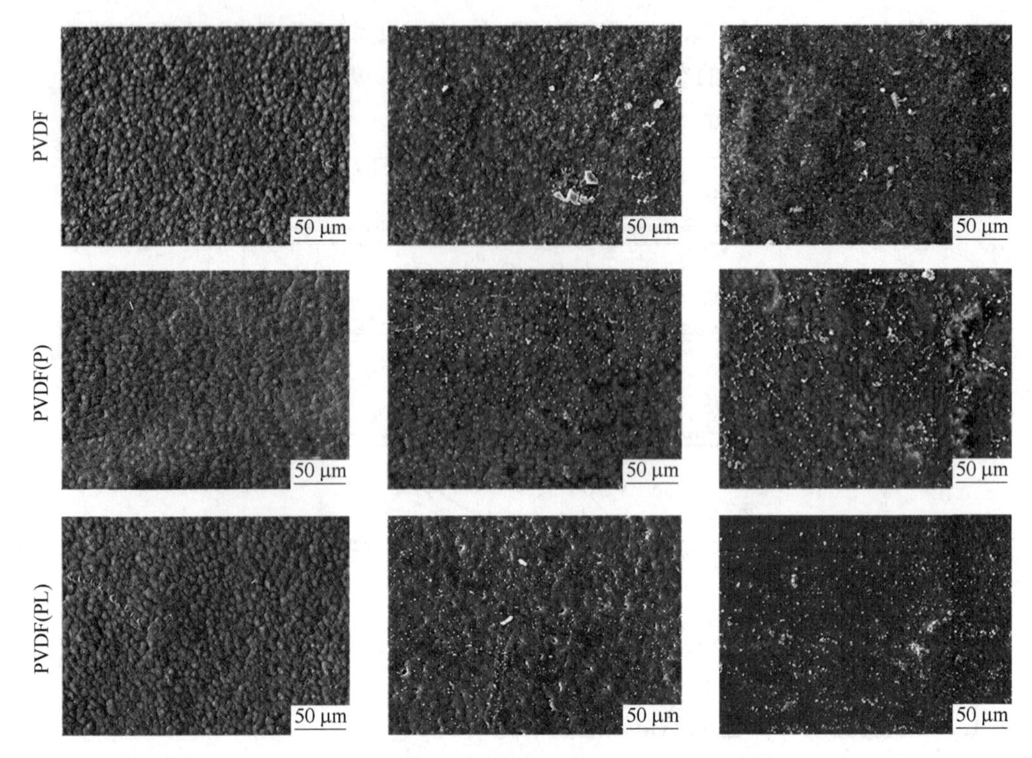

图 2-10　在 SBF 中浸泡不同天数后 Ti、PVDF 涂层、PVDF(P) 涂层和 PVDF(PL) 涂层形貌图

为了进一步印证钛表面 PVDF 生物压电涂层不同状态下的矿化速率，各组样品在模拟体液中浸泡 1 天、7 天、14 天后的质量变化如图 2-11 所示。从图中可以看出，随着浸泡时间的延长，各组样品的质量都呈现出增加的趋势。对于纯钛组，其质量变化随着浸泡时间的增加有所增加，但变化不大。PVDF(P) 组的质量变化高于 PVDF 组，且两者之间的差距逐渐增加。PVDF(PL) 生物压电涂层的质量增加得最多，且和其他组之间的差距随着浸泡时间的增加而逐渐增加。PVDF 生物压电涂层矿化后的表面形貌和质量变化结果表明：极化后的 PVDF 涂层矿化速率高于未极化 PVDF 涂层的矿化速率。极化处理使得 PVDF 生物压电涂层具有更好的亲水性，亲水性的提高有利于模拟体液与涂层之间的接触。同时极化处理可使涂层表面获得表面负电荷，表面负电荷对模拟体液中的钙离子有吸引作用，将钙离子吸引到涂层表面形成高浓度的钙离子区域，极化处理带来的两种有益效果都有利于涂层矿化的进行。对极化后的 PVDF 生物压电涂层施加生理载荷，涂层表现出最好的矿化效果。这是因为在周期性的生理载荷下，极化后的 PVDF 所具有的压电特性可将生理载荷装置提供的机械能转变成涂层表面负电荷，既能保证极化处理对涂层表面亲水性改善的持久性，又能持续地吸引模拟体

液中的钙离子沉积，因此表现出最好的矿化效果。

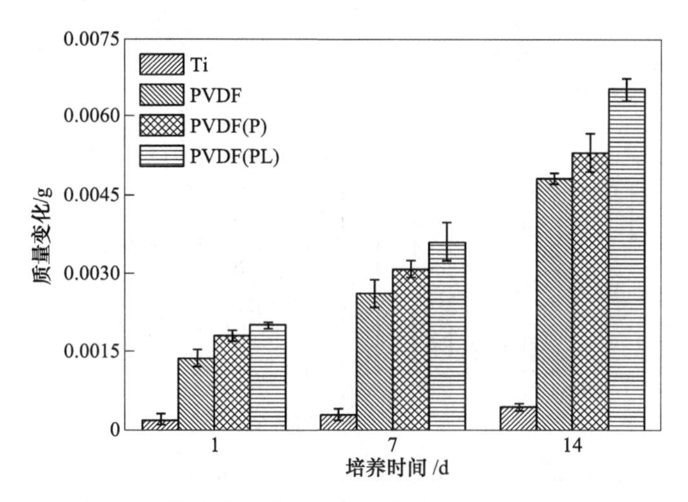

图2-11　体外矿化过程中四种钛表面涂层的质量变化

2.1.4　钛表面PVDF涂层的生物相容性

PVDF作为一种高分子材料具有较好的压电特性而被用于体内，体外细胞实验也证明了PVDF涂层是无毒的。通过极化处理使PVDF生物压电涂层获得较好的亲水性，表现出较好的矿化速率。但是，极化处理改变了PVDF生物压电涂层表面成分，改变后涂层的细胞毒性对于涂层应用于人体的安全性至关重要。因此，采用MTT法对极化后的PVDF涂层细胞毒性进行了表征，结果如图2-12所示。从图中可以看出，随着培养时间的延长，各组的吸光度值略有增加。此外，相同培养时间各组之间无显著差异。主要原因是极化处理引起的表面成分变化不会形成新的有毒物质，同时钛表面PVDF涂层本身较为稳定，不易随着环境的变换而发生分解。MTT实验表明，PVDF涂层对成骨细胞无毒性作用，具有良好的生物相容性。

以二氧化钛纳米管为过渡层，在钛表面制备了PVDF包覆二氧化钛纳米管的生物压电涂层。通过极化处理后使PVDF生物压电涂层具有压电效应，同时使得涂层由疏水性涂层转变为亲水性涂层。当PVDF生物压电涂层的压电系数为2.61 pC/N时，涂层的接触角为47°。PVDF生物压电涂层组成的变化和电晕极化引起的表面残余电荷的存在有利于涂层的亲水性。表面电荷对涂层亲水性的改善占整个极化处理对涂层亲水性改善的40%左右，但表面电荷随放置时间的延长而逐渐消失。在生理载荷作用下，电荷逐渐消失对极化后钛表面PVDF生物压电涂层亲水性的负面效应得到改善，负电荷对SBF中Ca^{2+}的影响也有利于钙在涂层表面的沉积。施加生理载荷的PVDF(P)生物压电涂层的矿化能力最好，PVDF(P)生物压电涂层是无毒的，可被应用于改善钛及钛合金的生物惰性问题。

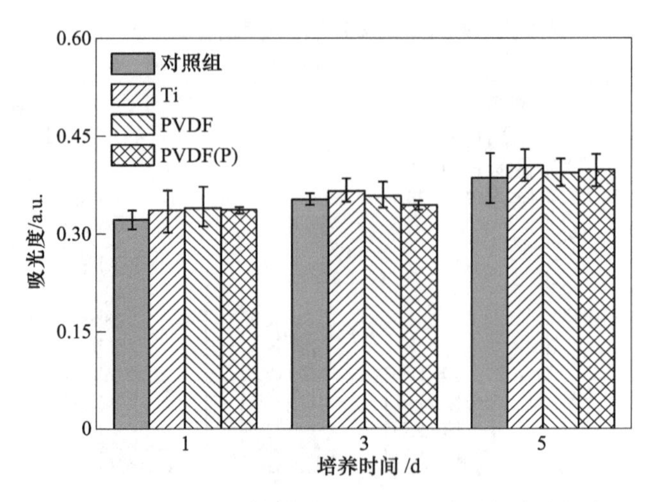

图 2-12　Ti、PVDF 涂层、PVDF(P) 涂层与成骨细胞共培养后的 MTT 检测结果（$p<0.05$）

2.2　钛表面 HA/PVDF 生物压电涂层的快速钙沉积机制

在添加 HA 颗粒、涂层表面亲水性、压电效应的协同作用下可实现快速的矿化，其作用机理如图 2-13 所示。根据经典成核理论，影响涂层磷灰石诱导性的因素包括溶液的过饱和度、涂层的表面形貌和接触角。

（1）纳米 HA 颗粒具有较好的生物活性和较好的亲水性，将纳米 HA 颗粒添加进钛表面 PVDF 生物压电涂层中，既可以利用 HA 本身好的生物相容性和生物活性促进矿化的进行，HA 纳米颗粒也有利于降低复合涂层本身的接触角，提高亲水性。同时 HA/PVDF 复合生物压电涂层中的 HA 纳米颗粒会发生少量的溶解，溶解产生的 Ca^{2+}、PO_4^{3-}、HPO_4^{2-} 等离子从复合涂层表面扩散到 SBF 中，促进了钙磷等离子的局部浓度增加，更容易达到磷灰石晶体的成核阈值，并在涂层表面成核。

（2）压电效应对 HA/PVDF 复合生物压电涂层的影响分为两部分：第一部分，压电效应是通过极化处理获得的，极化处理会在复合生物压电涂层表面形成残余表面电荷，这种表面残余电荷本身对 SBF 中的钙离子有吸引作用，可加快矿化过程。第二部分，压电效应获得过程中对 PVDF 涂层本身的亲水性有显著的作用，可显著地降低复合物压电涂层的接触角，提升涂层的亲水性。

（3）在 HA 纳米颗粒和压电效应的共同作用下，20HA/PVDF 复合生物压电涂层的亲水性得到了显著的提升，有助于复合涂层快速矿化的进行。20HA/PVDF 复合生物压电涂层在压电效应、良好的亲水性以及添加 HA 纳米颗粒的协同作用下，矿化速率得到了很大程度的提高，从而通过加速钙沉积促进骨整合。

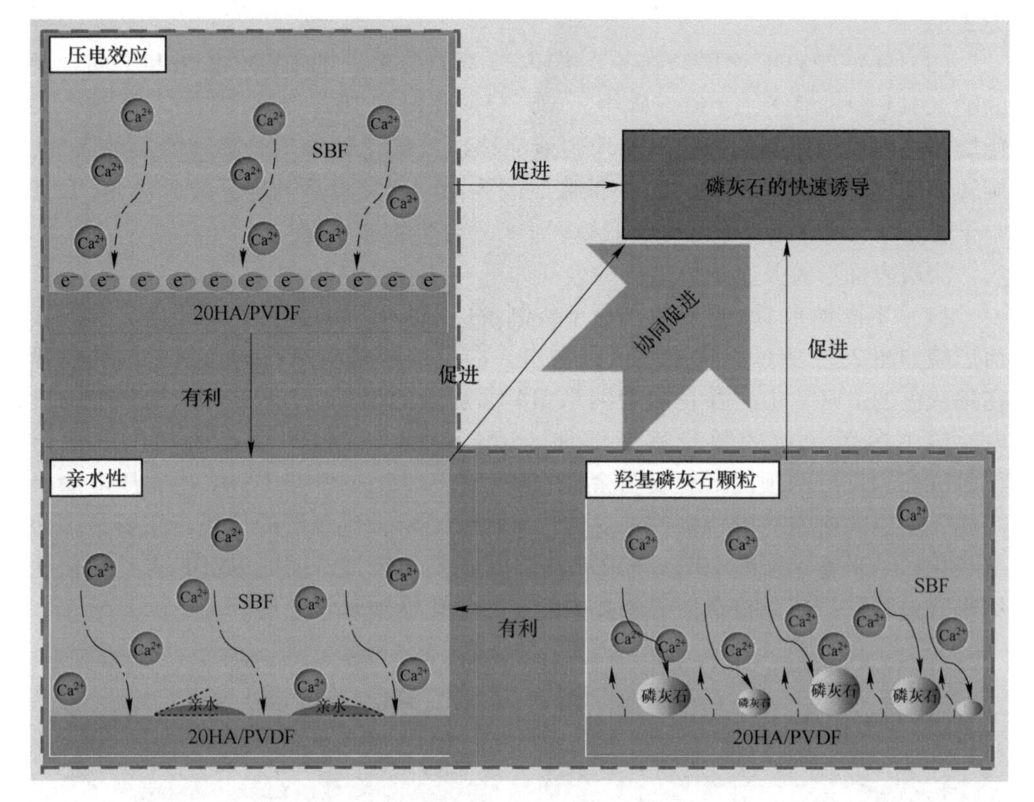

图 2-13 压电系数、亲水性和 HA 颗粒协同促进磷灰石的快速诱导示意图

2.2.1 钛表面 HA/PVDF 生物压电涂层制备

钛表面 HA/PVDF 生物压电涂层制备工艺及其过程如下：

（1）化学抛光。使用线切割将纯钛片切割成 10 mm×10 mm×1 mm 的规则形状；经过清洗除油后，将其浸泡在化学抛光液中进行化学抛光处理，化学抛光液由 40%硝酸、10%氢氟酸、50%去离子水组成。直到抛光液中无气泡生成后，将纯钛片取出超声清洗烘干备用。

（2）阳极氧化工艺制备钛合金表面 TiO_2 纳米管过渡层。将氟化铵、去离子水和乙二醇按一定比例配成阳极氧化所需电解液，以铂片为阴极，预处理后的钛片为阳极，阳极和阴极之间的距离为 20 mm，在一定的电压下氧化不同时间，就可得到钛表面二氧化钛纳米管涂层样品。其中，两次阳极氧化的电解液配方分别为 1 g 氟化铵、5 mL 去离子水和 200 mL 乙二醇，0.3714 g 氟化铵、5 mL 去离子水和 200 mL 乙二醇，两次阳极氧化的电压和氧化时间分别为 60 V、60 min 和 60 V、30 min。将阳极氧化得到的涂层样品进行热处理，以得到锐钛矿相二氧化钛，热处理过程中温度的变化速率均为 1 ℃/min、保温温度为 400 ℃、保温时间为 3 h。

（3）HA//PVDF 涂层的制备。将 8%（质量分数）的 PVDF 粉末和不同含量的纳米 HA 颗粒溶于二甲基亚砜中，超声分散并搅拌 10 h 得到均匀糊状溶液。采用旋转涂膜仪将得到的糊状溶液均匀地涂抹在二氧化钛纳米管阵列涂层的表面，旋转涂膜仪的转速为 500 r/min，涂膜时间为 40 s。完成后的样品放置在 80 ℃真空干燥箱中干燥 8 h，即可得到 HA/PVDF 复合生物压电涂层。

涂层表面形貌及其成分结构的表征如下：

（1）不同纳米 HA 颗粒添加量下所制备的 HA/PVDF 复合生物压电涂层的表面形貌如图 2-14 所示。从图中可以看出，白色的羟基磷灰石颗粒紧紧地被包裹在深灰色的 PVDF 中，并且随着纳米 HA 添加量的增加，HA/PVDF 复合生物压电涂层中白色颗粒的数量逐渐增加。20% HA/80% PVDF 复合生物压电涂层（20HA/PVDF）的顶面形貌表明涂层的厚度约为 35 μm，与 PVDF 生物压电涂层一样，涂层的横截面形貌中并未发现二氧化钛纳米管过渡层的形貌，主要是因为二氧化钛纳米管涂层和 20HA/PVDF 涂层厚度差异较大，同时 PVDF 将二氧化钛纳米管包裹住，因此横截面形貌并未发现二氧化钛纳米管涂层。

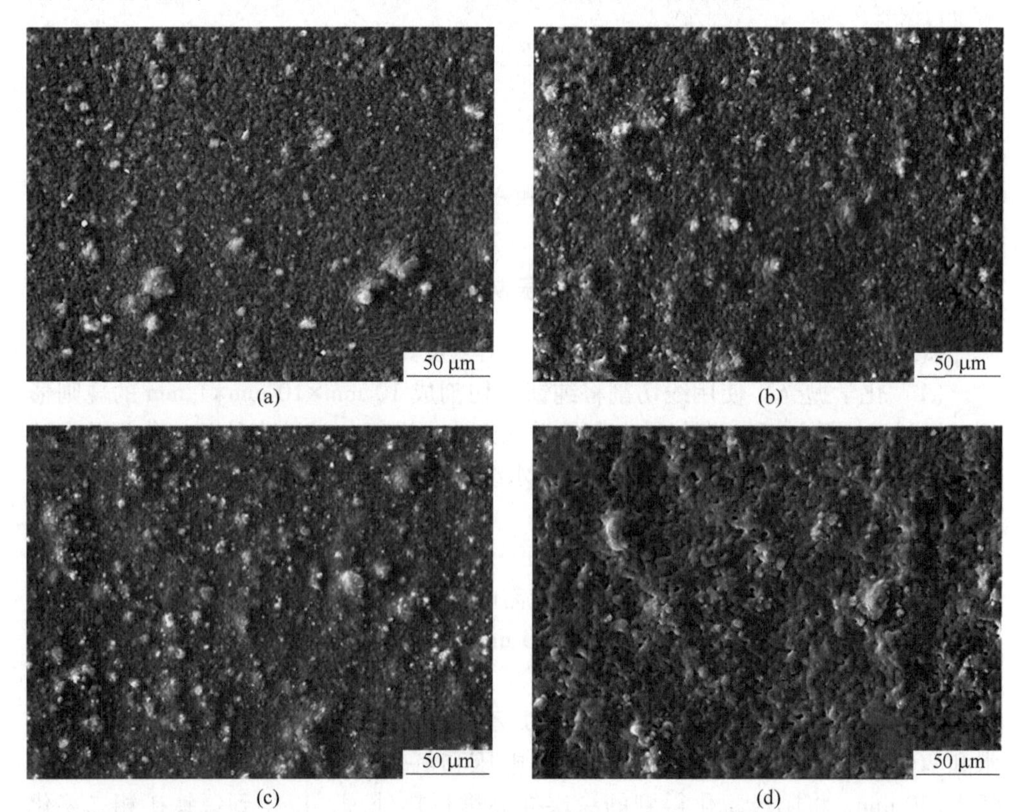

(a)　(b)　(c)　(d)

(e)

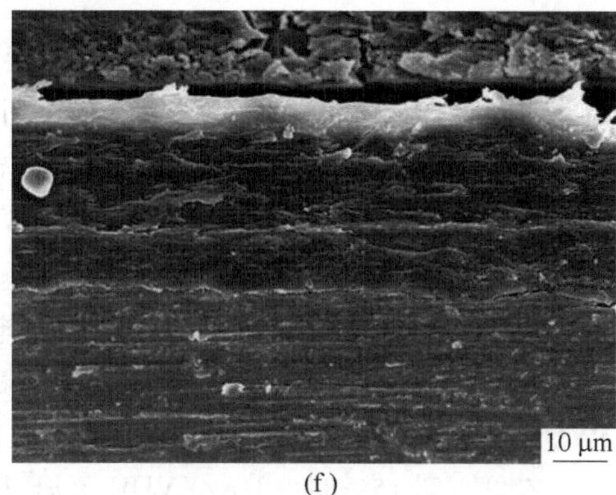

(f)

图 2-14 HA/PVDF 涂层表面形貌

(a) 5HA/PVDF 涂层的俯视图；(b) 10HA/PVDF 涂层的俯视图；(c) 15HA/PVDF 涂层的俯视图；(d) 20HA/PVDF 涂层的俯视图；(e) 25HA/PVDF 涂层的俯视图；(f) 20HA/PVDF 涂层的截面图

(2) 不同 HA 添加量对 HA/PVDF 复合生物压电涂层相组成的影响结果如图 2-15 所示。从图中可以看出，随着 HA 添加量的增加，羟基磷灰石（JCPDS 卡片编号为 73-1731）在 25.7°、31.8°和 33°所对应的特征衍射峰峰强度增大。同时，随着复合涂层中 HA 含量的增加，20.2°处所对应的 β-PVDF 特征峰的峰强增加，而 α-PVDF 的衍射峰强度降低，在 PVDF 涂层中添加纳米 HA 颗粒促进了 β-PVDF 的结晶，诱导了 β-PVDF 的形成。纳米 HA 颗粒和 PVDF 之间强的相互作用使得 PVDF 在纳米 HA 颗粒表面异相成核，有利于 PVDF 中 β 相的形成。

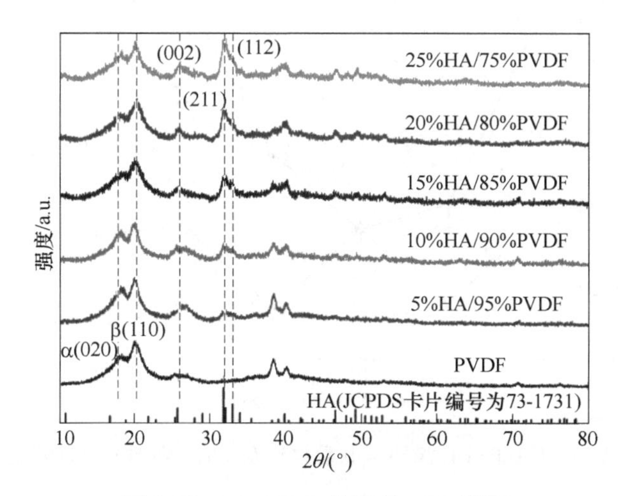

图 2-15 HA/PVDF 涂层的 XRD 谱图

2.2.2　钛表面 HA/PVDF 生物压电涂层的压电性能对亲水性的影响

从图 2-15 中可以得到，随着 HA 添加量的增加，羟基磷灰石（JCPDS 卡片编号为 73-1731）在 25.7°、31.8°和 33°处所对应的特征衍射峰峰强度增大。同时，随着复合涂层中 HA 含量的增加，20.2°处所对应的 β-PVDF 特征峰的峰强增加，而 α-PVDF 的衍射峰强度降低，在 PVDF 涂层中添加纳米 HA 颗粒促进了 β-PVDF 的结晶，诱导了 β-PVDF 的形成。而 β-PVDF 是 PVDF 压电性能的主要来源。同时，HA 的添加对复合涂层的压电系数也有影响。

因此，研究了 HA 添加量对 HA/PVDF 复合生物压电涂层压电系数和 β-PVDF 相对含量的影响，结果如图 2-16 所示。从图中可以看出，当 HA 的添加量由 0%增加到 15%时，HA/PVDF 复合生物压电涂层压电系数由 2.61 pC/N 减少到 1.08 pC/N，当 HA 的添加量增加到 20%时，HA/PVDF 复合生物压电涂层压电系数增加到 1.52 pC/N。HA/PVDF 复合生物压电涂层中 HA 的加入引起 β-PVDF 的含量发生变化，同时 PVDF 压电网络的完整程度被破坏，这两种因素共同决定了复合生物压电涂层的压电性能。通过计算样品的峰强度比 $I_{20.2}/I_{18.3}$（20.2°和 18.3°处的特征衍射峰强度之比），定性表征了涂层中 β-PVDF 的含量。由于峰强比是 β-PVDF 在 20.2°处的特征峰，因此 β-PVDF 的含量与 $I_{20.2}/I_{18.3}$ 成正比。$I_{20.2}/I_{18.3}$ 随着 HA 含量的增加先减小后增大，在 HA 含量为 20%时达到最大值 1.524。当 HA 含量为 25%时，$I_{20.2}/I_{18.3}$ 为 1.516，与 20%HA 相近。同时，复合生物压电涂层的压电系数随 HA 含量的增加而减小。因此，当 HA 含量为 20%时，HA/PVDF 复合生物压电涂层具有最高的压电系数。

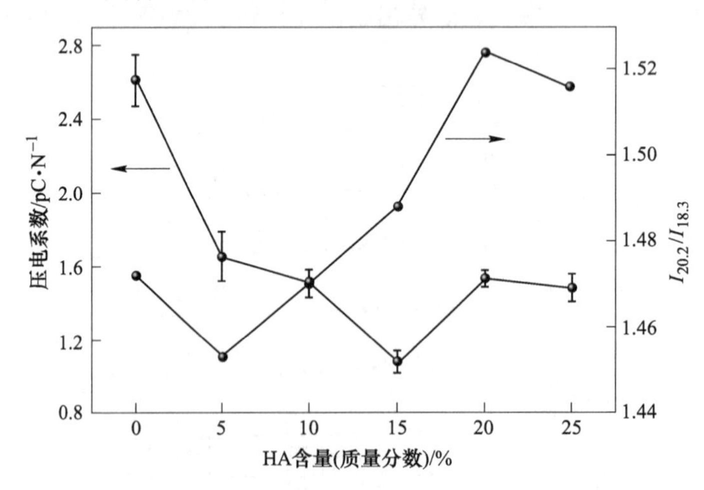

图 2-16　HA/PVDF 涂层压电系数和 $I_{20.2}/I_{18.3}$ 随 HA 含量的变化

由于 HA 表面存在大量的亲水性 OH^- 基团，在 PVDF 生物压电涂层中添加纳米HA颗粒有助于降低复合涂层的接触角。不同HA添加量对HA/PVDF复合生物压电涂层接触角的影响如图2-17所示。从图中可以看出，HA/PVDF复合生物压电涂层的接触角随着HA添加量的增加而逐渐减小，亲水性能得到改善。尽管HA的加入降低了涂层的接触角，但未经极化的钛表面HA/PVDF复合生物压电涂层仍是疏水性。

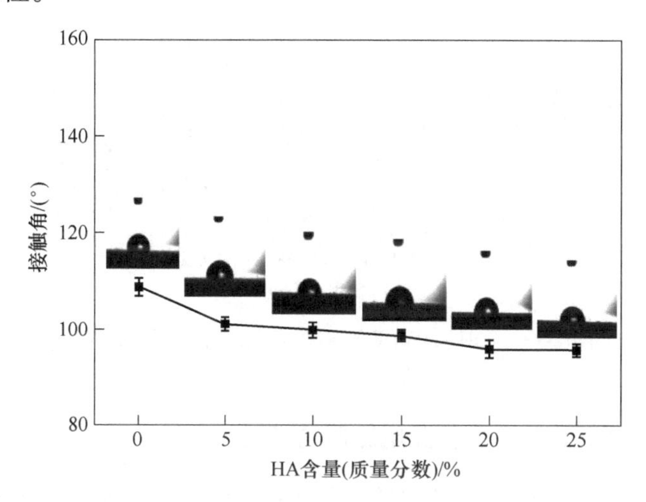

图2-17 HA/PVDF涂层接触角随HA颗粒添加量的变化趋势

为了进一步减小HA/PVDF复合生物压电涂层的接触角，以具有最好压电系数的20HA/PVDF涂层作为研究对象，研究不同压电系数对20HA/PVDF涂层接触角的影响，通过不同的极化过程对涂层进行极化，得到不同的压电系数，测量了20HA/PVDF涂层具有的不同压电系数对应的接触角，结果如图2-18所示。从图中可以看出，20HA/PVDF涂层的接触角随压电系数的增大而减小，当20HA/PVDF涂层的压电系数为1.52 pC/N时，涂层的接触角最小为31.7°，与未极化20HA/PVDF涂层相比，极化涂层的接触角减小了66.9%。同时，其亲水性也高于PVDF生物压电涂层。因此，极化处理也可以实现20HA/PVDF复合生物压电涂层疏水性到亲水性的转变。

与PVDF生物压电涂层相同，20HA/PVDF涂层在极化过程中PVDF内中的一些氟原子被烧蚀，同时使得氧原子以O═C—O、C—O和C═O的形式结合到涂层表面，造成了涂层表面成分的改变，并且极化处理也会在涂层表面形成表面电荷，这些改变都有利于涂层接触角的降低。同时HA的亲水性基团也有助于涂层的亲水性进一步提高，最终使得钛表面20HA/PVDF涂层具有最好的亲水性。涂层表面的亲水性可以影响体外矿化行为、细胞黏附和增殖。此外，亲水表面具有更好的矿化能力和细胞亲和力。

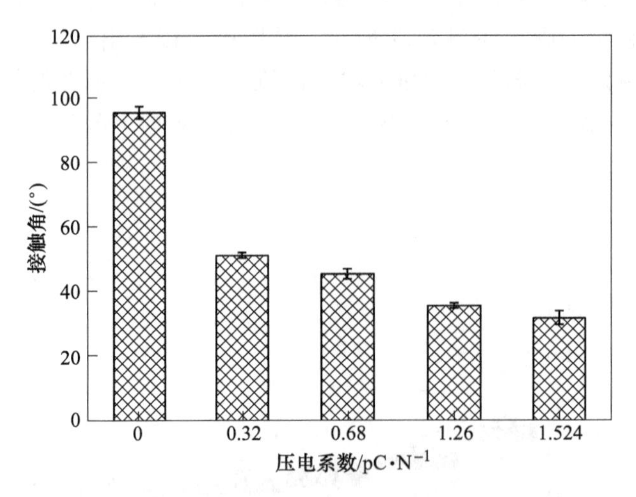

图 2-18　20HA/PVDF 涂层接触角随压电系数的变化

2.2.3　钛表面 HA/PVDF 生物压电涂层的矿化

选择未极化的 PVDF 生物压电涂层[PVDF]作为对照组，对未极化的 20HA/PVDF 涂层[20HA/PVDF]和极化后的 20HA/PVDF 涂层[20HA/PVDF(P)]进行体外矿化性能评价，不同钛表面涂层在 SBF 中浸泡不同时间后的表面形貌如图 2-19 所示。PVDF 涂层在 SBF 中浸泡 1 天和 7 天后，涂层表面出现少量白色颗粒状沉淀物，并无明显的差异。当涂层在 SBF 中浸泡 14 天后，涂层的表面出现分散的球晶。20HA/PVDF 涂层和 20HA/PVDF(P) 涂层随着浸泡时间的延长表面形貌无明显的变化。这是因为 20HA/PVDF 涂层和 20HA/PVDF(P) 涂层表面都存在 HA 颗粒。涂层中的纳米 HA 颗粒都微溶于 SBF 中，随着浸泡的进行，磷灰石也在涂层表面形核和生长，这使得涂层的表面形貌变化并不明显。

为了进一步发现 20HA/PVDF 涂层和 20HA/PVDF(P) 涂层在矿化过程中的差异，对浸泡前后的涂层质量变化进行测量，结果如图 2-20 所示。

20HA/PVDF 涂层和 PVDF 涂层的质量变化呈现出相似的规律，即随着浸泡时间的增长，钛表面涂层质量都逐渐增加。与 PVDF 涂层组相比，20HA/PVDF 涂层的亲水性有所提高，浸泡不同时间后涂层质量增加幅度均大于 PVDF 涂层组。由于极化处理的作用使得 20HA/PVDF(P) 具有良好的亲水性，并且极化处理后会在涂层的表面形成表面残余电荷，这些优势是 20HA/PVDF 涂层所不具备的，因此使得 20HA/PVDF(P) 在 SBF 中浸泡不同时间后质量增加最多。尤其是浸泡 1 天后，20HA/PVDF(P) 组的增重为 2.57 mg，是对照组的 188%。此外，三组中 20HA/PVDF(P) 涂层的质量增加量最大，达到 7.10 mg。

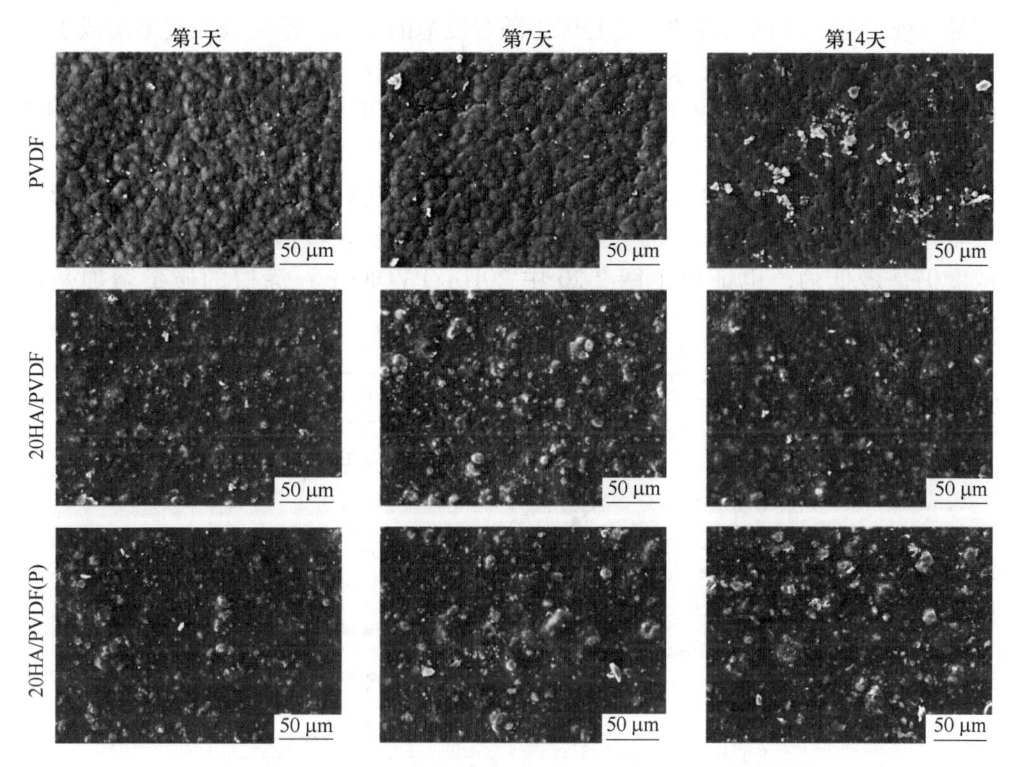

图 2-19 钛表面涂层在 SBF 中浸泡不同天数后的表面形貌

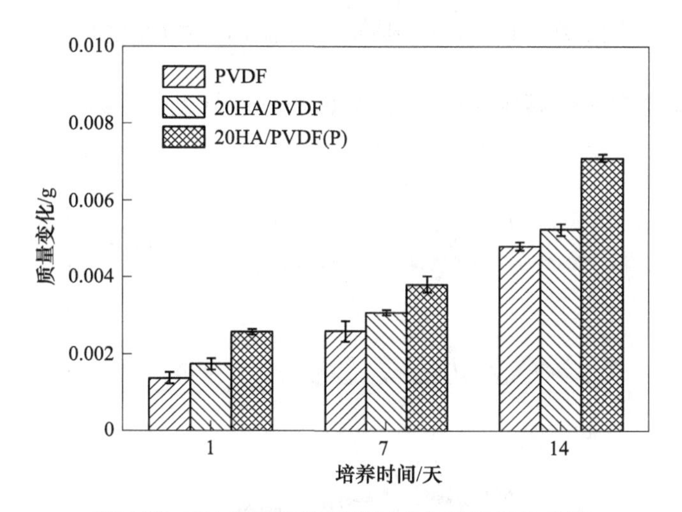

图 2-20 HA/PVDF 涂层经过矿化后的质量变化

通过对各组浸泡后 SBF 中的钙离子浓度进行测量进一步说明了钙沉积的速率，结果如图 2-21 所示。从图中可以看出，随着浸泡的进行，SBF 中的钙离子浓度都呈现出逐渐降低的趋势。这是因为随着浸泡的进行，涂层表面逐渐形成了类骨磷灰石，使得涂层表面亲水性逐渐增加，矿化的速率逐渐增加，SBF 中有更多的钙离子沉积在涂层表面。同时，在浸泡初期，20HA/PVDF 涂层具有比 PVDF 涂层更低的钙离子浓度，说明在浸泡初期，20HA/PVDF 涂层有更快的矿化速率，同时 20HA/PVDF(P) 涂层矿化速率最快，这种极化处理所带来的有利矿化影响一直持续到最后。浸泡 14 天后，20HA/PVDF(P) 涂层浸泡过的 SBF 中钙离子的浓度仍是最低的，也证明了图 2-20 中 20HA/PVDF(P) 涂层的质量增加是最多的。

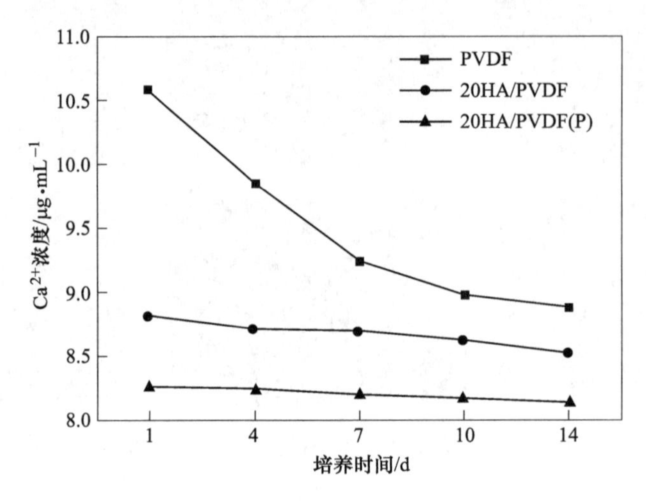

图 2-21　HA/PVDF 涂层经过矿化后的钙离子浓度变化

对各组涂层在 SBF 浸泡 14 天后的表面成分进行表征，结果如图 2-22 所示。

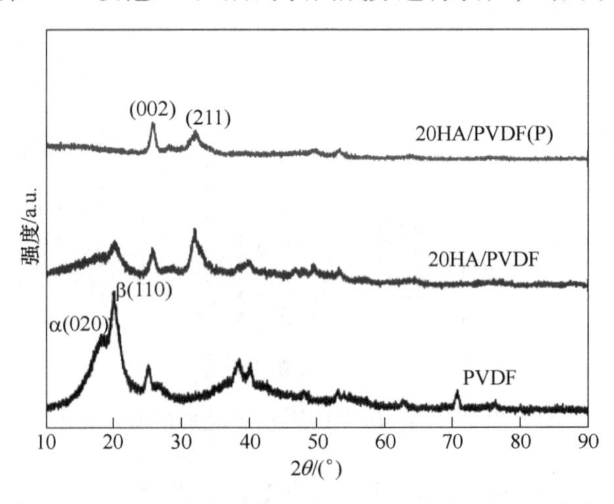

图 2-22　HA/PVDF 涂层矿化 14 天后的表面 XRD 谱图

从图 2-22 中可以看出，PVDF 涂层的主要成分仍为 β-PVDF 和 α-PVDF，无明显的 HA 特征峰。而 20HA/PVDF 涂层的成分为 PVDF 和 HA 共存，与图 2-15 对比可知，经过 SBF 浸泡 14 天后，XRD 峰中 HA 的特征峰峰强相对于 PVDF 的特征峰峰强有明显的增加，说明在浸泡过程中有类骨磷灰石在 20HA/PVDF 涂层表面形成，并覆盖住部分 PVDF，使得 HA 的特征峰变强。20HA/PVDF(P) 涂层表面只有 HA 的特征峰，并未发现 PVDF 特征峰，说明在 20HA/PVDF(P) 涂层表面沉积了一层 HA 将原有的涂层覆盖。XRD 的检测结果与质量变化和 SBF 中钙离子的浓度都说明：20HA/PVDF(P) 涂层具有最好的矿化速率。对比 PVDF 生物压电涂层矿化结果和 20HA/PVDF 复合生物压电涂层矿化结果可知，在添加 HA 颗粒、涂层表面亲水性、压电效应的协同作用下可实现快速的矿化。

在对钛表面 PVDF 生物压电涂层矿化过程的研究中可知，压电效应对钛表面 PVDF 生物压电涂层的亲水性的作用具有时效性，涂层的亲水性会随着放置时间的延长而逐渐降低，并且通过生理载荷装置可保持涂层的亲水性。因此，为了验证生理载荷对 20HA/PVDF 复合生物压电涂层快速矿化的适用性和模拟复合涂层在体内矿化的过程，在涂层浸泡 SBF 期间对涂层施加周期性的生理载荷，浸泡 1 天后极化的 20HA/PVDF 复合生物压电涂层和未极化的 20HA/PVDF 复合生物压电涂层的表面形貌如图 2-23 所示。对于未极化的 20HA/PVDF 涂层，施加生理载荷和未施加生理载荷对涂层表面形貌没有显著的影响，放大照片显示表面只有少量的类骨磷灰石颗粒沉积。而极化后的 20HA/PVDF(P) 涂层表面沉积一层类骨磷灰石将涂层基体覆盖住，放大形貌图显示这层类骨磷灰石呈现出不规则蓬松小球状。

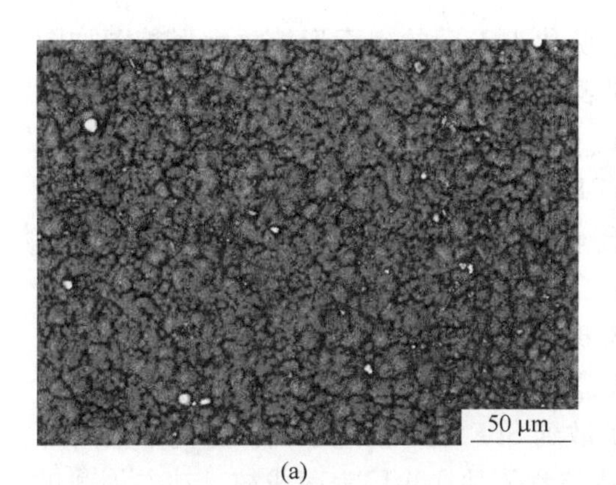

(a)

(b)

(c)　　(d)

图 2-23　在生理载荷下钛表面 20HA/PVDF 涂层矿化 1 天后的表面形貌
(a) 低倍下 20HA/PVDF 涂层；(b) 高倍下 20HA/PVDF 涂层；
(c) 低倍下 20HA/PVDF(P) 涂层；(d) 高倍下 20HA/PVDF(P) 涂层

施加生理载荷后，钛表面 20HA/PVDF 涂层和 20HA/PVDF(P) 涂层在 SBF 中浸泡 1 天后的质量变化见表 2-1。20HA/PVDF(P) 涂层的质量变化远大于 20HA/PVDF 涂层的质量变化。同时，钛表面 20HA/PVDF(P) 涂层经过 1 天的生理载荷下在 SBF 中浸泡，其质量的增加量等同于 20HA/PVDF(P) 静态浸泡 14 天的质量增加。

表 2-1　施加生理载荷后钛表面 20HA/PVDF 和 20HA/PVDF(P) 涂层在 SBF 中浸泡 1 天后的质量变化

涂层材料	20HA/PVDF	20HA/PVDF(P)
质量变化/mg	1.35±0.27	7.26±0.43

20HA/PVDF(P) 涂层在生理载荷下矿化 1 天后的表面形貌放大形貌图如图 2-24 (a) 所示，从图中可以看出，涂层表面沉积的磷灰石层由蒲公英球状颗粒组合而成，EDS 结果表明涂层表面的 Ca、P 元素分布较为均匀，说明矿化过程中所形成的磷灰石均匀地附着在 20HA/PVDF(P) 复合生物压电涂层表面，同时也证明矿化过程中所造成的质量增加是由于磷灰石沉积在涂层表面造成的。由于纳米 HA 颗粒的存在，因此 20HA/PVDF 复合生物压电涂层表面磷灰石的形成属于溶解沉淀机理。在动态载荷的作用下，生理载荷装置所提供的机械能使 HA 颗粒在 20HA/PVDF 涂层表面的溶解速率比准静态 SBF 浸泡时快。同时，溶解产生的 Ca^{2+}、PO_4^{3-}、HPO_4^{2-} 等离子从涂层表面扩散到 SBF 中，促进了钙磷等离子的局部浓度的增加，更容易达到磷灰石晶体的成核阈值并在涂层表面成核，动态加载进一步提高了 20HA/PVDF 涂层表面的磷灰石沉积能力。

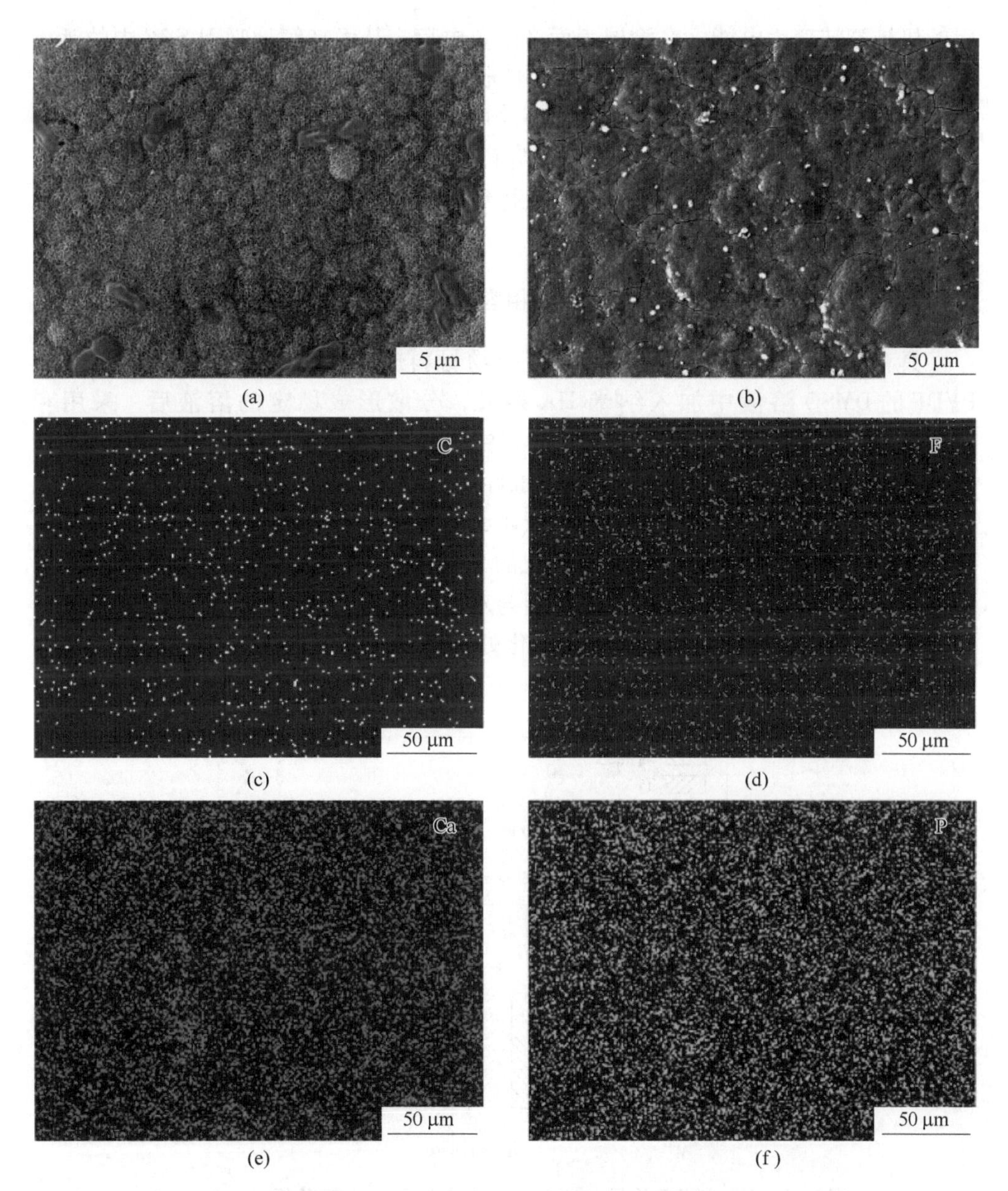

图 2-24　在生理载荷下 20HA/PVDF(P) 涂层矿化 1 天后的表面元素分布
(a) 高倍下的 20HA/PVDF(P) 形貌；(b) 低倍下的 20HA/PVDF(P) 形貌；
(c) C 元素分布；(d) F 元素分布；(e) Ca 元素分布；(f) P 元素分布

20HA/PVDF(P) 涂层表面的磷灰石沉积速率高于 20HA/PVDF 涂层，加载 1 天后 20HA/PVDF(P) 涂层表面被一层磷灰石覆盖。20HA/PVDF(P) 复合生物压电涂层在生理载荷装置的作用下，涂层中 PVDF 所具有的压电效应可将装置产生的机械能转变为电能，在涂层表面产生负电荷，从而持续地吸引 SBF 中的钙离子；同时，结合 PVDF 涂层亲水性耐久性研究结果，所产生的负电荷能补充随着放置而逐渐消失的表面电荷，从而保证涂层的亲水性的持久性，也有利于矿化的进行。一旦超过磷灰石异相成核的临界值，磷灰石就会在 20HA/PVDF(P) 复合生物压电涂层表面开始成核，逐渐长大最终形成磷灰石层，该涂层在压电效应的作用下可在初始阶段快速形成磷灰石。

2.2.4　钛表面 HA/PVDF 涂层的生物相容性

具有良好的生物相容性是骨修复生物材料应用于临床的前提。因此对在 PVDF 的 DMSO 溶液中加入纳米 HA 颗粒，分散形成稳定的溶液后，采用和 PVDF 生物压电涂层相同的制备方法，在钛表面制备出的 20HA/PVDF(20%HA/80%PVDF) 复合生物压电涂层的细胞毒性进行测试，结果如图 2-25 所示。从图中可以看出，与对照组相比，涂层与成骨细胞共培养 1 天和 5 天时，并无显著性差异，而共培养 3 天时，纯钛组和极化的 20HA/PVDF(P) 组的吸光度值均高于对照组，且具有显著性差异，其余各组与对照组无显著性差异。MTT 测试结果表明，20HA/PVDF 复合生物压电涂层极化处理后对成骨细胞并无毒性，具有良好的生物相容性。

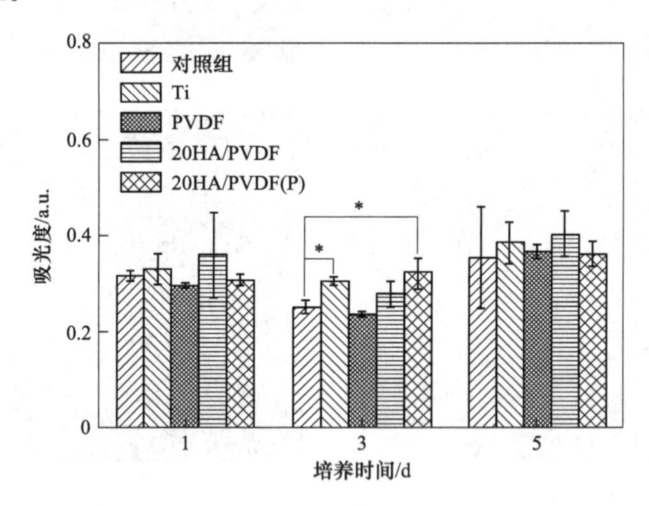

图 2-25　HA/PVDF 涂层与成骨细胞共培养后的 MTT 分析（$p<0.05$）

骨修复生物材料具有良好的生物相容性，另一个体现就是成骨细胞可以在材料表面黏附和生长。20HA/PVDF 复合生物压电涂层与成骨细胞共培养后，复合涂层表面细胞形态如图 2-26 所示。对于纯钛组，随着共培养时间的延长，表面未发现细胞黏附，直到共培养 5 天后，表面有少量细胞黏附。对于 PVDF 涂层、未极化的 20HA/PVDF 复合生物压电涂层、极化后的 20HA/PVDF(P) 复合生物

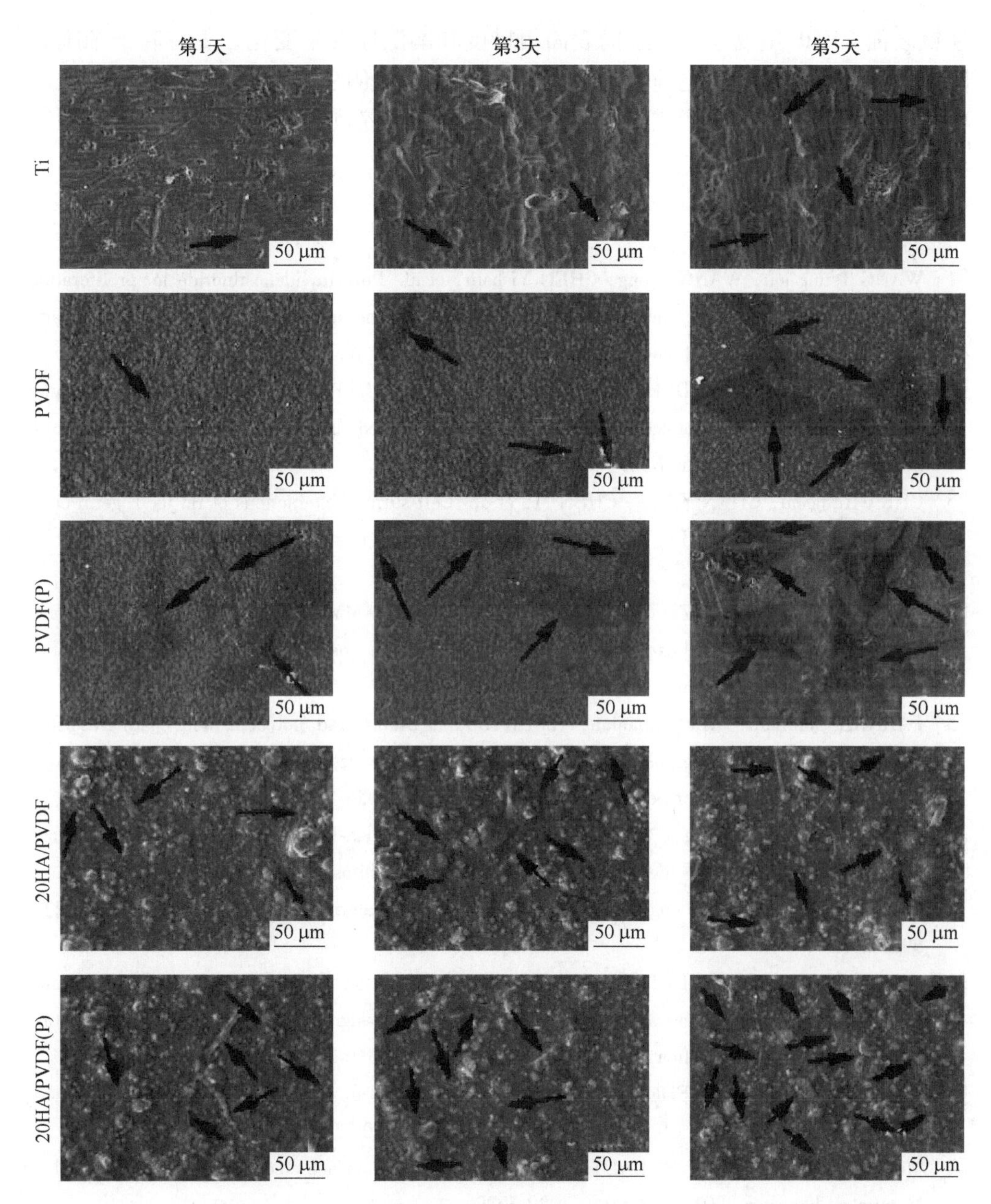

图 2-26 钛表面 HA/PVDF 涂层与成骨细胞共培养 1 天、3 天、5 天后的表面形貌

压电涂层，在共培养初期就可以发现表面有细胞黏附，随着共培养时间的延长，其表面成骨细胞数量逐渐增多，形态逐渐展开，表明 20HA/PVDF 涂层表面具有生物相容性和生物活性。20HA/PVDF 涂层表面比 PVDF 涂层表面具有更高的细胞黏附性。由于 HA 具有良好的生物相容性和生物活性，将 HA 复合到涂层中，

使钛表面 PVDF 生物压电涂层的表面粗糙度和润湿性发生变化，更有利于细胞黏附。此外，极化后的负电荷涂层表面能显著促进细胞的生长。极化处理在生物压电涂层表面形成的电荷影响细胞扩散和涂层表面的亲和力，使涂层表面更有利于组织整合和成骨细胞黏附。

参考文献

[1] WANG Tsung jen, WANG I jong, CHEN Yi hsin, et al. Polyvinylidene fluoride for proliferation and preservation of bovine corneal endothelial cells by enhancing type Ⅳ collagen production and deposition [J]. Journal Biomedical Materials Research Part A, 2012, 100A (1): 252-260.

[2] ATIYE Abednejad, AZADEH Ghaee, EDUARDA S, et al. Polyvinylidene fluoride-Hyaluronic acid wound dressing comprised of ionic liquids for controlled drug delivery and dual therapeutic behavior [J]. Acta Biomaterialia, 2019, 100: 142-157.

[3] CHEN Rungshu, CHEN Yijane, CHEN M, et al. Cell-surface interactions of rat tooth germ cells on various biomaterials [J]. Journal Biomedical Materials Research Part A, 2007, 83A (1): 241-248.

[4] NORHIDAYU Muhamad Zain, RAFAQAT Hussain, MOHAMMED Rafiq Abdul Kadir. Surface modification of yttria stabilized zirconia via polydopamine inspired coating for hydroxyapatite biomineralization [J]. Applied Surface Science, 2014, 322: 169-176.

[5] FARNAZ Ghorbani, ALI Zamanian, AMIR Aidun. Bioinspired polydopamine coating-assisted electrospun polyurethane-graphene oxide nanofibers for bone tissue engineering application [J]. Journal of Applied Polymer Science, 2019, 136 (24): 47656.

[6] JING Xin, MI Haoyang, WANG Xinchao, et al. Shish-kebab-structured poly (epsilon-caprolactone) nanofibers hierarchically decorated with chitosan poly (epsilon-caprolactone) copolymers for bone tissue engineering [J]. ACS Applied Materials & Interfaces, 2015, 7 (12): 6955-6965.

[7] CHIAO Yuhsuan, SENGUPTA Arijit, CHEN Shuting, et al. Zwitterion augmented polyamide membrane for improved forward osmosis performance with significant antifouling characteristics [J]. Separation and Purification Technology, 2019, 212: 316-325.

[8] THIERRY Darmanin, FREDERIC Guittard. Super oil-repellent surfaces from conductive polymers [J]. Journal of Materials Chemistry, 2009, 19 (38): 7130-7136.

[9] MORSCH S, BROWNA P S, BADYAL J P S. Nanoplasma surface electrification [J]. Journal of Materials Chemistry, 2012, 22 (9): 3922-3929.

[10] ROY Bernstein, SOFIA Belfer, VIATCHESLAV Freger. Bacterial attachment to RO membranes surface-modified by concentration-polarization-enhanced graft polymerization [J]. Environmental Science & Technology, 2011, 45 (14): 5973-5980.

[11] KISOO Kim, KYU Seomoon. A study on the corona-treated PVdF films with alkyl methacrylate monomer as a coupling agent [J]. Journal of Industrial Engineering Chemistry, 2017, 47: 150-153.

[12] NA Meng, REBECCA Claire Eve Priestley, ZHANG Yanqiu, et al. The effect of reduction degree of GO nanosheets on microstructure and performance of PVDF/GO hybrid membranes [J]. Journal of Membrane Science, 2016, 501: 169-178.

[13] MIHO Nakamura, NAOKO Hori, SAKI Namba, et al. Wettability and surface free energy of polarised ceramic biomaterials [J]. Biomedical Materials, 2015, 10 (1): 011001.

[14] TANG Yufei, WU Cong, WU Zixiang, et al. Fabrication and in vitro biological properties of piezoelectric bioceramics for bone regeneration [J]. Scientific Reports, 2017, 7: 43360.

[15] WANG Shuo, YANG Yongdong, WANG Ronghan, et al. Mineralization of calcium phosphate controlled by biomimetic self-assembled peptide monolayers via surface electrostatic potentials [J]. Bioactive Materials, 2020, 5 (2): 387-397.

[16] ORREGO Santiago, CHEN Zhezhi, Urszula Krekora, et al. Bioinspired materials with self-adaptable mechanical properties [J]. Advanced Materials, 2020, 32 (21): 1906970.

[17] ASRI R I M, HARUN W S W, HASSAN M A, et al. A review of hydroxyapatite-based coating techniques: Sol-gel and electrochemical depositions on biocompatible metals [J]. Journal of the Mechanical Behavior of Biomedical Materials, 2016, 57: 95-108.

[18] BESINIS A, HADI S D, LE H, et al. Antibacterial activity and biofilm inhibition by surface modified titanium alloy medical implants following application of silver, titanium dioxide and hydroxyapatite nanocoatings [J]. Nanotoxicology, 2017, 11 (3): 327-338.

[19] WANG Deping, YU Rui, HUANG Wenchan. Surface change of calcium phosphate glass ceramics in simulated body fluid [J]. Journal of Chinese Ceramic Society, 2004, 32: 1441-1444.

[20] SVETLANA N. Gorodzha, ALBERT R. Muslimov, DINA S. S, et al. A comparison study between electrospun polycaprolactone and piezoelectric poly (3-hydroxybutyrate-co-3-hydroxyvalerate) scaffolds for bone tissue engineering [J]. Colloids and Surfaces B: Biointerfaces, 2017, 163: 48-59.

[21] TARA Tariverdian, ALIASGHAR Behnamghader, PEIMAN Brouki Milan, et al. F 3D-printed barium strontium titanate-based piezoelectric scaffolds for bone tissue engineering [J]. Ceramics International, 2019, 45 (11): 14029-14038.

[22] ORREGO Santiago, CHEN Zhezhi, URSZULA Krekora, et al. Bioinspired materials with self-adaptable mechanical properties [J]. Advanced Materials, 2020, 32 (21): 1906970.

[23] RIBEIRO A A, VAZ L G, GUASTALDI A C, et al. Adhesion strength characterization of PVDF/HA coating on cp Ti surface modified by laser beam irradiation [J]. Applied Surface Science, 2012, 258 (24): 10110-10114.

[24] SONG Y M, ZHAO Z D, YU W X, et al. Poly (vinylidene fluoride)/clay nanocomposites by melt compounding [J]. Chemical Research in Chinese Universities, 2008, 24 (1): 116-119.

[25] PRADIP Thakur, ARPAN Kool, NUR Amin Hoque, et al. Superior performances of in situ synthesized ZnO/PVDF thin film based self-poled piezoelectric nanogenerator and self-charged photo-power bank with high durability [J]. Nano Energy, 2018, 44: 456-467.

[26] CAI J Y, WAN F, DONG Q L, et al. Silk fibroin and hydroxyapatite segmented coating

enhances graft ligamentization and osseointegration processes of the polyethylene terephthalate artificial ligament in vitro and in vivo [J]. Journal of Materials Chemistry B, 2018, 6 (36): 5738-5749.

[27] MINNAH Thomas, ADITYA Arora, DHIRENDRA S Katti. Surface hydrophilicity of PLGA fibers governs in vitro mineralization and osteogenic differentiation [J]. Materials Science and Engineering: C, 2014, 45: 320-332.

[28] REZWAN K, CHEN Q Z, BLAKER J J. Biodegradable and bioactive porous polymer/inorganic composite scaffolds for bone tissue engineering [J]. Biomaterials, 2006, 27 (18): 3413-3431.

[29] SUN R X, CHEN K Z, LU Y P. Fabrication and dissolution behavior of hollow hydroxyapatite microspheres intended for controlled drug release [J]. Materials Research Bulletin, 2009, 44 (10): 1939-1942.

[30] HESAMEDDIN Mahjoubi, EMILY Buck, PRAVEENA Manimunda, et al. Surface phosphonation enhances hydroxyapatite coating adhesion on polyetheretherketone and its osseointegration potential [J]. Acta Biomaterialia, 2017, 47: 149-158.

[31] WU S L, LIU X M, KELVIN W K. Yeung, et al. Biomimetic porous scaffolds for bone tissue engineering [J]. Materials Science and Engineering: R: Reports, 2014, 80: 1-36.

[32] JONATHAN M Lawton, MARIAM Habib, BINGKUI Ma, et al. The effect of cationically-modified phosphorylcholine polymers on human osteoblasts in vitro and their effect on bone formation in vivo [J]. Journal of Materials Science-Materials in Medicine, 2017, 28 (9): 144.

3 钛及钛合金表面 TiO_2@$BaTiO_3$ 同轴纳米管生物压电涂层

钛表面 HA/PVDF 复合生物压电涂层在压电效应、亲水性、添加 HA 纳米颗粒以及生理载荷的协同作用下，20HA/PVDF 复合生物压电涂层表现出快速矿化的结果。然而，极化后的 20HA/PVDF 复合涂层对成骨细胞增殖和黏附与纯钛组之间并无显著性的促进效果。同时，二氧化钛纳米管的特性被 HA/PVDF 涂层覆盖，其优势得不到发挥。相比于 PVDF，无机压电材料钛酸钡不仅具有良好的压电性能，同时具有好的亲水性。本章在二氧化钛纳米管的基础上，采用原位反应制备出钛表面 TiO_2@$BaTiO_3$ 同轴纳米管涂层，分析了涂层的形成机理；并成功地在 3D 打印钛合金支架表面制备出 TiO_2@$BaTiO_3$ 同轴纳米管涂层，研究了支架涂层所具有的压电效应对进成骨分化和血管化的影响，并通过动物体内实验验证了压电效应诱导骨生长和血管化的作用。

3.1 钛表面 TiO_2@$BaTiO_3$ 同轴纳米管生物压电涂层

钛酸钡具有和人骨类似的压电特性，已被用作硬组织的替代材料，体内动物实验也表明了钛酸钡具有良好的生物相容性。一些学者研究了钛表面 TiO_2 纳米管涂层向 $BaTiO_3$ 涂层的转化，但二氧化钛转变成钛酸钡过程中有一定的体积膨胀，会使得制备的钛酸钡涂层没有保留纳米管的结构。通过简单的化学反应很难维持纳米管的结构。本研究在纳米管的微纳空间中通过原位反应将 TiO_2 转化为钛酸钡，制备出 TiO_2@$BaTiO_3$ 同轴纳米管；研究了所制备涂层的形貌和组成，并对其形成机理进行了分析，表征了 TiO_2@$BaTiO_3$ 同轴纳米管的压电性能，在此基础上分析了涂层的压电效应对成骨细胞增殖和黏附的影响。

3.1.1 钛表面 TiO_2@$BaTiO_3$ 涂层制备

通过阳极氧化在钛表面制备 TiO_2 纳米管，之后使用水热法将 TiO_2 纳米管转化为 TiO_2@$BaTiO_3$ 同轴纳米管。

在阳极氧化之前，将 Ti 基体浸泡在体积比 4∶10∶1 的硝酸、去离子水和氢氟酸溶液中，进行化学抛光，直到没有气泡产生，以去除钛在空气中自发形成的薄氧化层，然后通过阳极氧化形成 TiO_2 纳米管阵列。该工艺采用双电极结构，连接直流电源，以钛箔作为阳极，铂箔作为阴极，在阳极氧化过程中，两电极之间的距离保持在 20 mm。第一次阳极氧化的电解液为含 0.5%（质量分数）氟化铵和2%（体积分数）去离子水的乙二醇溶液，工作电压60 V；阳极氧化 1 h 后，在水中超声处理 30 min，去除膜。

清洗后的钛在 60 V 电压下进行第二次阳极氧化 0.5 h。第二次阳极氧化使用的电解液为含 0.5%（原子分数）氟化铵和 2%（体积分数）去离子水。采用二次阳极氧化法制备 TiO_2 纳米管阵列的目的是改善阳极氧化后的 TiO_2 纳米管在去离子水超声清洗过程中出现的表面粗糙、取向不一致、脱落等问题。第二次阳极氧化后，超声清洗 TiO_2 衬底，在 400 ℃空气中退火 3 h，使无定形 TiO_2 纳米管转化为锐钛矿相。无定形 TiO_2 具有很高的稳定性，与 $Ba(OH)_2$ 发生化学反应的条件比较高。锐钛矿型 TiO_2 在晶格中有许多缺陷和空位，这使得其活性高，易与 $Ba(OH)_2$ 发生反应。将退火后的样品置于 20 mL、0.03 mol/L 的 $Ba(OH)_2$ 水溶液中，然后转移到 25 mL 水热反应釜中，水热反应釜在 200 ℃的烘箱中加热 2 h，然后在空气中冷却。水热反应后，用去离子水冲洗产物数次，然后在 80 ℃下干燥。

（1）不同氢氧化钡浓度对 TiO_2@$BaTiO_3$ 同轴纳米管涂层形貌和成分的影响。水热反应中，氢氧化钡的浓度对整个反应进行的剧烈程度至关重要，尤其是期望水热反应后仍能保持纳米管结构，保留负载药物的功能。因此，通过优化氢氧化钡的浓度，探讨不同氢氧化钡浓度对钛表面纳米管涂层顶部形貌的影响，结果如图 3-1 所示。当氢氧化钡浓度为 0.01 mol/L 时，反应后的涂层表面存在白色的颗粒。当氢氧化钡浓度为 0.02 mol/L 和 0.03 mol/L 时，表面逐渐光滑，同时逐渐出现外延生长，纳米管的顶部孔隙仍然可以分辨出来，同时顶部并未由于外延生长而封闭。当氢氧化钡的浓度为 0.04 mol/L 时，表面依稀可见纳米管的形貌，但纳米管的顶部封闭起来，不利于药物的负载。

不同氢氧化钡浓度下所制备出的 TiO_2@$BaTiO_3$ 同轴纳米管涂层的成分如图 3-2 所示。氢氧化钡浓度为 0.01 mol/L 时所制备的涂层，其表面主要组成为二氧化钛，对应的 JCPDS 卡片编号为 02-0406，并未发现钛酸钡的特征峰，说明浓度较低尚未形成钛酸钡。随着水热反应溶液中氢氧化钡浓度的增加，逐渐出现钛酸钡的特征峰，对应 JCPDS 卡片编号为 89-1428，并逐渐覆盖住二氧化钛，使得二氧化钛的特征峰在 0.02 mol/L 和 0.03 mol/L 时并不明显。

结合所制备涂层的表面形貌，当水热溶液中氢氧化钡浓度为 0.03 mol/L 时，TiO_2@$BaTiO_3$ 同轴纳米管涂层中钛酸钡的含量较高且纳米管的顶部并未封闭。水热溶液中氢氧化钡的浓度是水热反应进行的驱动力，当氢氧化钡浓度较低时，反应驱动力不足，使得反应难以发生。随着氢氧化钡浓度的增大，扩散的驱动力增大，氢氧化钡与二氧化钛逐步进行反应。当氢氧化钡浓度为 0.04 mol/L 时，水

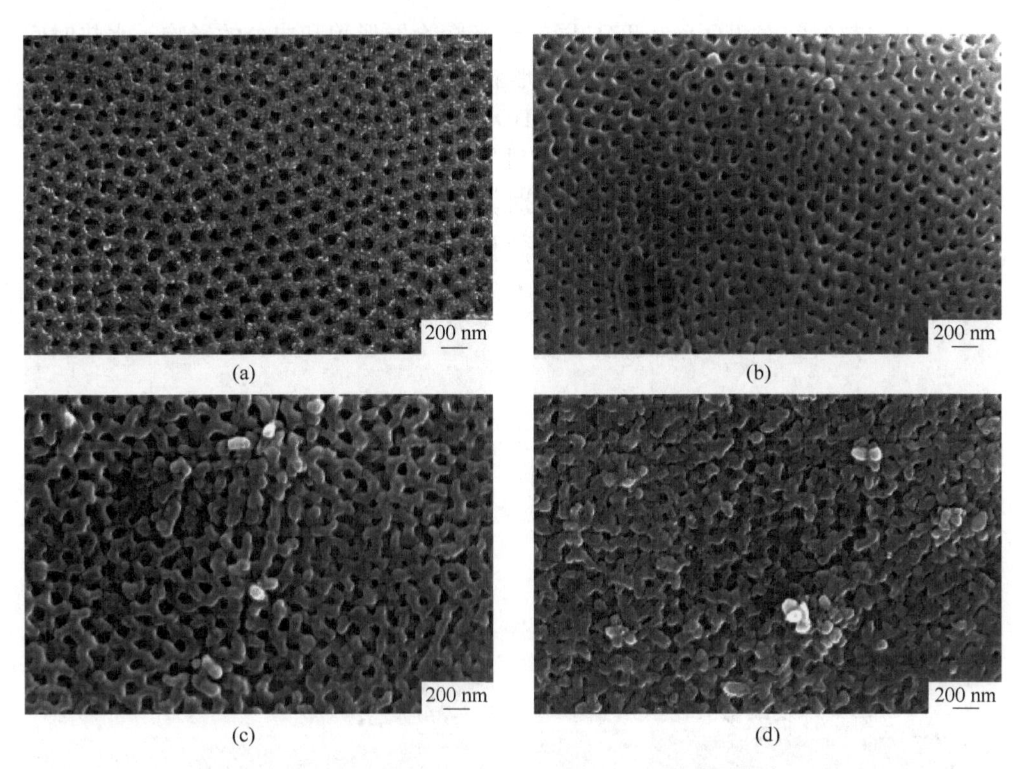

图 3-1 不同水热溶液中 $Ba(OH)_2$ 浓度对 TiO_2@$BaTiO_3$ 同轴纳米管顶部形貌的影响

(a) 0.01 mol/L; (b) 0.02 mol/L; (c) 0.03 mol/L; (d) 0.04 mol/L

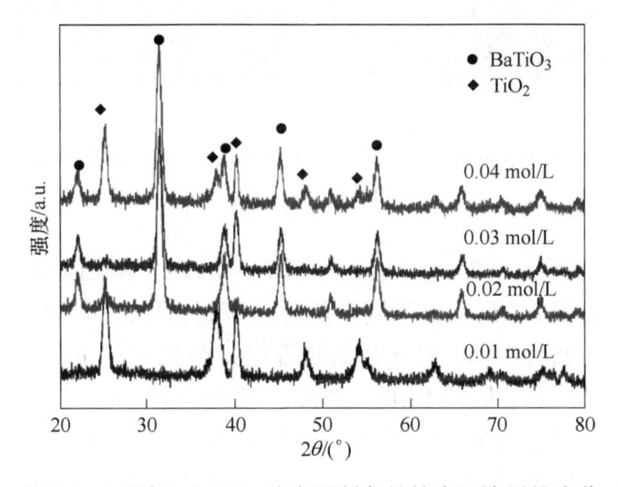

图 3-2 不同 $Ba(OH)_2$ 浓度下制备的钛表面涂层的成分

热反应较为剧烈，使得纳米管结构的顶部被封闭。因此，后续工艺优化过程中，水热溶液中氢氧化钡的浓度确定为 0.03 mol/L。

（2）水热时间对 TiO_2@ $BaTiO_3$ 同轴纳米管涂层形貌和成分的影响。水热时间对 TiO_2@ $BaTiO_3$ 同轴纳米管涂层顶部形貌的影响如图 3-3 所示。从图中可以看出，当水热反应时间为 1 h 和 2 h 时，TiO_2@ $BaTiO_3$ 同轴纳米管的顶部仍为开孔结构；随着水热时间的进一步增加，同轴纳米管的顶部被一层紧密排列、颗粒细小的纳米颗粒覆盖。当水热时间为 4 h 时，TiO_2@ $BaTiO_3$ 同轴纳米管顶部的紧密排列的颗粒较 3 h 所形成的纳米颗粒粒径有所增大。

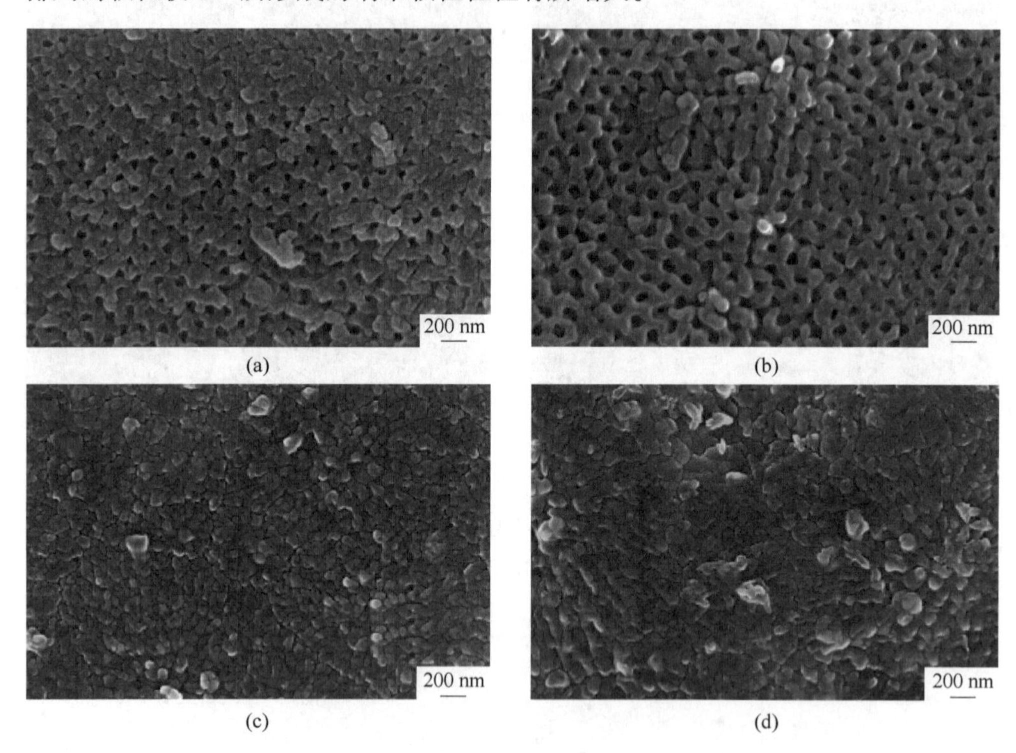

图 3-3 不同水热时间对 TiO_2@ $BaTiO_3$ 同轴纳米管顶部形貌的影响

(a) 1 h; (b) 2 h; (c) 3 h; (d) 4 h

结合 XRD 对不同水热时间所制备的 TiO_2@ $BaTiO_3$ 同轴纳米管涂层的成分进行了分析，结果如图 3-4 所示。不同水热时间所制备出的 TiO_2@ $BaTiO_3$ 同轴纳米管涂层的特征峰为钛酸钡和二氧化钛的特征峰，分别对应 JCPDS 卡片编号为 89-1428 和 JCPDS 卡片编号为 02-0406，并无其他杂质峰出现。随着水热时间的增加，TiO_2@ $BaTiO_3$ 同轴纳米管涂层中二氧化钛的特征峰并未显著性地减少。

以上说明水热反应时间对 TiO_2@ $BaTiO_3$ 同轴纳米管涂层的形貌有较大的影响，而对成分的影响不大。分析认为，主要是因为在水热溶液中氢氧化钡浓度和水热反应温度确定的状态下，水热反应时间主要影响水热反应进行的程度。当二氧化钛部分转变为钛酸钡后，涂层的顶部发生了外延生长，随着水热反应时间的

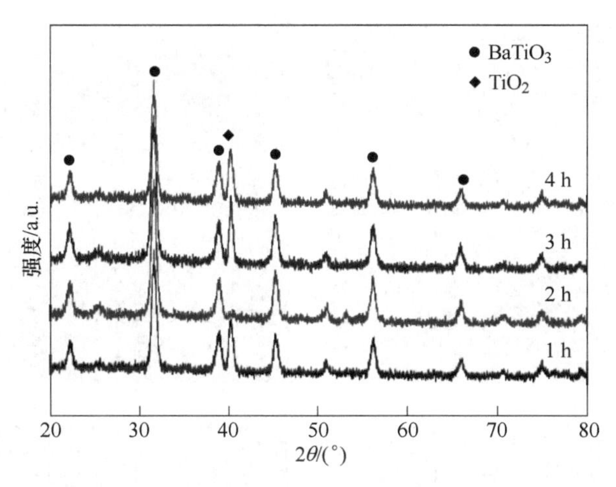

图 3-4 不同水热时间下所制备的钛表面涂层的成分

继续增加，顶部的纳米管孔逐渐被堵塞，纳米管内部和外部的离子交换和扩散被限制导致内部反应难度增大。对 TiO_2@ $BaTiO_3$ 同轴纳米管涂层的制备工艺进行优化结果表明：在水热反应温度为 200 ℃、水热溶液中氢氧化钡的浓度为 0.03 mol/L、水热时间为 2 h 时，所制备的涂层既能保证纳米管的顶部开孔又能保证成分中有钛酸钡。

3.1.2 钛表面 TiO_2@$BaTiO_3$ 涂层的形成机理

对水热反应前后涂层表面形貌的变化进行分析，研究水热过程中同轴纳米管的形成过程。二氧化钛纳米管和优化工艺后的 TiO_2@ $BaTiO_3$ 同轴纳米管形貌如图 3-5 所示。二氧化钛纳米管的外壁光滑、管径均匀，外径约为 100 nm，长度约为 2.5 μm。从最佳工艺所制备的 TiO_2@ $BaTiO_3$ 同轴纳米管涂层的俯视图可以看出，同轴纳米管的顶部孔隙被保留了下来，同时 TiO_2@ $BaTiO_3$ 同轴纳米管的顶部表面并不平整体现出外延生长的趋势；侧视图的形貌表明水热后二氧化钛纳米管的管状结构被保留了下来。值得注意的是，从纳米管的断口可以看出水热反应后的纳米管结构与未反应的结构有所不同。对图 3-5（d）中红色方框区域的纳米管断口进行放大，如图 3-5（e）所示。从放大图中可以看出，水热反应后的纳米管管壁为双层结构，即通过水热反应将二氧化钛纳米管转变为同轴纳米管结构，同轴纳米管的外壁为二氧化钛、内壁为钛酸钡。

二氧化钛纳米管涂层和水热反应后的纳米管涂层的 XRD 结果，如图 3-6 所示。未水热反应的钛表面涂层主要为二氧化钛的特征峰，结晶良好，对应的 JCPDS 卡片编号为 02-0406。水热反应后的钛表面同轴纳米管涂层以结晶性良好的钛酸钡为主，对应的 JCPDS 片号编号为 89-1428，还存在部分未反应的二氧化

图 3-5　钛表面纳米管涂层形貌

（a）二氧化钛纳米管俯视图；（b）二氧化钛纳米管侧视图；（c）TiO_2@$BaTiO_3$ 同轴纳米管俯视图；（d）TiO_2@$BaTiO_3$ 同轴纳米管侧视图；（e）图（d）中红色方框的放大图

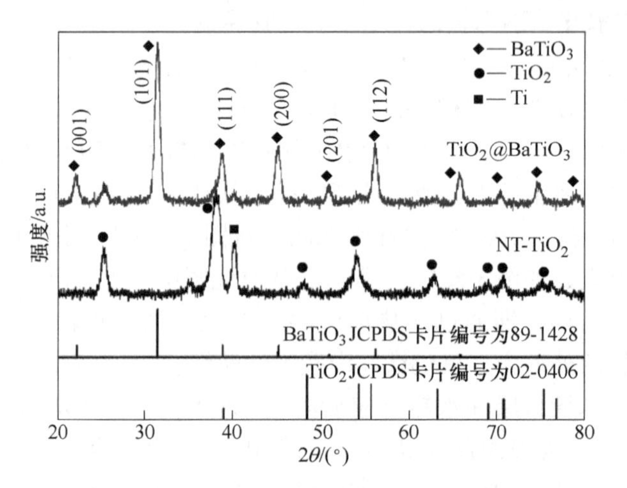

图 3-6　钛表面纳米管涂层的成分

钛。结合图 3-5 中的同轴纳米管形貌，推断二氧化钛纳米管涂层经过水热反应后，部分二氧化钛原位反应生成了钛酸钡，形成了 TiO_2@ $BaTiO_3$ 同轴纳米管涂层。

为证明水热反应不仅发生在纳米管的顶部，纳米管的内部同样有钛酸钡生成，通过 XPS 深度分析对水热反应后所生成的 TiO_2@ $BaTiO_3$ 同轴纳米管涂层的表面、表面下 0.5 μm 处、表面下 1 μm 处进行了分析，全谱扫描结果如图 3-7 所示。TiO_2@ $BaTiO_3$ 同轴纳米管涂层表面、表面下 0.5 μm 处和表面下 1 μm 处主要元素有 Ba、Ti 、O、C，其中碳元素是测试引起的。结合 XRD 测试结果分析可知，XPS 全谱扫描发现的 Ba、Ti、O 的特征峰对应于钛酸钡和二氧化钛。同时，不同深度 XPS 的全谱扫描结果无明显的差异，表明在钛表面 TiO_2@ $BaTiO_3$ 同轴纳米管涂层的表面和内部都存在钛酸钡。

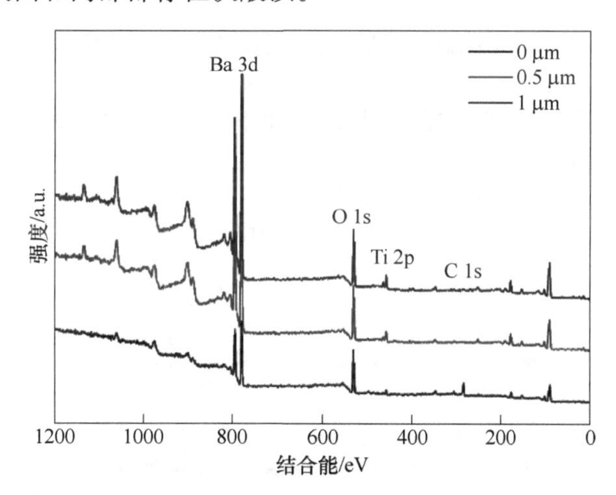

图 3-7 TiO_2@ $BaTiO_3$ 同轴纳米管涂层不同深度的 XPS 分析

采用 Ti 2p 峰进一步分析了 TiO_2@ $BaTiO_3$ 同轴纳米管涂层的表面、表面下 0.5 μm 处、表面下 1 μm 处的钛原子价态和峰强的变化，结果如图 3-8 所示。电子的自旋轨道耦合将 Ti 2p 分为两个能级：463.51 eV 处的 Ti $2p_{1/2}$和 457.73 eV 处的 Ti $2p_{3/2}$，在不同深度下，钛的分峰并无明显的区别，尤其是 455 eV 处并没有 Ti^{3+}的特征峰出现，说明通过水热反应将二氧化钛纳米管转变为 TiO_2@ $BaTiO_3$ 同轴纳米管后并无有关钛的其他杂质生成。

采用 Ba 3d 峰分析了 TiO_2@ $BaTiO_3$ 同轴纳米管涂层的表面、表面下 0.5 μm 处、表面下 1 μm 处的钡原子价态和峰强的变化，结果如图 3-9 所示。Ba 3d 分为两个能级：Ba $3d_{3/2}$和 $3d_{5/2}$，每个能级可以由两个子峰拟合而成。根据 Lietal 的研究结果，较低的结合能峰（778.18 eV，793.13 eV）是 $BaTiO_3$ 钙钛矿相中的钡原子，而较高的结合能（779.74 eV，794.98 eV）是表面中的钡原子。钛表面

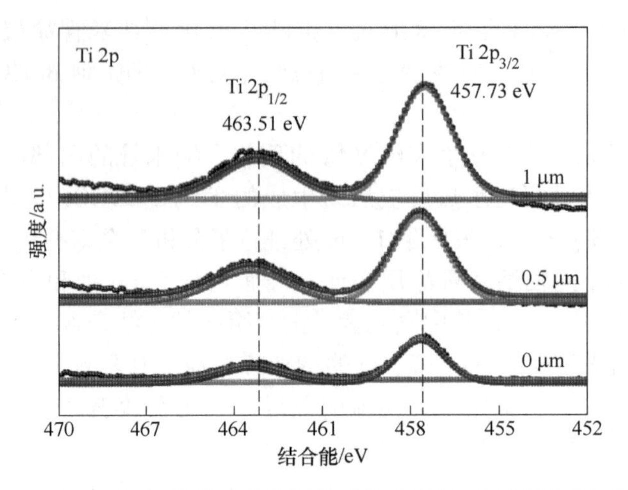

图 3-8 TiO_2@ $BaTiO_3$ 同轴纳米管涂层表面及表面以下不同深度的 Ti 2p 分峰

TiO_2@ $BaTiO_3$ 同轴纳米管涂层的表面、表面下 0.5 μm 处、表面下 1 μm 处的钡原子价态无明显区别。

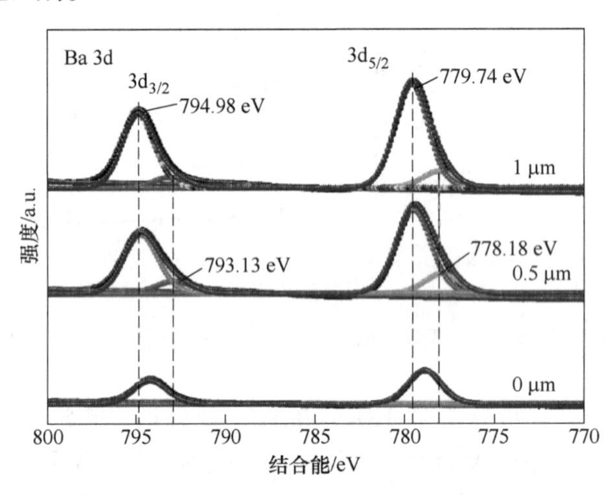

图 3-9 TiO_2@ $BaTiO_3$ 同轴纳米管涂层表面及表面以下不同深度的 Ba 3d 分峰

XPS 全谱分析和分峰处理结果表明：通过原位反应所形成的 TiO_2@ $BaTiO_3$ 同轴纳米管涂层中钛酸钡存在于涂层的表面和中间。值得注意的是，钛酸钡的含量随着距离表面的深度增加而增加，这与图 3-5（e）中观察到的双管形态一致。在二氧化钛纳米管中更深处有更多的二氧化钛转化为钛酸钡，可能的原因是纳米管中有局部过量的 OH^-。当在纳米管的内壁上生成钛酸钡时，溶液中的 Ba^{2+} 和 OH^- 被消耗。由于 Ba^{2+} 的扩散速率小于 OH^- 的扩散速率，所以 OH^- 从纳米管外部扩散到纳米管中的速度比 Ba^{2+} 快，从而使纳米管中的 OH^- 含量高于正常水平。而

OH^-的引入有助于钛酸钡的形成，这导致纳米管中更多的二氧化钛转化为钛酸钡。

为了进一步表征 TiO_2@$BaTiO_3$ 同轴纳米管涂层的形貌和结晶性，对同轴纳米管的顶部和中部进行了 TEM 分析。图 3-10（a）为钛表面 TiO_2@$BaTiO_3$ 同轴纳米管的形貌，所选位置的示意图（红色方框）如图 3-10（a）右上角所示。图 3-10（b）为图 3-10（a）红框区域对应的 HRTEM 图像。观察到的晶格规则晶面间距为 0.399 nm，对应于 $BaTiO_3$ 的（100）晶面。图 3-10（c）是该样品的电子

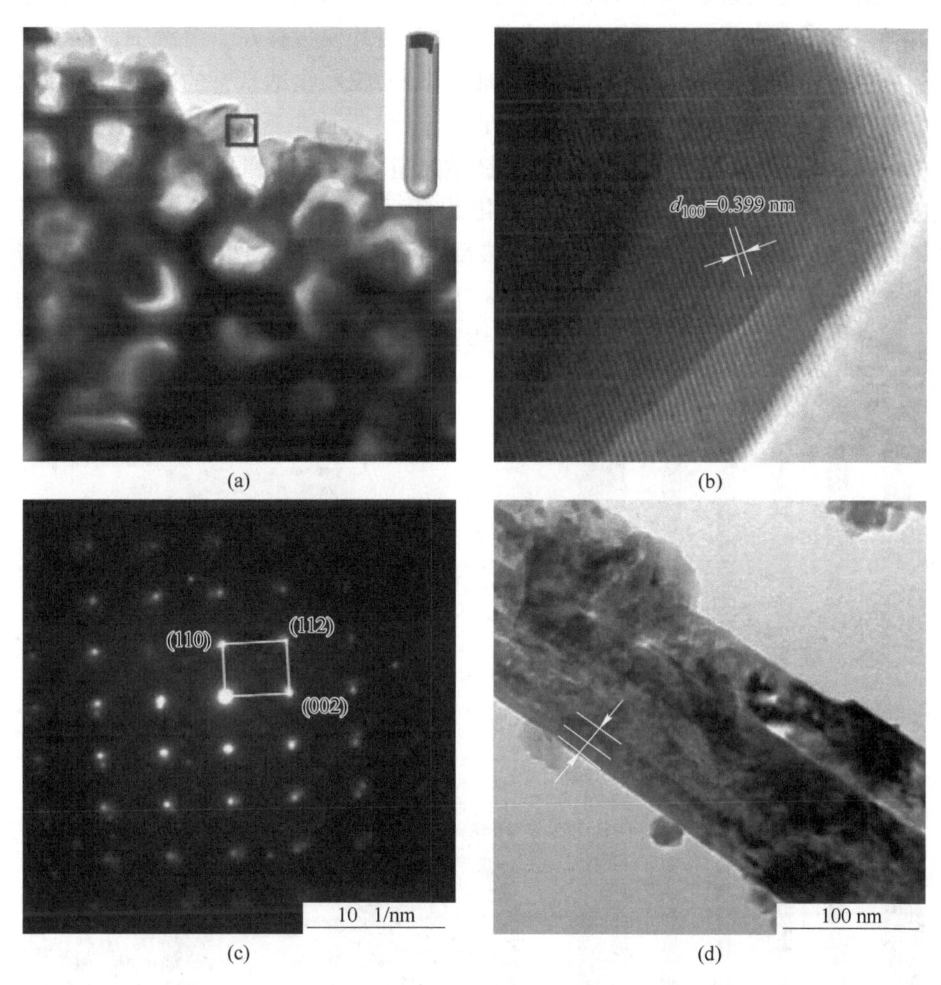

图 3-10 TiO_2@$BaTiO_3$ 同轴纳米管涂层透射分析

（a）TiO_2@$BaTiO_3$ 同轴纳米管顶部的 TEM 图像；（b）HRTEM 图像；（c）对应的 SAED 图像；（d）TiO_2@$BaTiO_3$ 同轴纳米管中部的 TEM 图像

衍射图。经过校准为钛酸钡晶粒的衍射图案。结合图 3-10（c）和图 3-6 所示 XRD 结果，表明所制备的钛酸钡为多晶的。图 3-10（d）为同轴纳米管中部的 TEM。可以看出，同轴纳米管的管壁由两部分组成（图中红色的箭头表示的是纳米管的管壁结构）。同轴纳米管的外壁光滑，是由阳极氧化后形成的二氧化钛，而内层较粗糙为水热反应生成的钛酸钡。

TiO_2@ $BaTiO_3$ 同轴纳米管涂层的透射分析、成分分析和形貌特征分析结果表明，通过水热反应将二氧化钛纳米管转变为 TiO_2@ $BaTiO_3$ 同轴纳米管遵循原位反应机制，反应机理如图 3-11 所示。在反应开始阶段，水热溶液中氢氧化钡发生溶解，形成 Ba^{2+}和 OH^-。TiO_2 纳米管作为反应的模板存在于溶液中，但不溶于水中。在水热反应开始时，Ba^{2+}在碱性环境下与 TiO_2 在纳米管的内表面和顶部发生反应（见图 3-11 Ⅲ），生成一层 $BaTiO_3$ 连续膜，包裹住作为模板的二氧化钛（见图 3-11Ⅳ）。由于反应从二氧化钛纳米管的内表面和顶部开始，当反应继续进行时，Ba^{2+}需要通过扩散穿过二氧化钛表面已经形成的钛酸钡晶体，才能与内部的 TiO_2 晶体继续反应。因此，水热反应溶液中 Ba^{2+} 的浓度是二氧化钛与钛酸钡持续反应的驱动力。水热溶液中 Ba^{2+}的浓度相对较低，特别是在纳米管的内部。随着反应的进行，二氧化钛纳米管表面的钛酸钡膜层厚度进一步增加（见图 3-11Ⅴ），溶液中钡离子浓度降低。低的钡离子浓度导致原位反应进行得相对缓

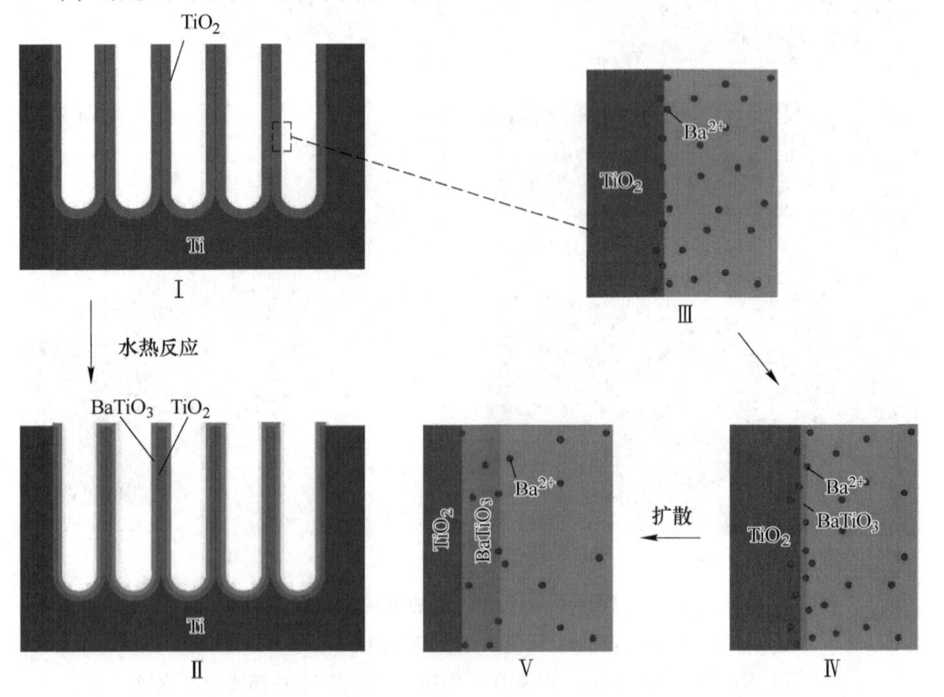

图 3-11 二氧化钛纳米管水热反应形成 TiO_2@ $BaTiO_3$ 同轴纳米管的原理示意图

慢，更有利于 TiO_2@$BaTiO_3$ 同轴纳米管的形成。此外，较低的水热反应速率会导致钛酸钡薄膜层的厚度增加得较慢，有利于二氧化钛纳米管的纳米管结构可以保留下来。随着反应的结束，形成 TiO_2@$BaTiO_3$ 同轴纳米管。

为了验证 TiO_2@$BaTiO_3$ 同轴纳米管形成过程中遵循原位反应的机制，测定了水热反应开始之前和水热反应进行 1.5 h 和 2 h 后溶液中 Ba 和 Ti 的浓度，结果见表 3-1。水热反应 2 h 后的水热溶液中钡的浓度小于 1.5 h 后形成钡的浓度，但均低于初始浓度。钛的浓度是微量的，可能来自钛或二氧化钛。溶液中钛浓度的测定结果直接证明了在水热反应过程中，二氧化钛并没有大量溶解。TiO_2@$BaTiO_3$ 同轴纳米管的形成过程以不溶解的二氧化钛为模板反应，水热反应过程遵循原位反应机理。此外，所形成的 TiO_2@$BaTiO_3$ 同轴纳米管的结构很好地保持了二氧化钛纳米管的形貌，也是原位反应机理的直接证明。

表 3-1 水热反应开始前、水热反应 1.5 h 和 2 h 后，水热溶液中 Ba 和 Ti 的浓度

水热时间/h	0	1.5	2
Ba 的浓度/$\mu g \cdot L^{-1}$	4.12×10^6	3.59×10^6	2.80×10^6
Ti 的浓度/$\mu g \cdot L^{-1}$	0	0.22	0.21

3.1.3 钛表面 TiO_2@$BaTiO_3$ 涂层的压电性能

通过压电力显微镜测试了 TiO_2@$BaTiO_3$ 同轴纳米管涂层的压电性能，结果如图 3-12 所示。

图 3-12（a）为钛表面 TiO_2@$BaTiO_3$ 同轴纳米管的表面形貌，图 3-12（b）和（c）为压电力显微镜探针所引起的压电相应的振幅和相位图像。振幅和相位图表明 TiO_2@$BaTiO_3$ 同轴纳米管涂层具有压电效应。事实上，在 PFM 振幅图中所示的由施加的尖端偏压引起的涂层变形，证明了压电响应的存在。对图 3-12（c）中Ⅰ区域进行测量，显示了在电压扫描期间极化轴的切换导致铁电材料的蝴蝶曲线，通过分析图 3-12（d）的结果可知，钛表面 TiO_2@$BaTiO_3$ 同轴纳米管涂层的压电系数（d_{33}）为 0.28 pC/N。研究表明，天然骨不同部位的压电性能不同，天然骨的压电系数（d_{33}）在 0.2 ~ 0.7 pC/N 之间。虽然钛表面 TiO_2@$BaTiO_3$ 同轴纳米管涂层的压电系数小于类似的研究结果，但其压电系数仍在天然骨的压电系数范围内，适合作为医学应用的生物材料。此外，由于同轴纳米管涂层的压电系数较小，故并未对极化情况做详细的研究。

3.1.4 钛表面 TiO_2@$BaTiO_3$ 涂层的体外生物性能

细胞能否在材料表面增殖和黏附，以及材料的毒性都是材料能否应用于临床的重要指标。为探讨 TiO_2@$BaTiO_3$ 同轴纳米管涂层的生物性能，以及纳米管涂

图 3-12　TiO_2@ $BaTiO_3$ 同轴纳米管涂层的 PFM 测量显示

（a）形貌图；（b）振幅；（c）相位图；（d）图（c）中 I 区域的 SS-PFM 分析

层所具有的压电效应对细胞的作用，选用成骨细胞为实验细胞，研究了所制备的钛表面 TiO_2@ $BaTiO_3$ 同轴纳米管涂层的生物性能。

（1）涂层成骨细胞毒性。以纯钛和 TiO_2 纳米管涂层为对照组，极化后的 TiO_2@ $BaTiO_3$ 涂层［标记为 TiO_2@ $BaTiO_3$(P）涂层］和未极化的 TiO_2@ $BaTiO_3$ 涂层对成骨细胞毒性如图 3-13 所示。从图中可以看出，随着培养时间的增加，各组的吸光度值呈现出增加的趋势。在相同的共培养天数下，各组的吸光度值由高到低依次为：TiO_2@ $BaTiO_3$(P）涂层、TiO_2@ $BaTiO_3$ 涂层、TiO_2 纳米管涂层、纯钛，但各组之间无显著性的差异。成骨细胞毒性结果说明，所制备的钛表面 TiO_2@ $BaTiO_3$ 涂层和纯钛一样对成骨细胞是无毒的，同时极化处理也不会增加成骨细胞的毒性。

（2）涂层成骨细胞增殖。纯钛、TiO_2 纳米管涂层、TiO_2@ $BaTiO_3$(P）涂层、

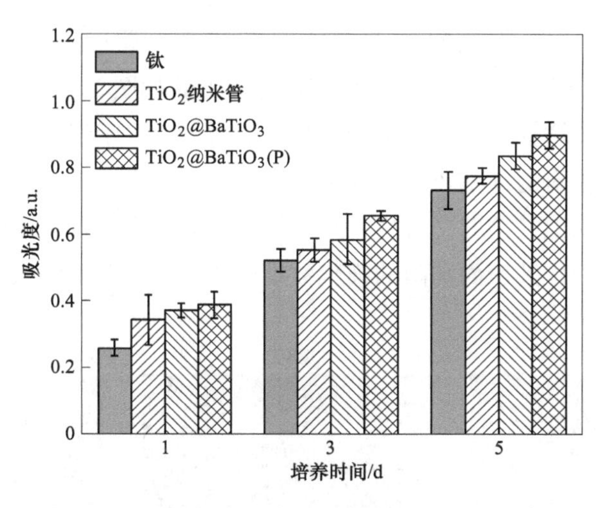

图 3-13 钛及钛表面涂层对成骨细胞的细胞毒性

TiO_2@ $BaTiO_3$ 涂层与成骨细胞共培养后，成骨细胞的增殖情况如图 3-14 所示。随着共培养天数的增加，各组的吸光度值呈现出增加的趋势，说明成骨细胞的数量增加。在相同培养天数下，TiO_2@ $BaTiO_3$(P) 涂层的吸光度值最高，说明极化后的钛表面 TiO_2@ $BaTiO_3$ 涂层的成骨细胞增殖效果最好。在第一天时各组之间虽然存在差异，但并无显著性差异。在第 3 天和第 5 天时，TiO_2@ $BaTiO_3$(P) 涂层的增殖结果和纯钛组存在显著性差异。同时 TiO_2@ $BaTiO_3$ 涂层与纯钛组之间在第 5 天时存在显著性差异，TiO_2@ $BaTiO_3$ 涂层相比于纯钛更有利成骨细胞增殖，尤其是经过极化获得压电效应后，成骨细胞的增殖更快。

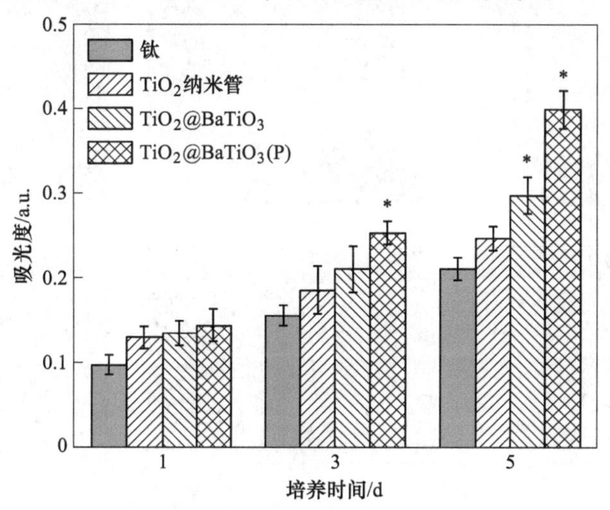

图 3-14 不同钛表面涂层及钛的成骨细胞增殖

（*代表与纯钛相比有显著性差异，p<0.05）

（3）涂层成骨细胞黏附。成骨细胞在纯钛、TiO_2 纳米管涂层、TiO_2@ $BaTiO_3$(P）涂层和 TiO_2@ $BaTiO_3$ 涂层表面黏附形貌如图 3-15 所示。对于纯钛组，随着共培养时间的增加，表面黏附的细胞逐渐增加，由于细胞的钛片之间衬度较为接近，其表面黏附的细胞较难被发现，因此通过箭头对细胞进行标注。TiO_2 纳米管涂层与成骨细胞共培养一天后，其表面黏附的细胞数量多于纯钛表面，随着共培养时间的增加，其表面黏附的细胞数量增加，且都多于纯钛表面，说明 TiO_2

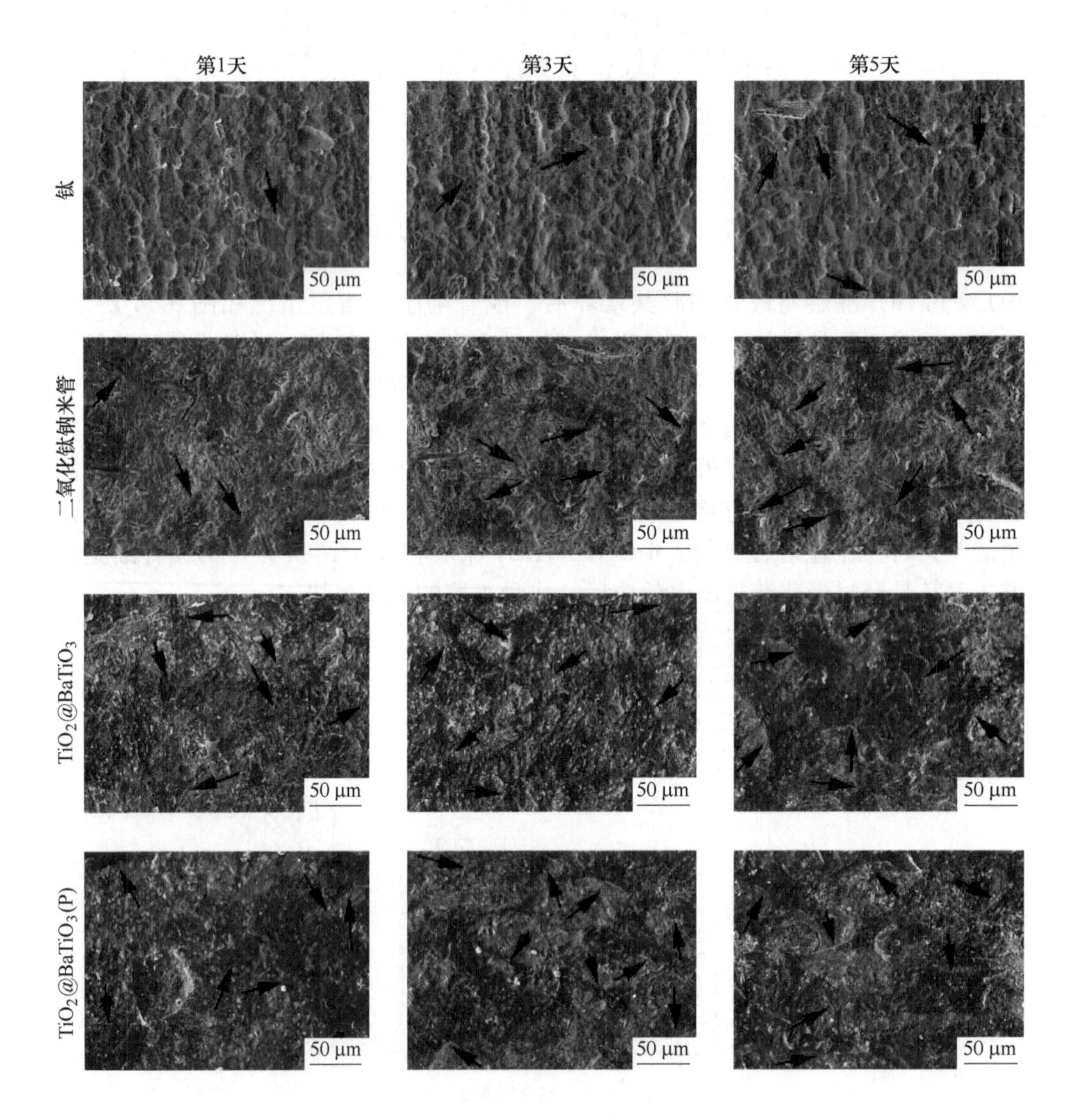

图 3-15　不同钛表面涂层及钛与成骨细胞共培养不同天数后的表面形貌

纳米管表面相比于纯钛表面更有利于成骨细胞的黏附。TiO_2@ $BaTiO_3$(P) 涂层和 TiO_2@ $BaTiO_3$ 涂层表面的成骨细胞黏附表现出和钛、TiO_2 纳米管涂层相同的变化趋势，同时 TiO_2@ $BaTiO_3$ 同轴纳米管表面有更多的成骨细胞黏附，这是因为钛酸钡具有比二氧化钛更好的生物相容性，有利于成骨细胞的黏附。此外，极化后的 TiO_2@ $BaTiO_3$ 同轴纳米管由于表面存在的残余电荷促进了成骨细胞的黏附，在其表面黏附的成骨细胞数量最多并且成骨细胞之间相互黏连在一起附着在涂层表面。

为进一步说明细胞在涂层表面的黏附状态，对 TiO_2@ $BaTiO_3$(P) 涂层与成骨细胞共培养 5 天后样品的表面形貌不同放大倍数下进行表征，结果如图 3-16 所示。从 200 倍放大结果中可以看出涂层表面黏附大量的成骨细胞，各个成骨细胞的轮廓清晰可见，同时部分细胞黏连在一起，与图 3-15 的结果一致。10000 倍的放大形貌图中可以看出 TiO_2@ $BaTiO_3$(P) 涂层表面的成骨细胞饱满，伸出丝状的伪足黏附在涂层的表面。

(a)

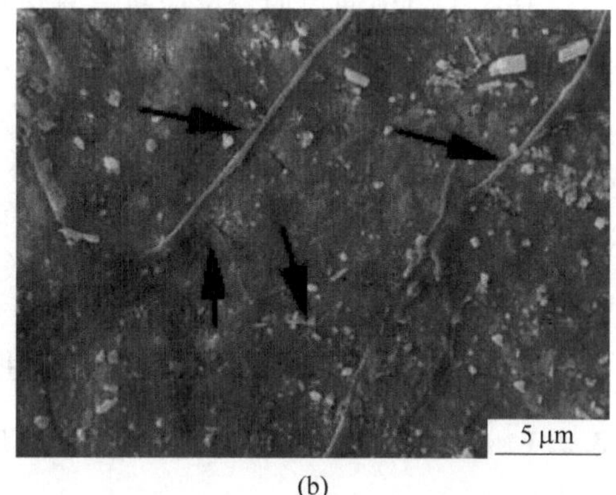

(b)

图 3-16 TiO_2@ $BaTiO_3$(P) 涂层与成骨细胞共培养 5 天后在不同放大倍数下的表面形貌
(a) 200×；(b) 10000×

对 TiO_2@ $BaTiO_3$(P) 与成骨细胞共培养 3 天后样品表面黏附的成骨细胞进行荧光染色，结果如图 3-17 所示。从图中可以看出，样品的表面有大量的细胞黏附，同时，红色的细胞骨架清晰可见，蓝色的细胞核被包裹在红色的细胞质中，成骨细胞呈现梭形或者椭圆形。荧光染色的结果说明，TiO_2@ $BaTiO_3$(P) 涂层表面的成骨细胞骨架清晰，较为饱满。

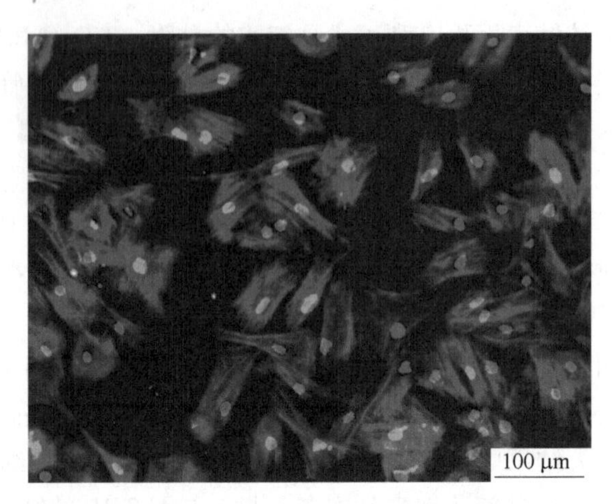

图 3-17　TiO_2@ $BaTiO_3$ 同轴纳米管涂层与成骨细胞共培养 3 天后的荧光染色照片

3.2　3D 打印钛合金表面 TiO_2@ $BaTiO_3$ 同轴纳米管涂层

在 3.1 节中通过原位反应将二氧化钛纳米管涂层转变为 TiO_2@ $BaTiO_3$ 同轴纳米管涂层，压电力显微镜测试结果表明所制备的涂层具有压电特性，并且体外细胞毒性结果表明所制备的涂层是无毒的，对成骨细胞的增殖和黏附的结果也表明具有压电效应的 TiO_2@ $BaTiO_3$ 同轴纳米管涂层有利于细胞的黏附和增殖。因此，将该涂层制备工艺应用到 3D 打印钛合金支架表面，在支架表面成功制备出 TiO_2@ $BaTiO_3$ 涂层，利用骨髓充质干细胞（MSCs）可分化为成骨细胞的能力，分析了涂层支架所具有的压电效应对促成骨分化的作用。同时，选用具有干细胞潜能的人脐静脉内皮细胞（HUVECs），探讨压电效应对血管化的影响。

3.2.1　3D 打印钛合金表面 TiO_2@ $BaTiO_3$ 涂层制备

采用相同制备工艺在 3D 打印医用钛合金支架表面构建 TiO_2@ $BaTiO_3$ 涂层，制备出样品的形貌如图 3-18 所示。从图 3-18（a）和（b）中可以看出样品为直径 12 mm、厚度为 6 mm，整体呈现出青灰色，颜色较为均匀，说明制备的涂层较为均匀。从图 3-18（c）的低倍扫描结果可以看出样品表面并不平整，同时呈现出特有的层状堆积多孔结构，这种多孔结构有利于后期新生骨组织的长入和营养物质的传递。图 3-18（d）为高倍下的扫描电镜结果，从图中可以看出，纳米管的顶部结构仍清晰可见。

3.2.2　3D 打印钛合金表面 TiO_2@ $BaTiO_3$ 涂层的细胞黏附和增殖

不同支架与 MSCs 和 HUVECs 共培养后，MSCs 和 HUVECs 的增殖结果如

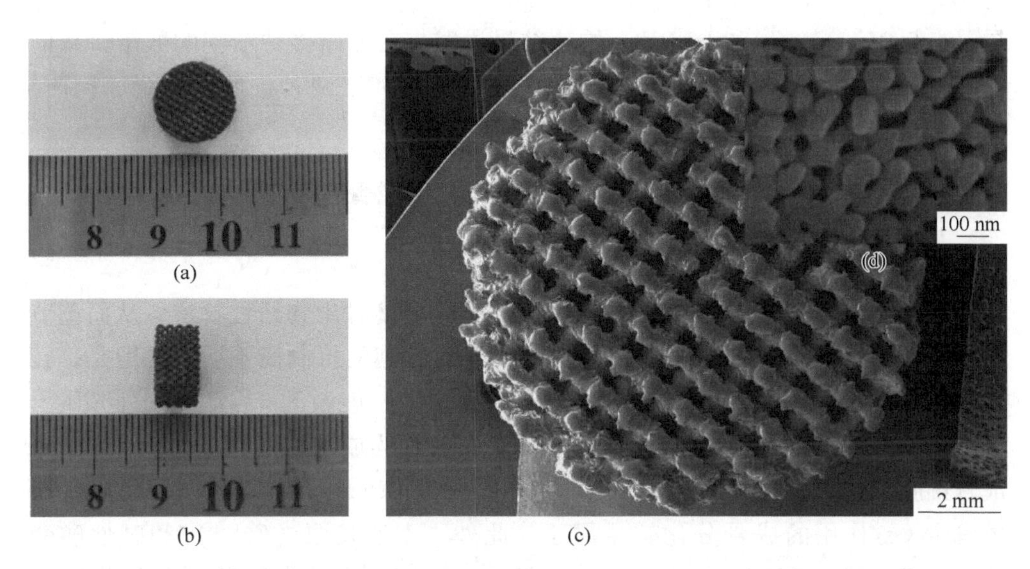

(a) (b) (c)

图 3-18 3D 打印医用钛合金支架表面 TiO_2@$BaTiO_3$ 涂层样品宏观形貌和显微形貌

（a）正面形貌；（b）侧面形貌；（c）低倍显微形貌；（d）高倍显微形貌

图 3-19 所示。随着培养时间的增加，与各组支架共培养的两种细胞的吸光度值都呈现出增加的趋势，说明细胞数量逐步增加。TiO_2@ $BaTiO_3$ 涂层支架在第 3 天和第 5 天的 MSCs 和 HUVECs 细胞数量高于钛合金支架组，两者之间存在显著性差异（$p<0.05$）。TiO_2@ $BaTiO_3$（P）涂层支架在第 3 天和第 5 天的 MSCs 和 HUVECs 增殖最快，与钛合金组和 TiO_2@ $BaTiO_3$ 涂层支架之间存在显著性差

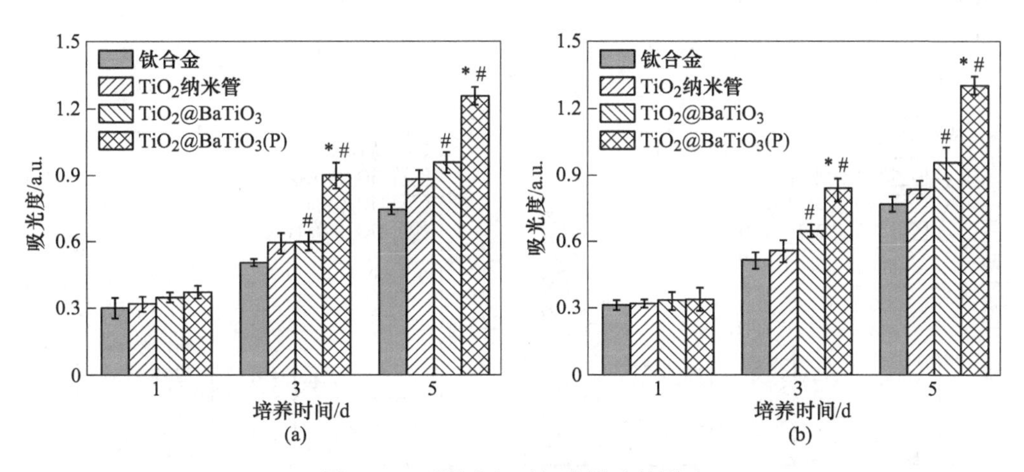

图 3-19 不同支架对细胞增殖的影响

（a）MSCs；（b）HUVECs

（#代表与纯钛相比有显著性差异，$p<0.05$；* 代表与 TiO_2@ $BaTiO_3$ 相比有显著性差异，$p<0.05$）

异（p<0.05）。MSCs 和 HUVECs 增殖结果说明，在初始接种细胞的数量一致的状态下，TiO_2@ $BaTiO_3$ 涂层支架比钛合金组更有利于两种细胞的增殖，同时，TiO_2@ $BaTiO_3$(P) 涂层支架具有最好的增殖结果。

3.2.3　3D 打印钛合金表面 TiO_2@$BaTiO_3$ 涂层的成骨基因表达和促血管化

3.2.3.1　涂层的成骨基因表达

成骨细胞可由 MSCs 分化而来，可特异性分泌多种生物活性物质，从而调节并影响骨的形成和重建过程。MSCs 分化为成骨细胞的机制尚不明确，但是，转录因子蛋白 Runx2（runt-related transcription factor 2）能激活、启动骨髓间充质干细胞向成骨细胞转化并调节成骨细胞的成熟而被作为成骨细胞特异性转录因子和成骨细胞分化的关键因子。同时，含锌指结构的 Osterix 是在 Runx2 下游对骨形成发生关键作用的成骨分化转录因子。此外，Ⅰ型胶原（Col-1）和碱性磷酸酶（ALP）都是成骨细胞增殖期增殖相关的基因。为了表征所制备的 TiO_2@ $BaTiO_3$ 涂层支架对 MSCs 细胞成骨分化的影响，采用 RT-PCR 定量分析 MSCs 成骨相关基因 ALP、Runx2、Col-1 和 osterix 的 mRNA 水平，结果如图 3-20 所示。与其他组相比，TiO_2@ $BaTiO_3$(P) 涂层支架组对所有选中的基因表达最高，与钛合金支架组和 TiO_2@ $BaTiO_3$ 涂层支架组存在显著性差异（p<0.05）。而 TiO_2@ $BaTiO_3$ 涂层支架组对选定的所有基因的表达水平与钛合金支架组有显著性差异（p<0.05）。二氧化钛纳米管涂层组对选定的所有基因的表达水平与钛合金支架组并无显著性差异（p>0.05）。

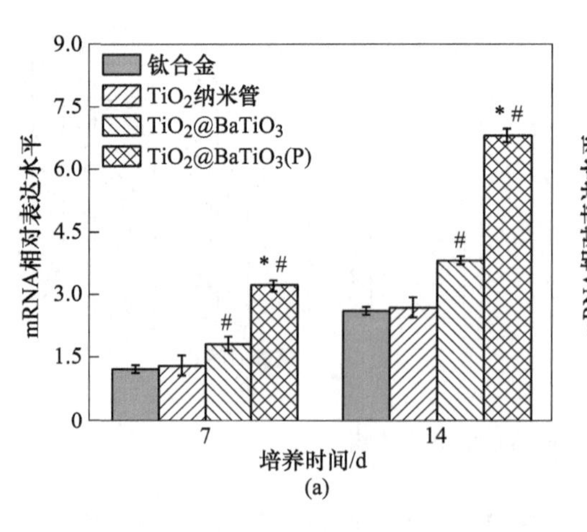

(a)

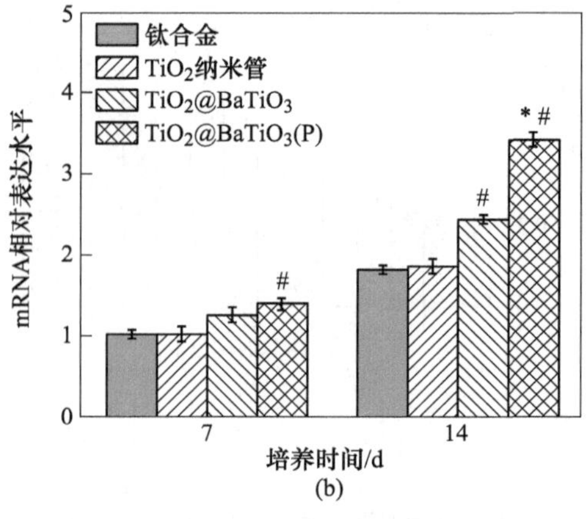

(b)

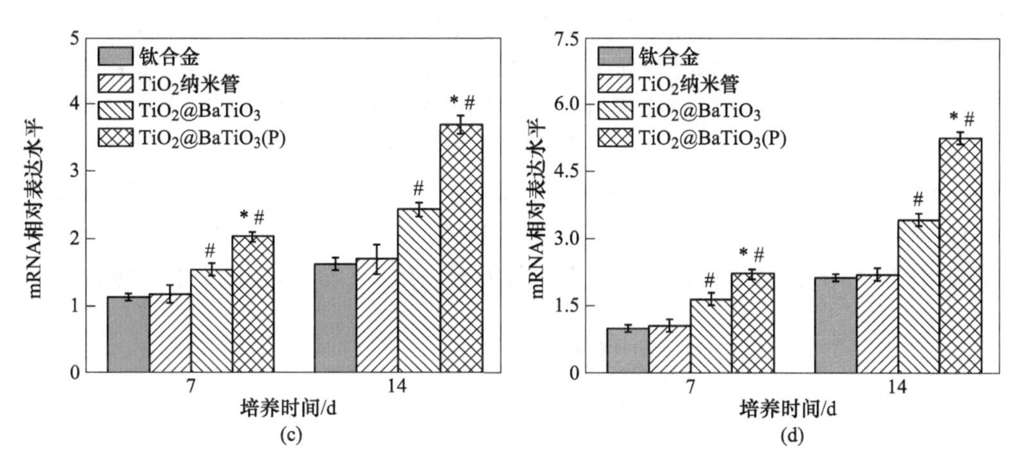

图 3-20 骨髓间充质干细胞成骨相关基因的相对 mRNA 表达

(a) ALP; (b) Col-1; (c) Runx-2; (d) Osterix

ALP 是成骨细胞分泌的一种酶蛋白，是成骨细胞成熟的标志，也是评价成骨细胞成熟的最常用指标之一。为了进一步研究 TiO_2@$BaTiO_3$(P) 涂层支架对骨髓间充质干细胞成骨分化能力的影响，检测了骨髓间充质干细胞的碱性磷酸酶活性，结果如图 3-21 所示。培养 14 天后各组碱性磷酸酶的活性均高于培养 7 天的。TiO_2@$BaTiO_3$(P) 涂层支架的碱性磷酸酶活性最高，与钛合金组和 TiO_2@$BaTiO_3$ 涂层支架组之间存在显著性差异（$p<0.05$），TiO_2@$BaTiO_3$ 涂层支架组与钛合金组也存在显著性差异。

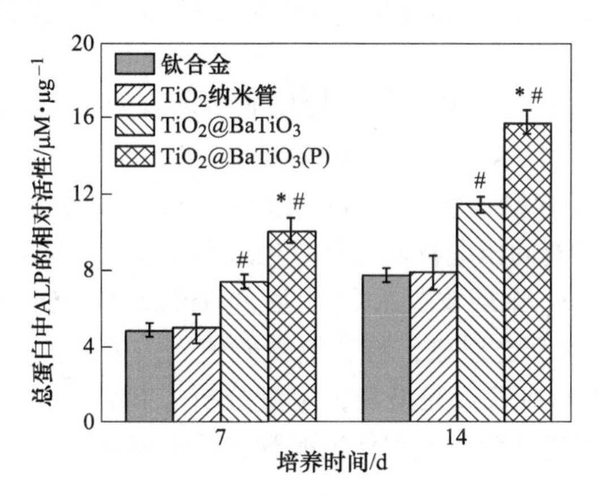

图 3-21 不同支架上 MSCs 的 ALP 活性

3.2.3.2 涂层的促血管化

血管内皮生长因子（vascular endothelial growth factor，VEGF）是血管内皮细胞特异性的肝素结合生长因子，可在体内诱导血管新生。而血小板衍射因子（PDGF-bb）通过激发处于静止状态的细胞生成胶原纤维而促进管周运动，从而在促进新血管的形成和稳定新生血管等方面有重要的作用。VEGF 和 PDGF-bb 被认为是血管生成相关的分泌蛋白。采用 ELISA 检测了与各组支架共培育 5 天后 HUVECs 所分泌 VEGF 和 PDGF-bb 的情况，结果如图 3-22 所示。TiO_2@$BaTiO_3$(P) 涂层支架组的 VEGF 和 PDGF-bb 浓度最高，与钛合金组和 TiO_2@$BaTiO_3$ 同轴纳米管涂层支架组具有显著性差异（$p<0.05$），而 TiO_2@$BaTiO_3$ 涂层支架组的 VEGF 含量与钛合金组并无明显差异，PDGF-bb 具有显著性差异。

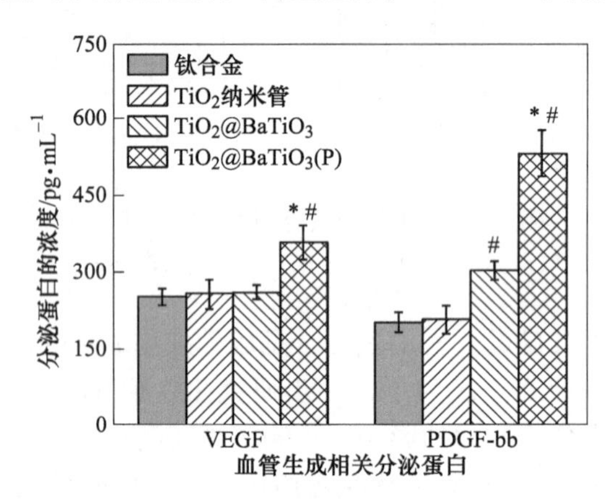

图 3-22　与不同支架共培养 5 天后 HUVECs 分泌 VEGF 和 PDGF-bb 的浓度

3.3　3D 打印钛合金支架表面 TiO_2@$BaTiO_3$ 涂层载体动物实验

TiO_2@$BaTiO_3$ 涂层支架的体外生物性能结果表明，极化后的 TiO_2@$BaTiO_3$ 涂层支架可显著增加 MSCs 成骨相关基因 ALP、Runx2、Col-1 和 Osterix 的 mRNA 水平，同时可促进 HUVECs 分泌 VEGF 和 PDGF-bb，从而加速血管的生成。为进一步证明该支架所具有的压电特性对新骨生成和血管化的影响，以钛合金支架为对照组，TiO_2@$BaTiO_3$ 涂层支架和极化后的 TiO_2@$BaTiO_3$ 涂层支架［标记为 TiO_2@$BaTiO_3$(P)］为研究对象，将三组支架植入山羊体内一段时间后，通过对各组支架的显微 CT 和血管荧光染色，定量分析了新骨生成量和新血管生成量，探讨了压电效应在促进新骨生成和促进血管化的作用机理。

3.3.1　支架植入后的颈椎融合性评价

选用医用钛合金支架为对照组，将 TiO_2@$BaTiO_3$ 涂层支架和 TiO_2@$BaTiO_3$(P) 涂层支架分别植入山羊脊柱中。支架植入山羊体内 8 个月后，通过 X 射线片研究了三种支架在羊颈椎的融合情况，结果如图 3-23 所示。从图中可以看出，支架基本保持在原位、无压迫或者骨折的存在。然而，在钛合金支架的周围仍有透光区域，这说明支架与骨组织并没有完全融合。在 TiO_2@ $BaTiO_3$ 涂层支架和 TiO_2@ $BaTiO_3$(P) 涂层支架观察到椎间隙中形成明显的骨桥，支架与骨组织周围没有透光区域，说明这两组支架已经完全与周围骨组织融合。

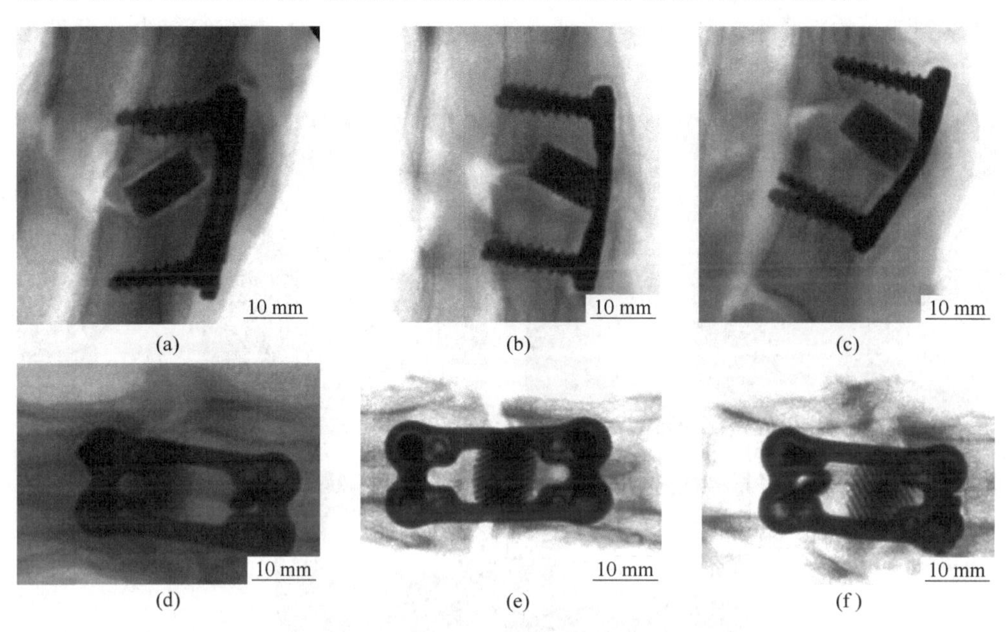

图 3-23 不同支架样品植入山羊体内 8 个月后的典型 X 射线

(a)，(d) 钛合金支架；(b)，(e) TiO_2@ $BaTiO_3$ 涂层支架；(c)，(f) TiO_2@ $BaTiO_3$(P) 涂层支架

对三组支架与周围骨组织之间的结合进行椎体融合的分级评估，结果见表 3-2。钛合金组在植入 8 个月后有 1 例未融合，2 例部分融合和 3 例完全融合；TiO_2@ $BaTiO_3$ 涂层支架有 1 例部分融合和 5 例完全融合；TiO_2@ $BaTiO_3$(P) 涂层支架 6 例完全融合。

表 3-2 脊柱融合术的放射学评价

评估	钛合金	TiO_2@ $BaTiO_3$	TiO_2@ $BaTiO_3$(P)
未融合	1	0	0
部分融合	2	1	0
完全融合	3	5	6

3.3.2 支架植入后显微 CT

在 X 射线检测的基础上，为进一步观察各组支架新骨组织长入的情况，通过显微 CT 的非破坏性 3D 成像技术，在不破坏样品的情况下观察样品内部显微结构。其原理是：当X射线透过样品时，样品的各个部位对X射线的吸收率不同，再通过计算机软件，将每个角度的图像进行重构，还原成在电脑中可分析的3D图像，通过软件可观察样品内部各个截面的信息。植入体内8个月后，各组支架具有代表性的2D和3D显微CT结果如图3-24所示。三组支架的显微CT中都能观察到黄色的新骨组织和白色的支架。钛合金组中黄色的新骨组织较少，而TiO_2@$BaTiO_3$(P) 涂层支架新骨组织最多。

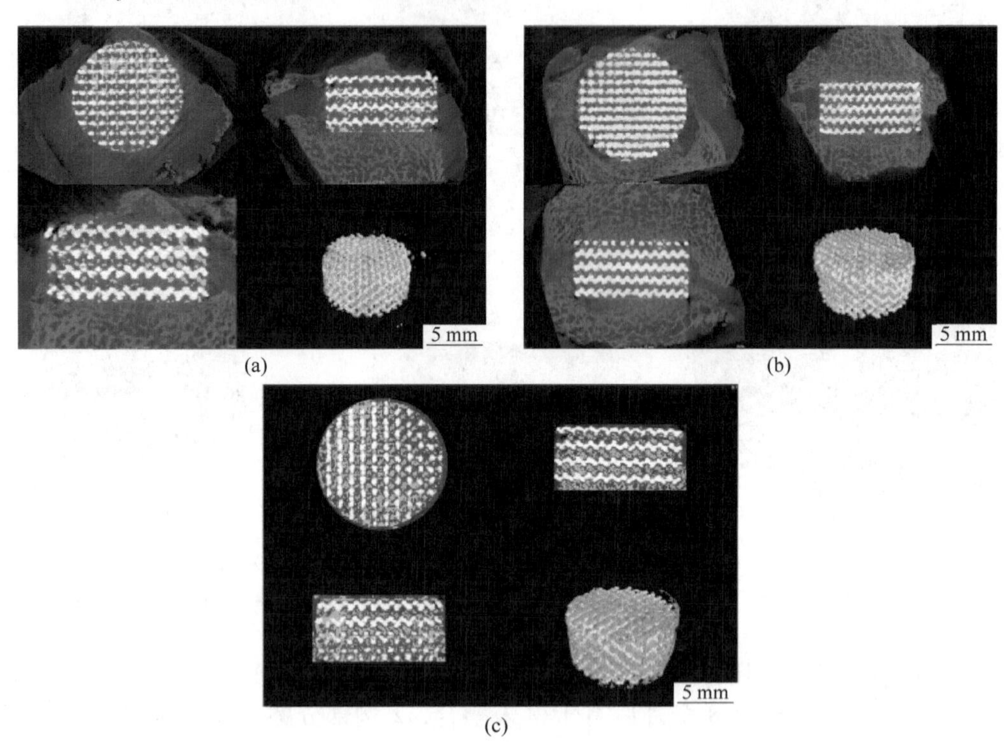

图3-24 术后8个月有代表性的三维显微CT图像

(a) 钛合金；(b) TiO_2@$BaTiO_3$；(c) TiO_2@$BaTiO_3$(P)

通过骨体积/选取ROI体积的比值（BV/TV）来表示支架的骨体积分数，对术后8个月不同支架显微CT重建后进行定量分析，各组支架的骨体积分数结果见表3-3。TiO_2@$BaTiO_3$(P) 涂层支架骨体积分数显著高于钛合金组，具有显著性差异。显微CT的测试结果表明，TiO_2@$BaTiO_3$(P) 涂层支架有利于新骨的长入。

表3-3 术后8个月不同支架显微CT重建定量分析

样品	钛合金	TiO_2@$BaTiO_3$	TiO_2@$BaTiO_3$(P)
(BV/TV)/%	11.25±1.34	18.53±0.66	24.09±0.96

3.3.3 支架的血管化

人脐静脉内皮细胞的 VEGF 和 PDGF-bb 因子检测结果表明，TiO_2@ $BaTiO_3$ 涂层支架和 TiO_2@ $BaTiO_3$(P) 涂层支架可以促进血管化。通过将三组支架植入山羊体内，对具有压电效应的 TiO_2@ $BaTiO_3$ 涂层支架的促血管化进一步研究。使用厚组织切片，利用血管分布和形态的荧光成像观察植入物内微血管的分布和形态，结果如图 3-25 所示。植入山羊体内 4 个月后，三组血管均未成熟，钛合金

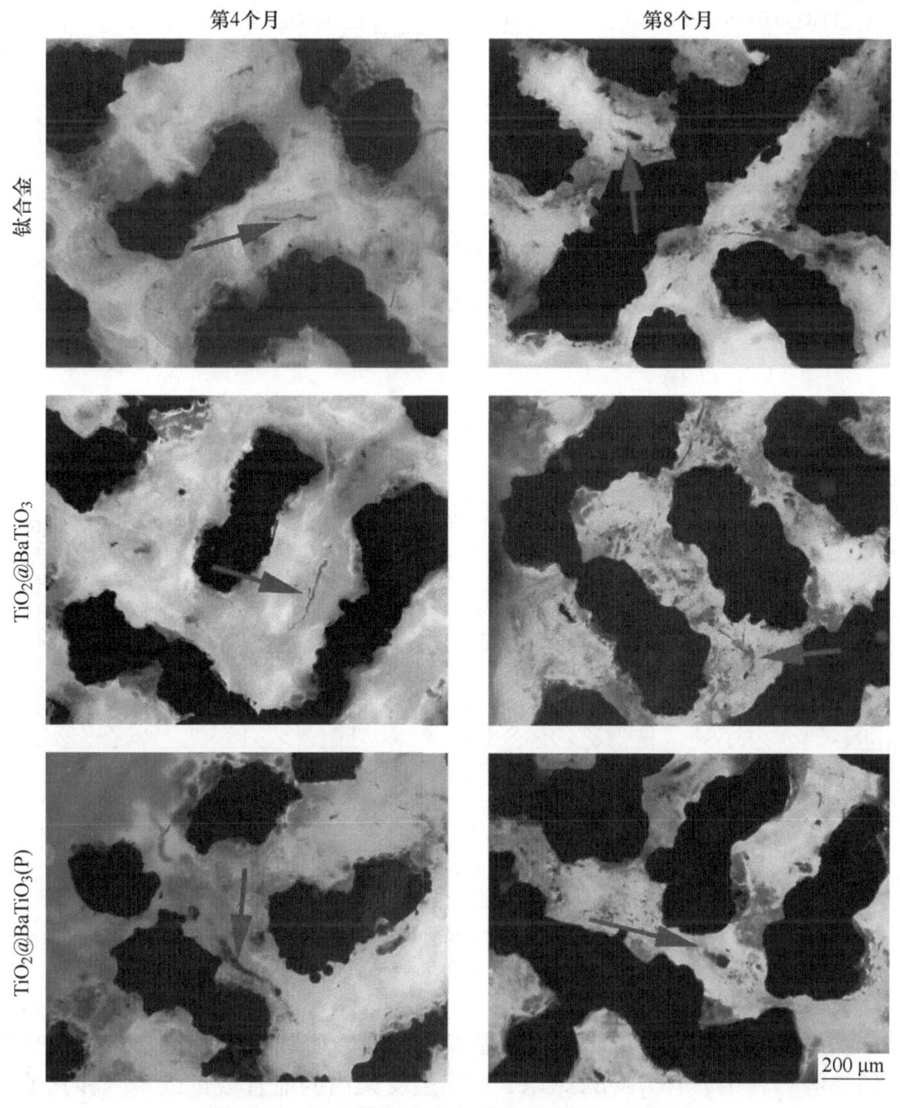

图 3-25 植入体内 8 个月后支架内部的血管化

组仅可见短而薄的血管（红色箭头所指），而 TiO_2@ $BaTiO_3$(P) 涂层支架内的血管较其他两组成熟。植入山羊体内 8 个月后，三组支架内部的血管都较为成熟，血管直径和长度均明显大于 4 个月。TiO_2@ $BaTiO_3$(P) 涂层支架内的血管数量最多，几乎填满了整个材料的间隙，可对周围更多的组织实现滋养。

为了进一步表征不同支架内血管化状态，对各组支架内部的血管数目、血管总长度、最长血管长度、最大血管直径进行定量分析，结果如图 3-26 所示。

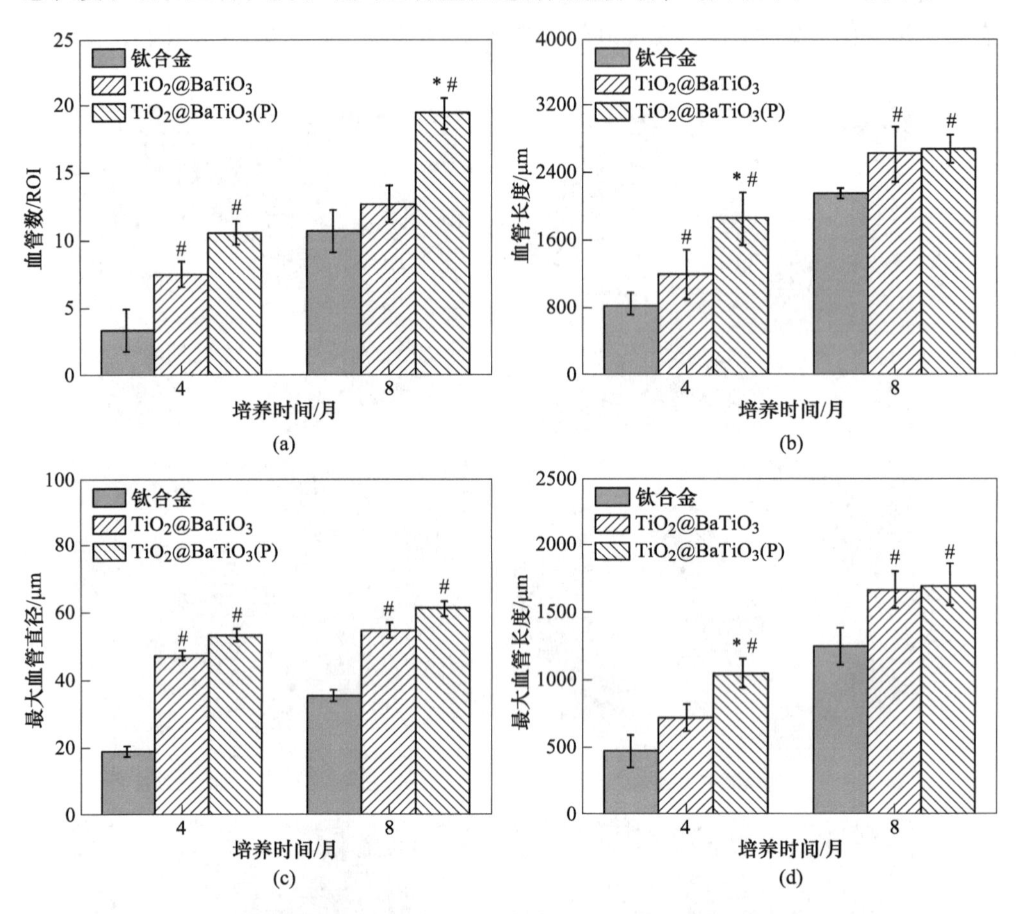

图 3-26　植入体内不同时间后各组支架内部的血管化定量分析

（a）各组支架内部血管数量；（b）各组支架内部血管的总长度；

（c）各组支架内部单个最长血管长度；（d）各组支架内部最大血管直径

（#与纯钛合金支架组相比 $p<0.05$；＊$p<0.05$ 与未极化 TiO_2@ $BaTiO_3$ 涂层组相比）

从图 3-26（a）中可以看出，随着植入时间的增加，各组血管数量都呈现出增加的趋势。其中，TiO_2@ $BaTiO_3$(P) 涂层支架内的血管数量最多，和其他两组之间存在显著性的差异（$p<0.05$）。TiO_2@ $BaTiO_3$ 涂层支架内的血管数量在 4 个

月时高于钛合金支架组，并存在显著性差异，8 个月后仍高于钛合金组，但两者之间并不存在显著性差异（$p>0.05$）；三组支架内部的血管总长度随植入时间的增加而增加，4 个月时 TiO_2@$BaTiO_3$(P) 涂层支架内的血管总长度最长［(1863.95±303.52)μm］，与其他两组存在显著性差异（$p<0.05$），8 个月时 TiO_2@$BaTiO_3$(P) 涂层支架内的血管总长度最长［(2704.21±159.23)μm］和 TiO_2@$BaTiO_3$ 涂层支架内的血管总长度最长［(2649.82±326.67)μm］之间相差不大，但都与钛合金支架内的血管总长度最长［(2183.82±63.86)μm］之间存在显著性差异（$p<0.05$）。

单个血管的长度和直径都是血管成熟度的重要指标。图 3-26（c）为最大血管直径的测试结果，从图中可以看出，随着植入时间的增加各组的最大血管直径呈现出增加的趋势。4 个月时，TiO_2@$BaTiO_3$(P) 涂层支架内最大血管直径最大，但与 TiO_2@$BaTiO_3$ 涂层支架内最大血管直径之间并无显著性差异（$p>0.05$）；这两组均大于钛合金支架组，并且之间存在显著性差异（$p<0.05$）。8 个月时，各组支架之间的差异与 4 个月的相差不大。各组单个血管的长度测量结果如图 3-26（d）所示，从图中可以看出，随着植入时间的增加，各组支架内单个血管的长度呈现出增加的趋势。在 4 个月时 TiO_2@$BaTiO_3$(P) 涂层支架内最大血管长度［(1053.69±103.59)μm］最长，与其他两组之间存在显著性差异（$p<0.05$）；在 8 个月时，TiO_2@$BaTiO_3$(P) 涂层支架内最大血管长度略高于 TiO_2@$BaTiO_3$ 涂层支架内最大血管长度，但两者之间并不存在显著性差异，两组和钛合金组存在显著性差异。

3.3.4 支架诱导骨生长机制

表面具有 TiO_2@$BaTiO_3$ 涂层的医用 3D 打印多孔钛合金支架能够提供骨和血管生长空间的同时，也能为恢复骨再生能力提供合适的压电微环境。体外实验结果证明，TiO_2@$BaTiO_3$ 涂层支架具有良好的生物性能，在此基础上将所制备的涂层支架用于羊椎间融合器，脊椎在运动的过程中，椎骨之间的融合器不可避免地受到挤压和应力，为压电效应提供了合适的环境。涂层中的钛酸钡在受力后会产生微小的变形，然后在压电效应的作用下产生微电场，这些外来的电信号会导致细胞膜上的高电压降并改变细胞的极性，从而打破细胞内外的离子交换的动态平衡，导致一系列促进修复的细胞内反应。由于涂层较薄，钛酸钡含量较低，其压电性能与天然骨的压电性能匹配，涂层支架作为一种不可降解材料将长期地存在骨骼中，与天然骨相似的压电性能得到了保存。压电涂层通过改变细胞行为实现组织修复的能力不仅取决于压电系数，同时还取决于涂层表面电荷分布。涂层支架的表面压电微环境为成骨细胞的黏附和生长起到了重要作用。同时，骨髓间充质干细胞在缺损部位的聚集、增殖、成骨分化是骨再生的主要组成部分，TiO_2@

$BaTiO_3$ 涂层支架通过压电效应直接影响 MSCs 的聚集，在 MSCs 成功黏附于支架表面后，体外实验结果证明了极化后 TiO_2@ $BaTiO_3$ 涂层支架上 MSCs 的增殖明显高于其他支架上的 MSCs 增殖。分析认为，归因于钛酸钡对成骨分化有促进作用，同时纳米管结构也对成骨分化有影响，ALP 活性、成骨相关基因的表达结果也证明了 TiO_2@ $BaTiO_3$ 涂层支架能有效地促进 MSCs 的成骨分化能力。

成骨和血管生成在空间上是相互加强的过程，这种紧密的联系被称为“血管-成骨耦合”。血管网络为骨组织提供营养、氧气和干细胞。Kusumbe 等人发现了一种新的血管亚型 H 型血管，它与骨再生和修复密切相关，进一步证实了血管化在成骨中的重要作用。在体外实验中，TiO_2@ $BaTiO_3$ 涂层支架极化后所具有的压电微环境能有效地促进 HUVES 的增殖，并促使 HUVES 分泌 PDGF-bb 和 VEGF。同时，钛酸钡产生的电场能有效地将人脐静脉内皮细胞黏附到支架表面，都对涂层支架内部血管的生成至关重要。压电效应所形成的电场能有效促进支架内的血管化过程，从而为骨向内生长提供更好的基础。

参 考 文 献

［1］ ASHUTOSH K Dubey, BIKRAMJIT Basu. Pulsed electrical stimulation and surface charge induced cell growth on multistage spark plasma sintered hydroxyapatite-barium titanate piezobiocomposite［J］. Journal of the American Ceramic Society, 2014, 97 (2): 481-489.

［2］ LI Yiping, DAI Xiaohan, BAI Yunyang, et al. Electroactive $BaTiO_3$ nanoparticle-functionalized fibrous scaffolds enhance osteogenic differentiation of mesenchymal stem cells［J］. International Journal of Nanomedicine, 2017, 12: 4007-4018.

［3］ ZHOU Zhi, LIN Yirong, TANG Haixiong, et al. Hydrothermal growth of highly textured $BaTiO_3$ films composed of nanowires［J］. Nanotechnology, 2013, 24 (9): 095602.

［4］ MANOJ Nageri, VISWANATHAN Kumar. Manganese-doped $BaTiO_3$ nanotube arrays for enhanced visible light photocatalytic applications［J］. Materials Chemistry and Physics, 2018, 213: 400-405.

［5］ ZHANG Haitao, DENG Xiangyun, CHEN Xin, et al. Low temperature hydrothermal synthesis and performances of nanotube patterned barium titanates thin films［J］. Jorunal of Functional Materials, 2011, 2: 271-275.

［6］ YU Q, CHU C, LIN P, et al. Fabrication of TiO_2 nanotube arrays by a two-step anodic oxidation［J］. Rare. Metal. Mat. Eng, 2011, 40: 201-205.

［7］ DENG Xiangyun, WANG Xiaohui, WEN Hai, et al. Phase transitions in nanocrystalline barium titanate ceramics prepared by spark plasma sintering［J］. Journal of the American Ceramic Society, 2006, 89 (3): 1059-1064.

［8］ SOFIA A Alves, SWEETU B Patel, CORTINO Sukotjo, et al. Synthesis of calcium-phosphorous doped TiO_2 nanotubes by anodization and reverse polarization: A promising strategy for an efficient biofunctional implant surface［J］. Applied Surface Science, 2017, 399: 682-701.

[9] HRUDANANDA Jena, MITTAL V K, SANTANU Bera, et al. X-ray photoelectron spectroscopic investigations on cubic $BaTiO_3$, $BaTi_{0.9}Fe_{0.1}O_3$ and $Ba_{0.9}Nd_{0.1}TiO_3$ systems [J]. Applied Surface Science, 2008, 254 (21): 7074-7079.

[10] LI X L, LI Ming, KIM Hyunjung, et al. Characteristics of the low electron density surface layer on $BaTiO_3$ thin films [J]. Applied Physics Letters, 2008, 92 (1): 012902.

[11] NAGAMALLESWARA Rao Alluri, YUVASREE Purusothaman, ARUNKUMAR Chandrasekhar, et al. Self-powered wire type UV sensor using in-situ radial growth of $BaTiO_3$ and TiO_2 nanostructures on human hair sized single Ti-wire [J]. Chemical Engineering Journal, 2018, 334: 1729-1739.

[12] Durrani S K, NAZ S, HAYAT K. Thermal analysis and phase evolution of nanocrystalline perovskite oxide materials synthesized via hydrothermal and self-combustion methods [J]. Journal of Thermal Analysis and Calorimetry volume, 2014, 115: 1371-1380.

[13] LI Ruijie, WEI Wenxin, HAI Jinling, et al. Preparation and electric-field response of novel tetragonal barium titanate [J]. Journal of Alloys and Compounds, 2013, 574: 212-216.

[14] JAMES O Eckert Jr, CATHERINE C Hung-Houston, BONNIE L Gersten, et al. Kinetics and mechanisms of hydrothermal synthesis of barium titanate [J]. Journal of the American Ceramic Society, 1996, 79 (11): 2929-2939.

[15] XIA Feng, LIU Jiwei, GU Dong, et al. Microwave absorption enhancement and electron microscopy characterization of $BaTiO_3$ nano-torus [J]. Nanoscale, 2011, 3 (9): 3860-3867.

[16] SUN Weian, PANG Yan, LI Junqin, et al. Particle coarsening Ⅱ: growth kinetics of hydrothermal $BaTiO_3$ [J]. Chemistry of Materials, 2007, 19 (7): 1772-1779.

[17] WU Xiaotian, XUE Qi, LI Songxia. Influence of TiO_2 on preparation of barium strontium titanate (BST) by hydrothermal method [J]. Piezoelectrics & Acoustooptics, 2017, 39 (5): 725-728.

[18] LIN Mengfang, VIJAY Kumar Thakur, EU Jin Tan, et al. Dopant induced hollow $BaTiO_3$ nanostructures for application in high performance capacitors [J]. Journal of Materials Chemistry, 2011, 21 (41): 16500-16504.

[19] ANDREA Lamberti, NADIA Garino, KATARZYNA Bejtka, et al. Synthesis of ferroelectric $BaTiO_3$ tube-like arrays by hydrothermal conversion of a vertically aligned TiO_2 nanotube carpet [J]. New Journal of Chemistry, 2014, 38 (5): 2024-2030.

[20] SAN Moon, HYUN-Wook Lee, CHANG-Hak Choi, et al. Influence of ammonia on properties of nanocrystalline barium titanate particles prepared by a hydrothermal method [J]. Journal of the American Ceramic Society, 2012, 95 (7): 2248-2253.

[21] HU Qingyuan, BIAN Jihong, PAVEL S Zelenovskiy, et al. Symmetry changes during relaxation process and pulse discharge performance of the $BaTiO_3$-$Bi(Mg_{1/2}Ti_{1/2})O_3$ ceramic [J]. Journal of Applied Physics, 2018, 124 (5): 054101.

[22] STASSI S, LAMBERTI A, LORENZONI M, et al. Multiscale measurements of piezoelectric response of hydrothermal converted $BaTiO_3$ 1D vertical arrays [J]. Applied Physics Letters, 2018, 113 (25): 253102.

[23] MARJETA Maček Kržmanc, HANA Uršič, ANTON Meden, et al. $Ba_{1-x}Sr_xTiO_3$ plates: Synthesis through topochemical conversion, piezoelectric and ferroelectric characteristics [J]. Ceramics International, 2018, 44 (17): 21406-21414.

[24] EIICHI Fukada, IWAO Yasuda. On the piezoelectric effect of bone [J]. Journal of the Physical Society Japan, 1954, 12: 1158-1162.

[25] MARINO A A, BECKER R O, SODERHOLM S C. Origin of the piezoelectric effect in bone [J]. Calcified tissue research, 1971, 8 (2): 177-180.

[26] PARK Joon B, LAKES Roderic S. Biomaterials: An intriduction [M]. New York: Plenum Press, 1992.

[27] TANG Yufei, WU Cong, ZHANG Ping, et al. Degradation behaviour of non-sintered graphene/barium titanate/magnesium phosphate cement bio-piezoelectric composites [J]. Ceramics International, 2020, 46 (8): 12626-12636.

[28] VISAN A, CRISTESCU R, STEFAN N, et al. Antimicrobial polycaprolactone/polyethylene glycol embedded lysozyme coatings of Ti implants for osteoblast functional properties in tissue engineering [J]. Applied Surface Science, 2016, 417: 234-243.

[29] GUO Yongyuan, LIU Bing, HU Beibei, et al. Antibacterial activity and increased osteoblast cell functions of zinc calcium phosphate chemical conversion on titanium [J]. Surface & Coating Technology, 2016, 294: 131-138.

4 钛表面生物压电缓释药物涂层

针对骨移植手术过程中可能存在的细菌感染风险，结合第 3 章所制备的 TiO_2 @ $BaTiO_3$ 同轴纳米管涂层，本章在钛表面 TiO_2@ $BaTiO_3$ 同轴纳米管中负载药物用于抗菌，通过利用压电效应所产生的电荷对盐酸万古霉素的吸引力，在纳米管涂层表面上形成了类似于“大坝”的高浓度盐酸万古霉素区域，研究“大坝”对纳米管内盐酸万古霉素扩散的影响。同时，在钛表面 TiO_2@ $BaTiO_3$ 同轴纳米管中载入纳米银，探讨压电效应能否对纳米银起到相同的拦截作用，以及压电效应对银扩散的影响。此外，还测试了压电效应对银离子在动物肝脏和肾脏中累积效果的影响。

4.1 钛表面 TiO_2@$BaTiO_3$ 同轴纳米管负载盐酸万古霉素生物压电涂层

负载盐酸万古霉素前后的 TiO_2@ $BaTiO_3$ 同轴纳米管表面形貌如图 4-1 所示。TiO_2@ $BaTiO_3$ 同轴纳米管的顶部存在空隙，有助于将盐酸万古霉素负载进纳米管中。同时，顶部生成的钛酸钡延伸到纳米管的外部。TiO_2@ $BaTiO_3$ 同轴纳米管的截面图显示纳米管壁由两层组成，外层为二氧化钛，内层为钛酸钡。TiO_2@ $BaTiO_3$ 同轴纳米管负载盐酸万古霉素（TiO_2@ $BaTiO_3$-V）涂层的顶部形貌如图 4-1（c）所示，TiO_2@ $BaTiO_3$-V 涂层和 TiO_2@ $BaTiO_3$ 涂层在顶部形貌上没有明显差异。横截面形貌显示 TiO_2@ $BaTiO_3$ 纳米管的内部和外表面被一层物质包裹，猜测可能是盐酸万古霉素。在制备 TiO_2@ $BaTiO_3$-V 涂层的过程中，同轴纳米管涂层表面浸没在盐酸万古霉素的水溶液中，在真空的作用下，同轴纳米管中的空气被排出，同时溶液在大气压的作用下进入同轴纳米管中，逐步覆盖在 TiO_2@ $BaTiO_3$ 同轴纳米管的内表面和上表面，而上表面残余的盐酸万古霉素在最后清洗过程流失，导致 TiO_2@ $BaTiO_3$-V 涂层和 TiO_2@ $BaTiO_3$ 涂层顶部形貌并无显著的区别。

TiO_2@ $BaTiO_3$ 涂层、TiO_2@ $BaTiO_3$-V 涂层和极化后的 TiO_2@ $BaTiO_3$-V 涂层［标记为 TiO_2@ $BaTiO_3$-V(P) 涂层］的物相组成如图 4-2 所示。TiO_2@ $BaTiO_3$-V 涂层和 TiO_2@ $BaTiO_3$ 涂层物相主要由 TiO_2 和 $BaTiO_3$ 组成，其中二氧化钛对应的 JCPDS 卡片编号为 02-0406、钛酸钡对应的 JCPDS 卡片编号为 89-1428，并没有明显的其他物质的特征峰出现。同时，TiO_2@ $BaTiO_3$-V(P) 涂层也无明显的变化。

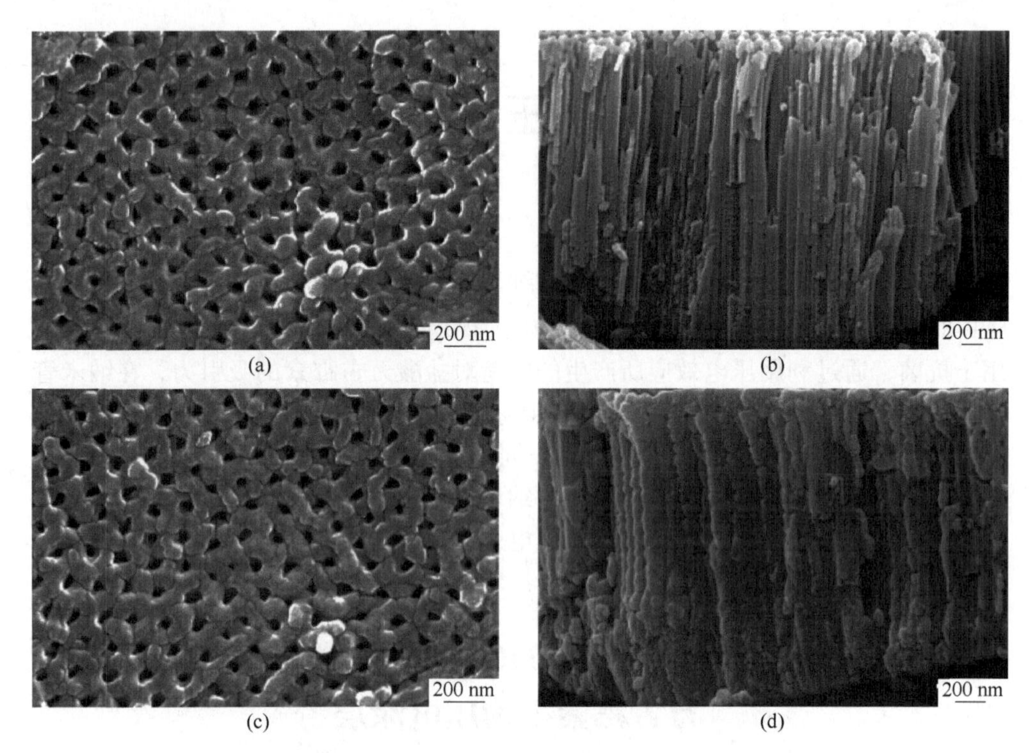

图 4-1　TiO_2@ $BaTiO_3$ 涂层和 TiO_2@ $BaTiO_3$-V 涂层的形貌

（a）TiO_2@ $BaTiO_3$ 涂层的俯视图；（b）TiO_2@ $BaTiO_3$ 涂层的截面图；

（c）TiO_2@ $BaTiO_3$-V 涂层的俯视图；（d）TiO_2@ $BaTiO_3$-V 涂层的截面图

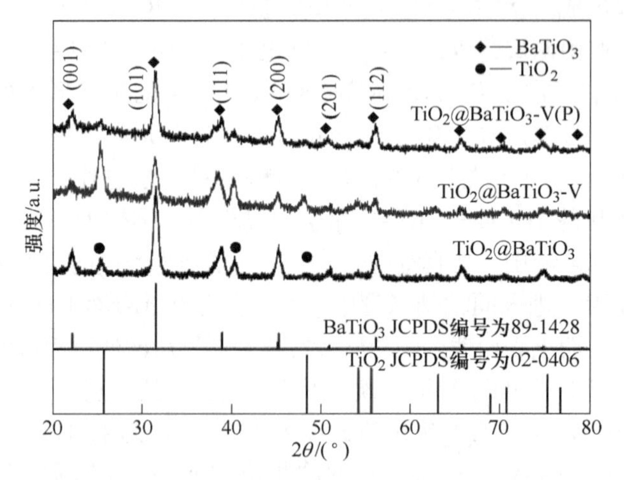

图 4-2　TiO_2@ $BaTiO_3$ 涂层、TiO_2@ $BaTiO_3$-V 涂层

和 TiO_2@ $BaTiO_3$-V(P) 涂层的 XRD 谱图

TiO_2@$BaTiO_3$-V 涂层的 XRD 测试结果中并未发现盐酸万古霉素，因此采用红外光谱对 TiO_2@$BaTiO_3$-V 涂层中所负载的盐酸万古霉素进行表征，结果如图 4-3 所示。在 1645 cm^{-1}处的特征峰对应盐酸万古霉素的酰胺Ⅰ峰，1489 cm^{-1}处的特征峰对应盐酸万古霉素的酰胺Ⅱ峰，1395 cm^{-1}处的特征峰对应 C—H 键的弯曲振动吸收峰。红外光谱图结果表明 TiO_2@$BaTiO_3$-V 涂层中存在盐酸万古霉素。

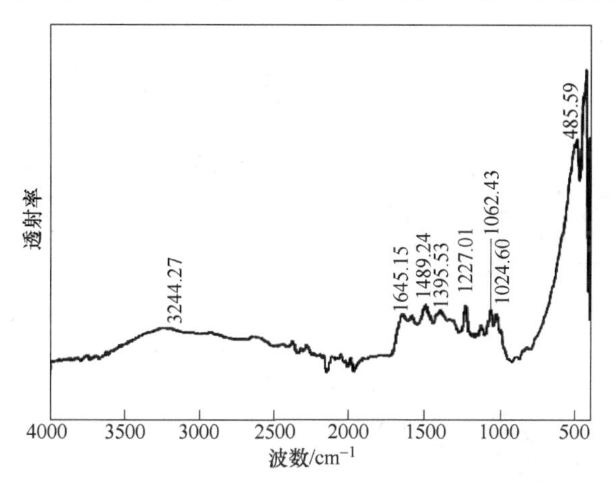

图 4-3 TiO_2@$BaTiO_3$-V 同轴纳米管涂层的红外光谱

TiO_2@$BaTiO_3$-V 涂层的成分和形貌表明，盐酸万古霉素负载在 TiO_2@$BaTiO_3$ 纳米管中，但纳米管中部是否有盐酸万古霉素，以及盐酸万古霉素所载的深度仍未明确。因此，采用 XPS 深度分析进一步对 TiO_2@$BaTiO_3$-V 涂层进行分析，结果如图 4-4 所示。从图中可以看出，TiO_2@ $BaTiO_3$-V 涂层表面和表面以下 2 μm 处的 XPS 全谱中都有 Ba、O、C、N 的特征峰存在，对应涂层中钛酸钡和盐酸万古霉素的元素组成。

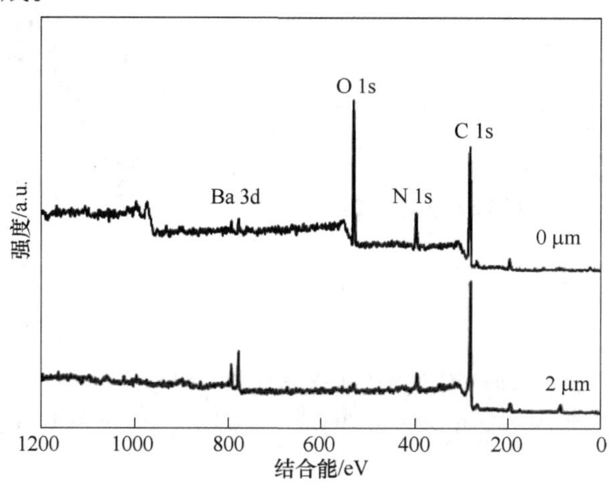

图 4-4 TiO_2@$BaTiO_3$-V 涂层的 XPS 深度分析全谱图

为了进一步表征 TiO_2@ $BaTiO_3$-V 涂层表面和表面以下 2 μm 处的 Ba 3d 峰、C 1s 峰、N 1s 峰的差别，对 Ba 3d 峰、C 1s 峰、N 1s 峰分别进行了分峰处理，结果如图 4-5 所示。

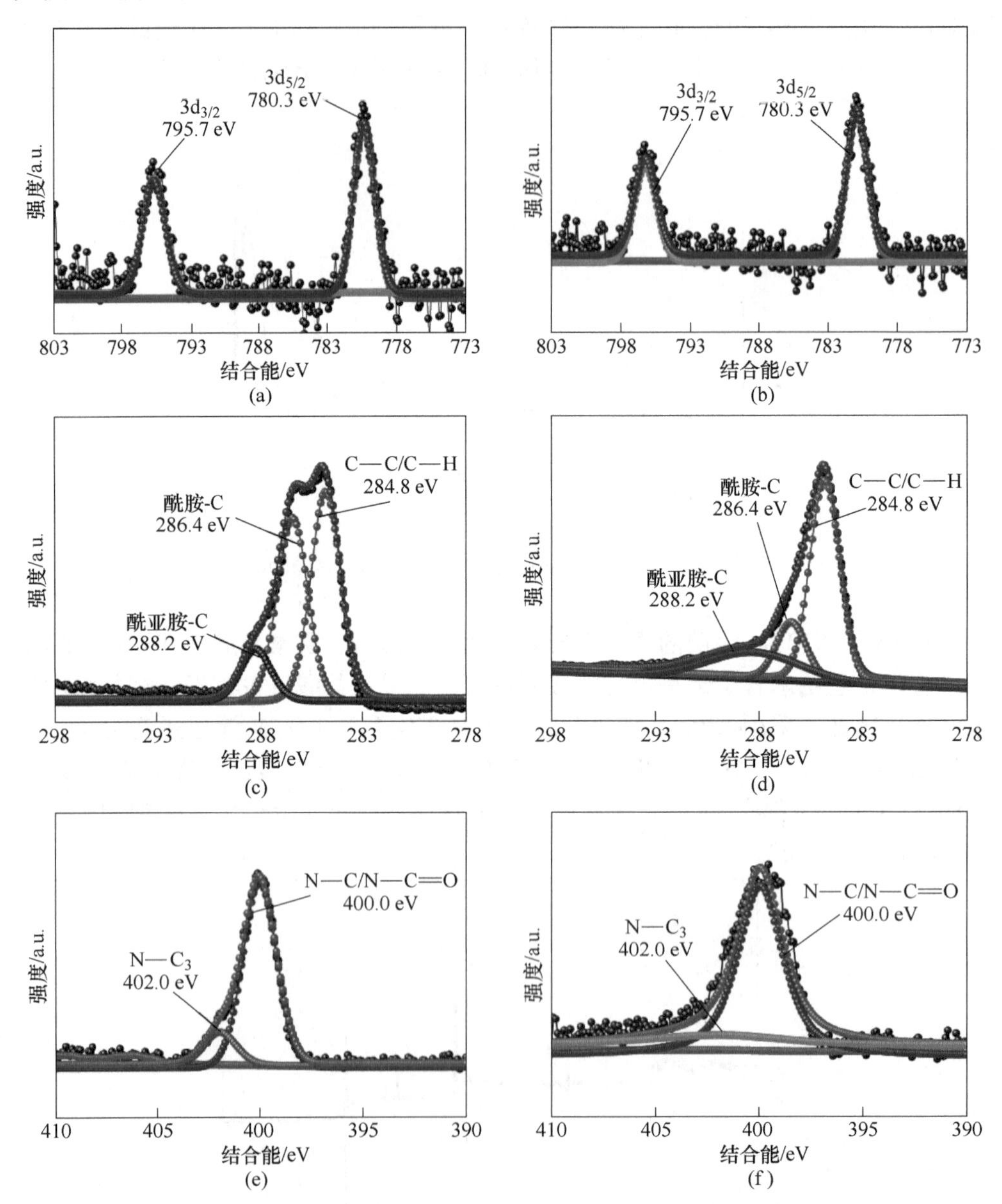

图 4-5　不同深度的 TiO_2@ $BaTiO_3$-V 涂层的 Ba 3d，C 1s，N 1s XPS 分峰

(a) Ba 3d，0 μm；(b) Ba 3d，2 μm；(c) C 1s，0 μm；(d) C 1s，2 μm；(e) N 1s，0 μm；(f) N 1s，2 μm

TiO_2@ $BaTiO_3$-V 涂层表面和表面以下 2 μm 处的 Ba 3d 可分为两个能级：Ba

$3d_{3/2}$(795.7 eV) 和 Ba $3d_{5/2}$(780.3 eV)，这两个分峰对应钙钛矿 $BaTiO_3$ 中的钡原子。涂层的表面和表面以下 2 μm 处的分峰无明显的区别，说明钛酸钡存在于涂层的表面和内部。C 1s 峰可分为三个峰，284.8 eV 处的特征峰对应于在测试过程中引入的有机碳（C—C/C—H），286.4 eV 处的特征峰对应于盐酸万古霉素的酰胺-C，288.2 eV 处的特征峰对应于盐酸万古霉素的酰亚胺-C。N 1s 峰在 400 eV 处的特征峰对应盐酸万古霉素的 N—C_3，402.0 eV 处的特征峰对应盐酸万古霉素的 N—C/N—C ═ O，值得注意的是，在表面以下 2 μm 处的 XPS 分析结果与表面上的结果基本一致，表明盐酸万古霉素被负载在 TiO_2@$BaTiO_3$ 同轴纳米管的顶部和纳米管中。

4.1.1 负载盐酸万古霉素生物压电涂层的制备

将盐酸万古霉素溶于去离子水形成浓度为 100 μg/mL 的水溶液，然后，将 100 μL 溶液滴加到 TiO_2@$BaTiO_3$ 同轴纳米管涂层表面（10 mm×10 mm×1 mm）；样品在真空干燥箱中干燥 2 h，然后轻轻洗涤表面上的残留药物。重复这些步骤三遍，样品表面上载药量为 300 μg/mm^2。负载盐酸万古霉素的 TiO_2@$BaTiO_3$ 纳米管涂层标记为 TiO_2@$BaTiO_3$-V。最后，将 TiO_2@$BaTiO_3$-V 涂层（10 mm×10 mm×1 mm）极化，极化工艺参数与 TiO_2@$BaTiO_3$ 同轴纳米管涂层极化工艺参数相同。

4.1.2 压电效应影响纳米管中盐酸万古霉素释放的“大坝效应”

为解决纳米管在释药过程中出现爆释的问题，将盐酸万古霉素负载进 TiO_2@$BaTiO_3$ 纳米管中，通过极化后使得 TiO_2@$BaTiO_3$-V 涂层获得压电性能，探讨极化与未极化状态下的盐酸万古霉素从钛表面 TiO_2@$BaTiO_3$-V 涂层的释放过程，结果如图 4-6 所示。TiO_2@$BaTiO_3$-V 涂层中盐酸万古霉素的释放过程分为两个阶段：初期的快速释放过程和后期的稳定释放过程。在盐酸万古霉素开始从 TiO_2@$BaTiO_3$-V 涂层中释放的最初 24 h 内，约有 70%的盐酸万古霉素迅速地从载药涂层中释放出来；随后，盐酸万古霉素的释放显示出稳定的扩散过程。与 TiO_2@$BaTiO_3$-V 涂层不同，TiO_2@$BaTiO_3$-V(P) 涂层的释放过程包括三个阶段，即高速释放（0~4 h）、中速释放（4~24 h）和稳定释放（24~168 h）。同时，在 24 h 内仅有 31%的盐酸万古霉素从涂层中释放出来。图 4-6 中的盐酸万古霉素释放曲线说明，压电效应延迟了 TiO_2@$BaTiO_3$-V 涂层中盐酸万古霉素的释放。

TiO_2@$BaTiO_3$-V 涂层和 TiO_2@$BaTiO_3$-V(P) 涂层中盐酸万古霉素的释放机理如图 4-7 所示。盐酸万古霉素浓度差异是影响其从 TiO_2@$BaTiO_3$ 同轴纳米管中自由扩散的主要因素。TiO_2@$BaTiO_3$-V 涂层的在第一阶段（0~12 h），由于 TiO_2@$BaTiO_3$ 同轴纳米管内外的盐酸万古霉素浓度差异大，同轴纳米管中的盐酸

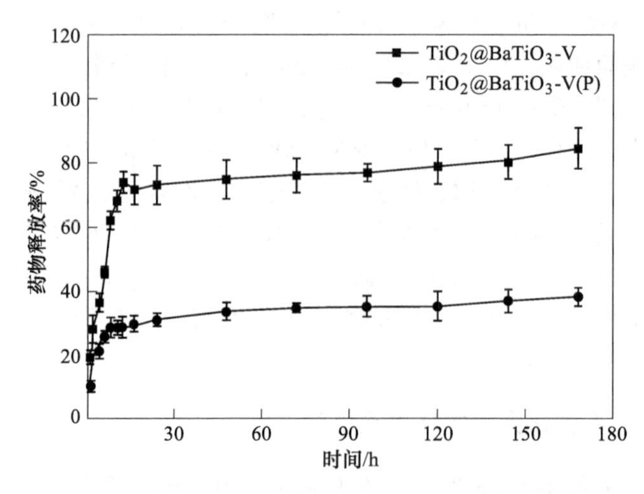

图 4-6　极化和未极化的钛表面 TiO_2@ $BaTiO_3$-V 同轴纳米管涂层药物释放曲线

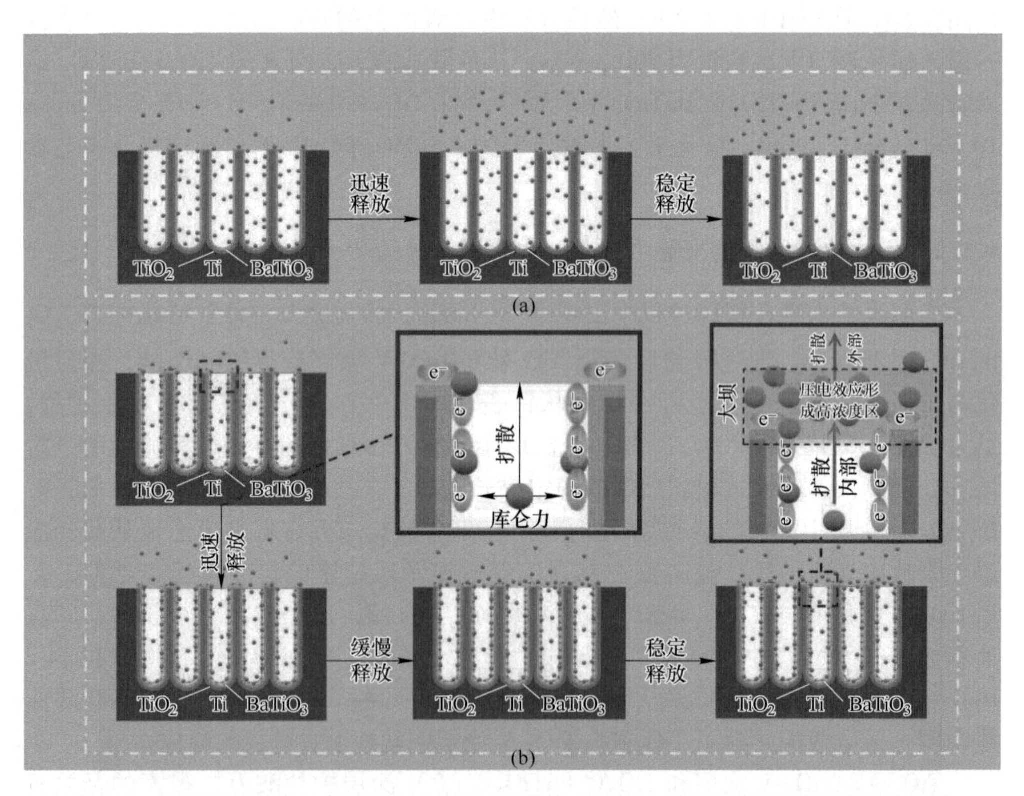

图 4-7　盐酸万古霉素负载 TiO_2@ $BaTiO_3$ 纳米管中被压电效应阻断的药物释放示意图

（a）TiO_2@ $BaTiO_3$-V；（b）TiO_2@ $BaTiO_3$-V（P）

万古霉素迅速释放出来。同时，TiO_2@ $BaTiO_3$ 同轴纳米管的结构为直通式，盐酸万古霉素的释放过程主要为自由扩散，且释放过程并未受到来自结构或者其他外在因素的影响，因此 TiO_2@ $BaTiO_3$ 同轴纳米管中的盐酸万古霉素在初期被迅速地释放。随着盐酸万古霉素的迅速释放，同轴纳米管内外的盐酸万古霉素的浓度差异逐渐变小，其自由释放的动力也逐渐降低。经过 12 h 的自由扩散，同轴纳米管内外的盐酸万古霉素浓度差异进一步减小，涂层中盐酸万古霉素的扩散过程进入稳定的扩散阶段，如图 4-7（a）所示。

与 TiO_2@ $BaTiO_3$-V 涂层的过程不同，TiO_2@ $BaTiO_3$-V(P) 涂层的释放过程分为三个阶段。盐酸万古霉素在内外浓度差的作用下，在第一阶段（0~4 h）也表现出迅速释放。在压电效应的作用下，对电荷敏感的盐酸万古霉素在自由扩散过程中受到表面电荷的阻力，扩散速度下降。同时，在扩散出 TiO_2@ $BaTiO_3$-V 同轴纳米管的表面后，由于盐酸万古霉素具有对电性敏感的特性，会被涂层表面形成的残留电荷吸引，吸附在同轴纳米管表面，从而导致盐酸万古霉素大量地聚集，逐渐形成了类似于“大坝”的高浓度盐酸万古霉素聚集区。随着“大坝”在 TiO_2@ $BaTiO_3$-V 同轴纳米管涂层的表面形成，同轴纳米管内部的盐酸万古霉素的自由扩散发生了变化，由最初的从同轴纳米管中扩散到同轴纳米管的外部改变为从同轴纳米管中扩散到“大坝”中，再从“大坝”扩散到“大坝”外。由于“大坝”的存在，盐酸万古霉素从同轴纳米管中扩散出来的速率下降，在释放的 4~18 h 中出现了缓慢释放的第二阶段。随着药物释放的进一步进行，同轴纳米管中的药物浓度和“大坝”中药物浓度的差异逐渐变小，浓度差异提供的扩散动力和电荷之间作用存在的阻力之间差距逐渐变小，同时“大坝”内和“大坝”外药物的浓度差异也逐渐变小，扩散动力和扩散阻力也逐渐变小，最终同轴纳米管中的盐酸万古霉素的释放进入稳定释放阶段（见图 4-7（b））。

4.1.3 负载盐酸万古霉素生物压电涂层的抗菌性能

盐酸万古霉素是一种糖肽类抗生素，其作用机制是以高亲和力结合到敏感细菌细胞壁前体肽聚末端的丙氨酰丙氨酸，阻断构成细菌细胞壁的高分子肽聚糖合成，导致细胞壁缺损而杀灭细菌。此外，它也可能改变细菌细胞膜渗透性，并选择性地抑制 RNA 的合成。盐酸万古霉素为窄谱抗生素，仅对革兰阳性菌有效。因此，采用金黄色葡萄球菌为实验菌种，研究在相同载药量的钛表面 TiO_2@ $BaTiO_3$-V 和 TiO_2@ $BaTiO_3$-V(P) 涂层在 PBS 中释放不同时间后涂层所具有的抗菌性能，探讨压电作用对涂层所具有的抗菌效应影响。以纯钛作为对照组，TiO_2@ $BaTiO_3$-V和 TiO_2@ $BaTiO_3$-V(P) 涂层经过不同时间的 PBS 浸泡后，在其表面接种金黄色葡萄球菌，共培养 1 天后，涂层表面细菌数量和形貌如图 4-8 所示。

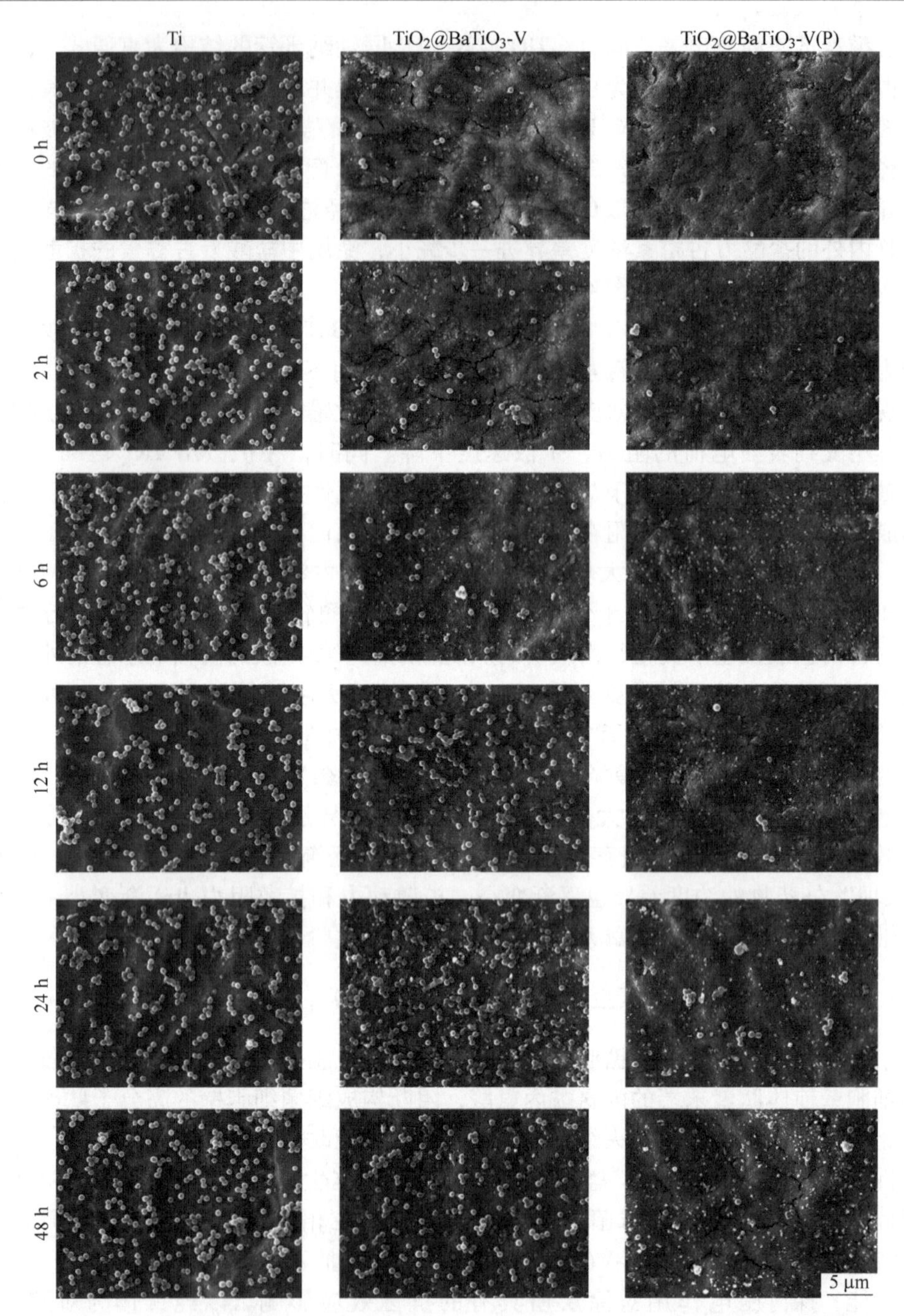

图 4-8　与金黄色葡萄球菌共培养 24 h 的 Ti、TiO_2@ $BaTiO_3$-V 和 TiO_2@ $BaTiO_3$-V(P) 涂层表面的细菌形态

（共培养前将样品浸泡在 PBS 中分别为 0 h、2 h、6 h、12 h、24 h 和 48 h）

纯钛表面被大量的球状金黄色葡萄球菌覆盖，随着纯钛在 PBS 中浸泡时间的增加，其表面细菌的数量和形态无明显的变化，纯钛本身和 PBS 浸泡对金黄色葡萄球菌并无抗菌作用。未浸泡的 TiO_2@$BaTiO_3$-V 涂层表现出良好的抗菌性能，其表面只有零星的金黄色葡萄球菌。随着涂层浸泡时间的增长，其表面的细菌数量逐渐增加，当浸泡时间为 12 h 时，涂层表面附着了大量的金黄色葡萄球菌，数量与纯钛组之间并无显著性差异。在 PBS 中浸泡 12 h 后，TiO_2@$BaTiO_3$-V 涂层中的盐酸万古霉素被大量地释放出来，同轴纳米管中盐酸万古霉素的含量较低，当与金黄色葡萄球共培养时，释放出来的盐酸万古霉素的浓度不足以杀死绝大多数的金黄色葡萄球菌。浸泡 24 h 和 48 h 后的 TiO_2@$BaTiO_3$-V 涂层的抗菌效果与纯钛之间并无显著性区别。值得注意的是，相比于纯钛，TiO_2@$BaTiO_3$-V 涂层表面经过 PBS 浸泡 48 h 后，其表面除了有细菌黏附外，在基体上发现有萎缩的细菌。TiO_2@$BaTiO_3$-V 涂层虽然经过 48 h 的 PBS 浸泡，盐酸万古霉素被大量地释放了出来，但内部仍有少量的盐酸万古霉素的存在；当与细菌共培养时，少量的盐酸万古霉素的释放速率和释放的量都较低，不足以阻止大量的金黄色葡萄球菌黏附。当金黄色葡萄球菌黏附在涂层表面后，同轴纳米管中的盐酸万古霉素会持续地释放，导致部分细菌呈现出萎缩的状态。与未极化组相同，TiO_2@$BaTiO_3$-V(P) 涂层表面未进行模拟体液浸泡的表面未见细菌黏附。随着浸泡时间的延长，TiO_2@$BaTiO_3$-V(P) 涂层的表面逐渐出现零星的细菌，浸泡 48 h 后，其表面仍然只有零星的细菌黏附。图 4-8 表明经过 48 h 的释放，TiO_2@$BaTiO_3$-V(P) 涂层中具有比 TiO_2@$BaTiO_3$-V 涂层更多的盐酸万古霉素，因此与金黄色葡萄球菌共培养后，TiO_2@$BaTiO_3$-V(P) 涂层表现出更好的抗菌效果。

TiO_2@$BaTiO_3$-V 涂层和 TiO_2@$BaTiO_3$-V(P) 涂层在 PBS 中释放不同时间后涂层所具有的抗菌性能结果表明：在 48 h 内具有压电效应的 TiO_2@$BaTiO_3$-V(P) 涂层表现出较好的抗菌性能。为了进一步表征压电效应影响下 TiO_2@$BaTiO_3$-V 涂层所具有的抗菌持久特性，将 TiO_2@$BaTiO_3$-V 涂层和 TiO_2@$BaTiO_3$-V(P) 涂层分别浸入 PBS 中 1 天、4 天、7 天后，纯钛作为对照组。取出完成浸泡后的样品并与金黄色葡萄球菌共培养 1 天后，对涂层表面黏附的细胞进行死活染色，活细菌显示为绿色，死细菌为橙色，结果如图 4-9 所示。与短期的浸泡相似，纯钛组表面染色结果显示出大量绿色的小点，随着浸泡时间的增长，表面绿色的小点无明显的变化。说明纯钛组表面被大量活的金黄色葡萄球菌覆盖，纯钛并无抗菌性能。

TiO_2@$BaTiO_3$-V 涂层在 PBS 中浸泡 1 天后，涂层表面几乎无明显的绿色或者橙色的小点存在，表面无活细菌黏附。随着涂层在 PBS 中浸泡时间的增加，TiO_2@$BaTiO_3$-V 涂层表面的绿色的小点和橙色的小点逐渐增多，表明随着浸泡时间的增加，其表面黏附的死细菌和活细菌的数量逐渐增加，也从侧面表明随着浸

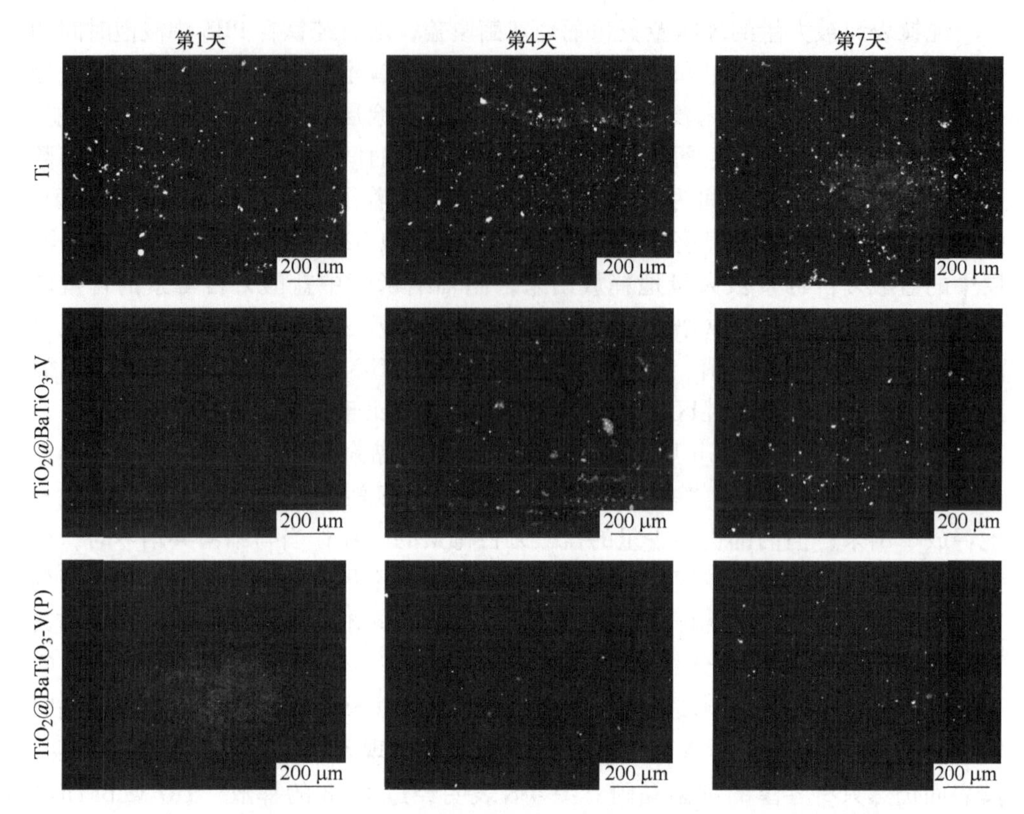

图 4-9　在 PBS 中浸泡 1 天、4 天和 7 后的 Ti、TiO_2@ $BaTiO_3$-V 和 TiO_2@ $BaTiO_3$-V(P)
涂层与金黄色葡萄球菌共培养 1 天后的荧光染色结果
（活菌显示为绿色，死菌显示为橙色）

泡的进行 TiO_2@ $BaTiO_3$-V 涂层中的盐酸万古霉素被大量地释放出去，涂层中剩余的盐酸万古霉素的含量逐渐减少，导致涂层的抗菌性能降低。TiO_2@ $BaTiO_3$-V(P) 涂层的荧光染色结果表明，尽管在 PBS 中浸泡 7 天后，涂层表面只有少量的橙色小点，并无绿色的小点。说明涂层表面并无活细菌黏附，只有少量死细菌黏附。由图 4-9 的结果可知，TiO_2@ $BaTiO_3$-V 涂层在压电的作用下，其内部的盐酸万古霉素的释放被限制，PBS 中浸泡 7 天后其内部仍有大量的药物存留。因此在其表面接种大量的细菌后，涂层内部的药物会逐步释放出来，阻止培养液中的细菌黏附，即使有一部分细菌黏附在涂层的表面，TiO_2@ $BaTiO_3$ 同轴纳米管中的盐酸万古霉素会在后续的释放过程中将其杀死。

4.1.4　负载盐酸万古霉素生物压电涂层的细胞相容性

通过 MTT 实验，验证了 TiO_2@ $BaTiO_3$-V 涂层对成骨细胞的毒性，结果如图 4-10 所示。从图中可以看出，各组的吸光度值随着培养时间的增加而逐渐增加。

TiO_2@$BaTiO_3$ 涂层的吸光度值在第 1 天时和对照组的吸光度值基本一致，而随着培养时间的延长，第 4 天和第 7 天的吸光度值稍微高于对照组。载药后的 TiO_2@$BaTiO_3$-V 涂层的吸光度值在第 1 天、第 4 天时低于对照组，在第 7 天时也低于对照组。TiO_2@$BaTiO_3$-V(P) 涂层的吸光度值与 TiO_2@$BaTiO_3$-V 涂层的变化趋势一致，所有组之间并无显著性差异。MTT 实验结果表明，所制备的涂层对成骨细胞无毒性作用，具有良好的生物相容性。

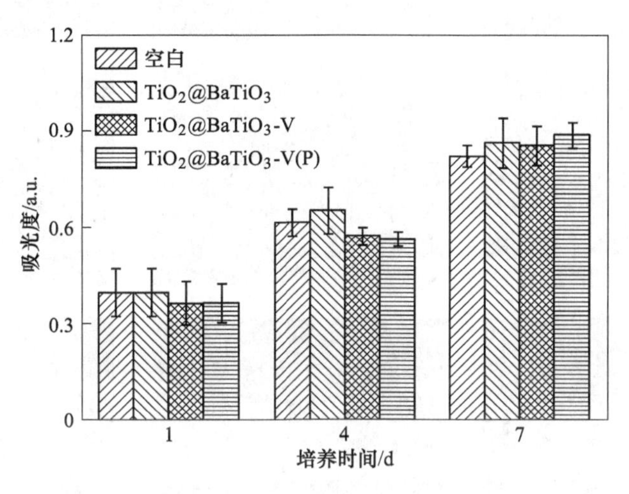

图 4-10 钛表面 TiO_2@$BaTiO_3$-V 涂层的 MTT 分析

图 4-11 为钛表面 TiO_2@$BaTiO_3$ 同轴纳米管负载盐酸万古霉素涂层与成骨细胞共培养 1 天、4 天、7 天后，成骨细胞在涂层表面黏附的形貌。随着共培养时间的增加，纯钛表面细胞的数量逐渐增加（如图 4-11 中红色箭头所标），TiO_2@$BaTiO_3$ 同轴纳米管也表现出较好的细胞黏附特性，随着共培养时间的增加，TiO_2@$BaTiO_3$ 同轴纳米管表面的细胞数量也逐渐增加。TiO_2@$BaTiO_3$-V 涂层和 TiO_2@$BaTiO_3$-V(P) 涂层也表现出相同的变化规律。值得注意的是，TiO_2@$BaTiO_3$-V(P) 涂层表面的细胞形态显著舒展开来，如图 4-11 中小箭头所示；主要是因为对涂层进行极化后，TiO_2@$BaTiO_3$-V(P) 涂层具有压电效应，其表面的负电荷有利于成骨细胞的黏附和增殖。

4.1.5 负载盐酸万古霉素生物压电涂层的体内相容性

除体外生物相容性的表征外，还将 TiO_2@$BaTiO_3$ 样品植入大鼠皮下 15 天，评估由涂层引起的异物反应。由涂层引起的炎症反应所形成的纤维化形态如图 4-12（a）所示。从图中可以看出，TiO_2@$BaTiO_3$-V 涂层和 TiO_2@$BaTiO_3$-V(P) 涂层所引起的纤维囊厚度比纯钛所引起的纤维囊的厚度要薄得多。TiO_2@$BaTiO_3$-V(P) 涂层所引起的纤维囊厚度略薄于 TiO_2@$BaTiO_3$-V 涂层引起的纤维化囊厚

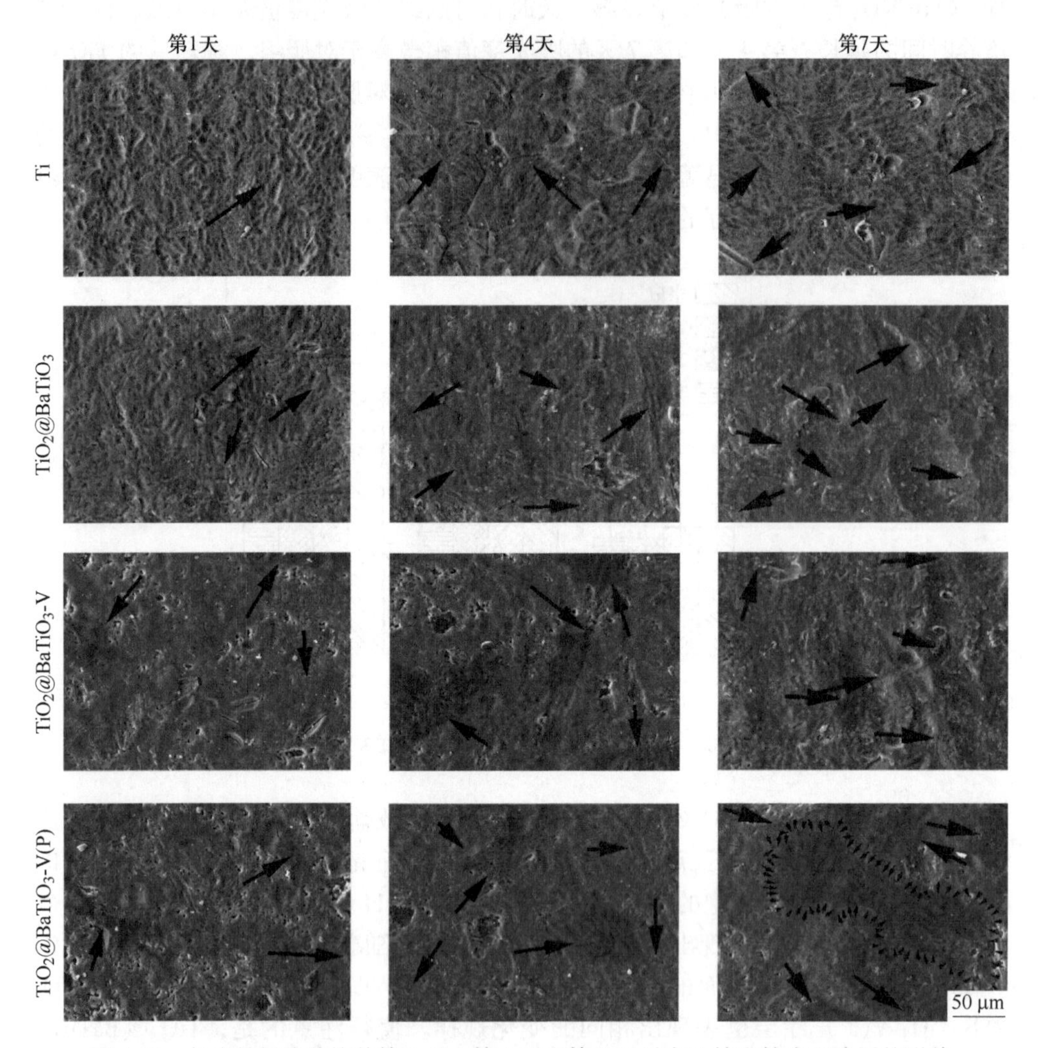

图 4-11 与成骨细胞共培养第 1 天、第 4 天和第 7 天后在纯钛和钛表面涂层的形貌

度，但未观察到统计学差异，如图 4-12（c）所示。同时，通过对涂层表面所接触的周围组织切片的免疫荧光染色进一步评估巨噬细胞的炎症反应特性，结果如图 4-12（b）所示，其中蓝色的为正常细胞的细胞核，红色的代表巨噬细胞。从图中可以看出 cd68 阳性细胞在钛周围的组织中含量高，并且巨噬细胞相对于总细胞的百分数在三组中最高。同样，TiO_2@ $BaTiO_3$-V(P) 涂层周围组织中的巨噬细胞百分数略低于 TiO_2@ $BaTiO_3$-V 涂层周围组织的百分数，但差异无统计学差异，如图 4-12（b）和（c）所示。形态学和免疫组化结果表明，TiO_2@ $BaTiO_3$-V(P) 涂层比钛或 TiO_2@ $BaTiO_3$-V 涂层更容易被体内所接受。

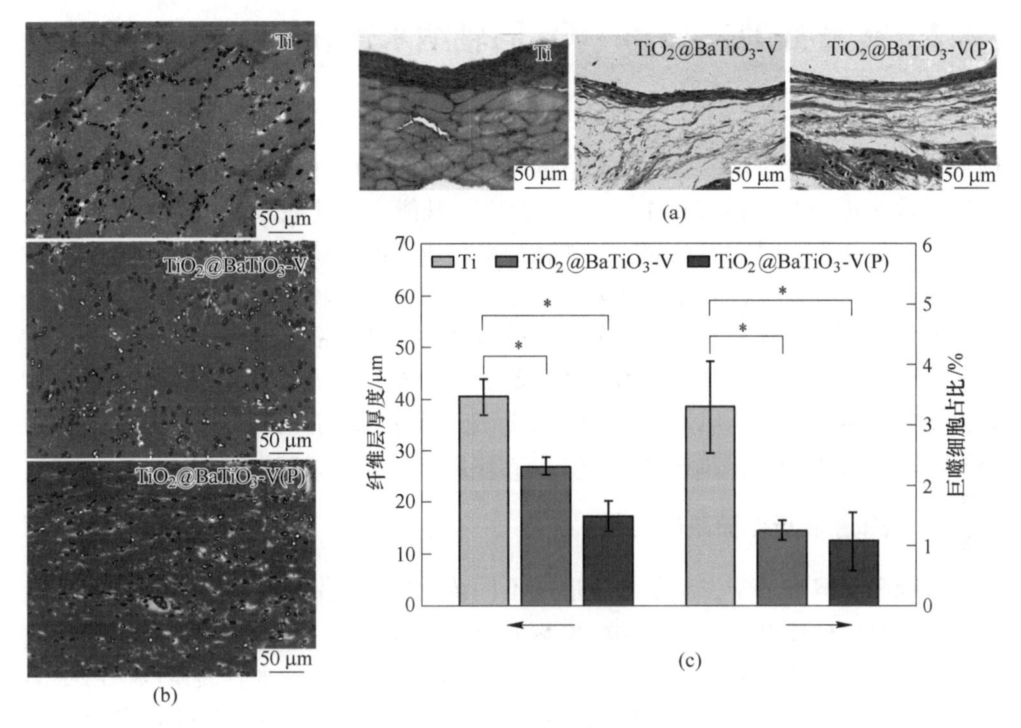

图 4-12 样品的体内生物相容性

（a）在大鼠体内植入 15 天后，用苏木精和曙红染色的样品附近的软组织的光学显微照片；
（b）植入大鼠体内 15 天后，在样品附近的 cd68 阳性细胞和软组织复染细胞的共聚焦显微照片；
（c）纤维囊的厚度和各种样品募集的 cd68 阳性细胞的比例，当 $p<0.05$（ * ）时，有显著差异

通过将盐酸万古霉素负载在 TiO_2@ $BaTiO_3$ 同轴纳米管中，制备出了具有抗菌作用的钛表面生物压电涂层。利用压电效应在涂层表面所形成的表面电荷对盐酸万古霉素的吸引作用，在涂层的表面形成了类似于“大坝”的高浓度盐酸万古霉素作用区，并实现了盐酸万古霉素从 TiO_2@ $BaTiO_3$ 同轴纳米管中释放出来的两个平衡体系。其中，一个平衡体系是盐酸万古霉素从 TiO_2@ $BaTiO_3$ 同轴纳米管中释放到“大坝”中，另一个平衡体系是盐酸万古霉素从“大坝”中扩散到“大坝”外的扩散平衡。TiO_2@ $BaTiO_3$-V 涂层的残余电荷降低了盐酸万古霉素从涂层中扩散出来的速率。7 天累积释放量的对比结果表明，TiO_2@ $BaTiO_3$-V(P）涂层比 TiO_2@ $BaTiO_3$-V 涂层累积释放量降低了 54.8%，TiO_2@ $BaTiO_3$-V(P）涂层对金黄色葡萄球菌具有持久的抗菌作用。此外，TiO_2@ $BaTiO_3$-V(P）涂层表面的负电荷对成骨细胞的生长有促进作用，并且 TiO_2@ $BaTiO_3$-V(P）涂层比纯钛或 TiO_2@ $BaTiO_3$-V 涂层更容易被体内所接受。

4.2　钛表面 TiO_2@$BaTiO_3$ 同轴纳米管载银生物压电涂层

通过在 TiO_2@$BaTiO_3$ 同轴纳米管涂层中负载盐酸万古霉素，涂层中的钛酸钡所具有的压电效应对盐酸万古霉素的释放起到阻拦的作用，形成了类似于“大坝”的高浓度盐酸万古霉素作用区。“大坝”既能实现盐酸万古霉素的缓慢释放从而达到延长作用时间的目的，又能在局部形成高的药物浓度区域增强盐酸万古霉素的作用。但由于盐酸万古霉素只对革兰氏阳性菌有较好的抗菌效果，不具备广谱性，并不足以解决实际中细菌感染的风险。而纳米银具有广谱抗菌性，且银离子对负电荷也敏感，因此将纳米银载入钛表面 TiO_2@$BaTiO_3$ 同轴纳米管中，研究了同轴纳米管中压电效应对银离子释放过程的影响，探讨了钛表面 TiO_2@$BaTiO_3$ 载银涂层的广谱抗菌性，并在动物体内评估了涂层的安全性。

4.2.1　载银生物压电涂层的制备

将硝酸银溶液溶于去离子水中形成不同浓度的硝酸银水溶液，TiO_2@$BaTiO_3$ 同轴纳米管涂层样品被浸泡在硝酸银溶液中并超声 5 min，浸泡 5 min 后取出，使用去离子水对样品表面进行清洗，去除表面硝酸银溶液和纳米管表层的硝酸银溶液。烘干清洗后的样品后，将样品放置在 300 W 的汞灯下照射 30 min，将硝酸银充分地转变成纳米银颗粒后，即可在钛表面形成 TiO_2@$BaTiO_3$ 同轴纳米管载银涂层，涂层的极化工艺与 TiO_2@$BaTiO_3$ 同轴纳米管阵列涂层极化工艺参数相同。

4.2.2　压电效应对载银生物压电涂层缓释的影响机理

通过对涂层进行 5 天的非累积释药浓度测试实验，得到 TiO_2@$BaTiO_3$ 同轴纳米管负载纳米银涂层在 PBS 中的银离子释放曲线，结果如图 4-13 所示。从图中可以看出，不同载银量的 TiO_2@$BaTiO_3$ 同轴纳米管载银涂层的变化规律一致，都是呈现出先增大后降低的趋势，同时载银量越多，在初期有更多的银离子从 TiO_2@$BaTiO_3$ 同轴纳米管载银涂层中被释放出来。值得注意的是，第一天的释放量低于第二天的释放量。造成这个结果的主要原因是在载银涂层制备过程中，为了降低初期爆释对人体新陈代谢的负担，载银涂层的表面（即 TiO_2@$BaTiO_3$ 同轴纳米管的顶部）的硝酸银在制备过程中被清洗，导致涂层表面的银单质含量较少，在释放的初期，纳米管涂层内外的浓度差较小，释放出的银离子浓度也就较低。

为了研究 TiO_2@$BaTiO_3$ 同轴纳米管载银涂层在银离子释放过程中出现的释放初期银离子浓度较低的主要原因，通过 XPS 分析了 BT-Ag 0.4 涂层不同深度下的 Ag 3d 分峰，结果如图 4-14 所示。从图中可以看出，载入 BT-Ag 0.4 涂层中银

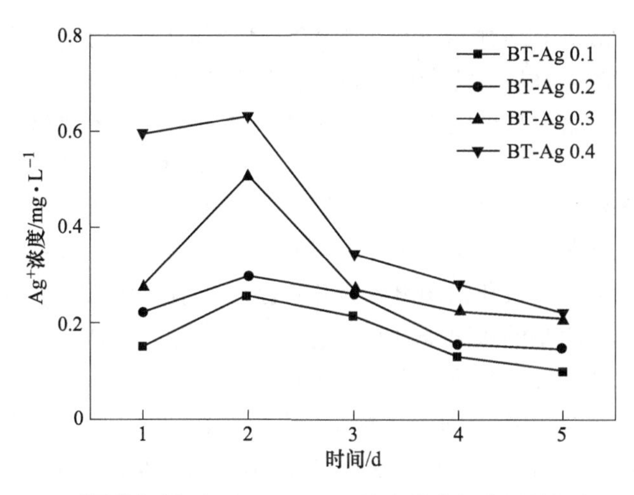

图 4-13 不同载银量下 TiO_2@ $BaTiO_3$ 纳米管载银涂层的银离子释放

都是以单质的形式存在，不同深度下峰强度的结果表明，单质银在涂层的表面含量最低，在涂层表面以下 0.5 μm 处的银元素含量高于涂层表面的银元素含量，涂层表面以下 1 μm 处的银元素含量与 0.5 μm 处的银元素含量相近但略低于中部的银含量。

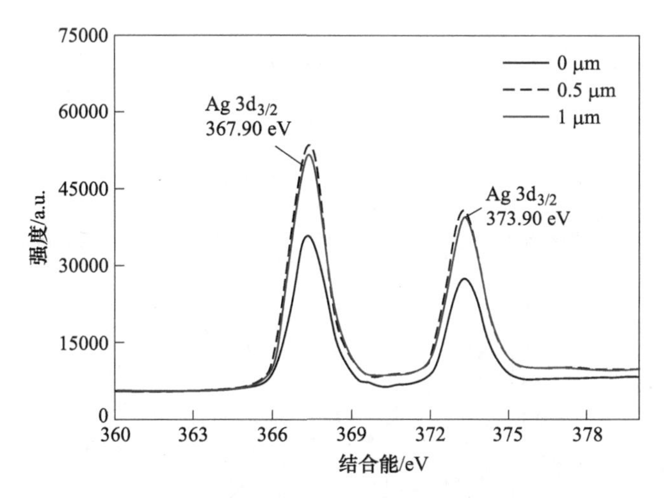

图 4-14 钛表面 TiO_2@ $BaTiO_3$ 纳米管载银涂层表面及表面以下不同深度的 Ag 3d 分峰

为探讨 TiO_2@ $BaTiO_3$ 纳米管载银涂层是否也适用“大坝”效应，以 BT-Ag 0.4 涂层为研究对象，将 BT-Ag 0.4 涂层浸泡在 PBS 中 1 天、3 天、5 天后，通过测量距离样品表面不同距离的 PBS 中银离子的浓度，分析极化处理后具有压电效应和不具有压电效应对涂层中银离子释放的影响，结果如图 4-15 所示。从图中可知，与涂层表面距离越远的位置，银离子的浓度越低。这是因为 BT-Ag 0.4 涂层中的银离子扩散进 PBS 中遵循第一扩散定律，即从高浓度扩散到低浓度。银离子从涂层表面扩散出来后，逐渐向外部扩散导致距离涂层表面越近浓度越高。极化后的 BT-Ag 0.4 涂层与未极化的 BT-Ag 0.4 涂层相比，距离涂层表面较近的位置具有更高的银离子浓度。距离涂层表面为 40 mm 处未极化的 BT-Ag 0.4 涂层的银离子浓度高于极化后的 BT-Ag 0.4 涂层的银离子浓度。值得注意的是，极化后的 BT-Ag 0.4 涂层在距离涂层表面 10~40 mm 处的银离子浓度梯度更大。造成这个结果的主要原因是，极化后的 BT-Ag 0.4 涂层具有压电效应，其表面的负电荷对从纳米管中释放出来的银离子具有库仑力，在库仑力的作用下，释放出涂层表面的银离子在库仑力和扩散驱动力的共同作用下，聚集在涂层的表面区域，形成和 TiO_2@ $BaTiO_3$-V 涂层类似的“大坝”，可有效地阻止在释放初期出现爆释的现象，减轻新陈代谢的负担。此外，从不同浸泡时间的结果也可以看出，极化和未极化涂层在浸泡初期都并未出现显著的爆释现象。浸泡 3 天后从涂层中释放出来的银离子浓度高于浸泡 1 天后从涂层中释放出来的银离子浓度，这是由于 BT-Ag 0.4 涂层表面的载银量低于内部的载银量，与图 4-13 和图 4-14 测试结果一致。

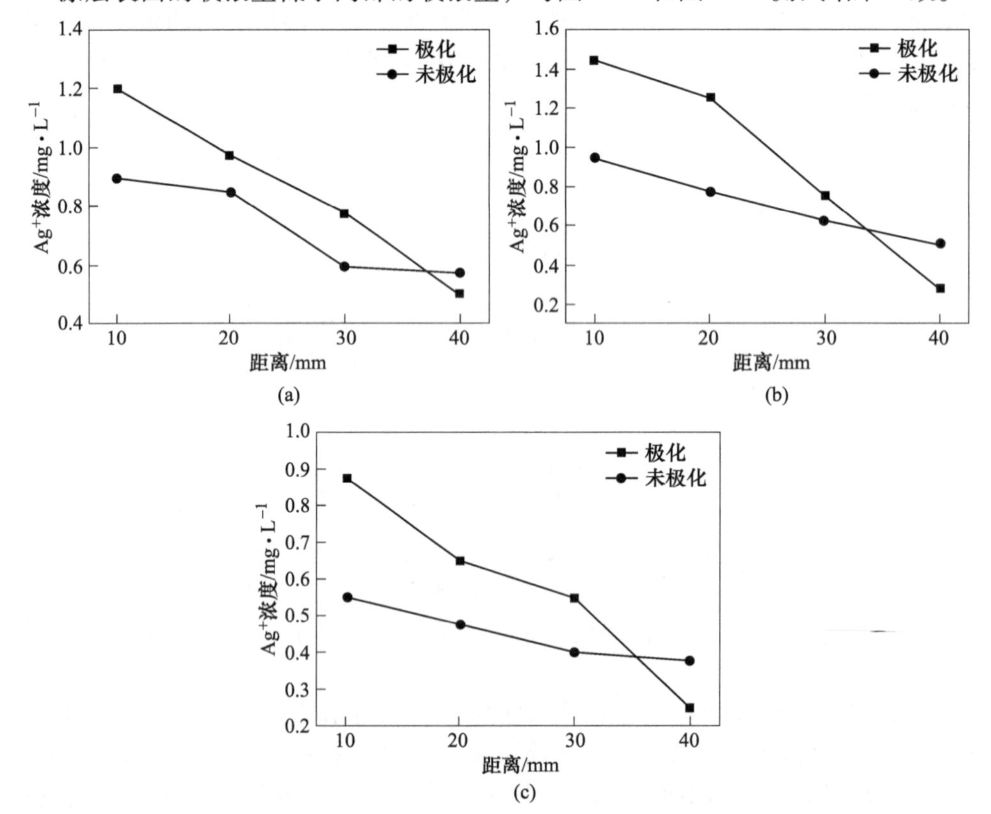

图 4-15 极化与未极化 BT-Ag 0.4 涂层在银离子释放过程中与涂层表面不同距离处的银离子浓度

(a) 1 天；(b) 3 天；(c) 5 天

钛表面 TiO_2@ $BaTiO_3$ 同轴纳米管载银涂层的抗菌性、体内生物相容性与纳米管中释放出来的银离子浓度有关系，尤其是在压电效应作用下，纳米管中银离子的释放过程形成类似“大坝”的高浓度银离子的作用区。通过将银离子的释放过程分为纳米管中和纳米管外两个过程，分析了压电效应对涂层中银离子释放的作用机理。

4.2.2.1 纳米管中银离子释放机理

纳米银由于尺寸较小，在PBS中极易发生氧化溶解形成银离子，氧化溶解过程通过反应方程式（4-1）进行。

$$4Ag + O_2 + 4H^+ \xlongequal{} 4Ag^+ + 2H_2O \tag{4-1}$$

从公式（4-1）可以看出，PBS中存在的分子氧是纳米银氧发生氧化溶解的必要条件，由于在PBS中或者体内存在大量的分子氧，纳米银颗粒会在PBS中或者体内发生氧化溶解从而释放出银离子。

对于钛表面 TiO_2@ $BaTiO_3$ 纳米管载银涂层，纳米管中的纳米银颗粒会产生银离子，并溶解于PBS溶液中，以纳米管为扩散通道释放出来，起到抗菌的作用。通过对载银涂层的形貌分析证明了同轴纳米管的内表面被钛酸钡覆盖，涂层极化后，钛酸钡的压电效应使得纳米管的内表面存在负电荷，纳米银颗粒附近的负电荷对纳米银的氧化溶解反应起到抑制作用，通过抑制银离子的产生起到减缓银离子释放的作用。

4.2.2.2 纳米管外银离子释放机理

当纳米银发生氧化溶解后形成银离子，银离子通过纳米管中PBS所形成的释放通路释放出纳米管，对于未极化的钛表面 TiO_2@ $BaTiO_3$ 纳米管载银涂层，其内部银离子的释放过程遵循菲克第二扩散定律，用公式（4-2）表示。

$$\frac{\partial C}{\partial t} = \frac{\partial}{\partial x}\left(D\frac{\partial C}{\partial x}\right) \tag{4-2}$$

式中 C——银离子的体积浓度，kg/m^3；

t——扩散时间，s；

x——距离，m；

D——扩散系数。

从公式（4-2）可以看出，银离子在纳米管外部的扩散过程是和距离、时间有关的方程。对于未极化的 TiO_2@ $BaTiO_3$ 纳米管载银涂层，扩散驱动力为浓度梯度，而在未达到平衡状态时，PBS中银离子浓度和其距离涂层表面距离、扩散进行的时间有关，在载银量相同情况下，距离涂层表面越近、扩散时间越短，银离子的扩散驱动力越大。不同于 TiO_2@ $BaTiO_3$ 纳米管载银涂层，极化后的载银涂层中银离子扩散出涂层表面后，不仅受到扩散驱动力的影响，还受到涂层表面负电荷对银离子的库仑力，库仑力的近似计算用公式（4-3）表示。

$$F_C = k\frac{Q_1Q_2}{R^2} \tag{4-3}$$

式中　F_C——库仑力，N；

k——库仑常数；

Q_1——涂层表面电荷，C；

Q_2——银离子带电荷，C；

R——距离，m。

从公式（4-3）可以看出，银离子所受库仑力的大小和涂层表面电荷的多少成正比，和涂层表面之间的距离成反比。在静态实验过程中，涂层表面电荷的多少和扩散进行的时间有关，扩散进行的时间越长，涂层表面电荷越少。对于极化后的 TiO_2@$BaTiO_3$ 纳米管载银涂层，库仑力的大小随着银离子与涂层表面之间距离的增加而减小，随着扩散进行时间的延长而降低。因此，银离子在扩散的过程中受力状态用公式（4-4）表示。

$$F = F_D - F_C + \Delta F_D \tag{4-4}$$

式中　F——银离子在扩散过程中所受到的力，N；

F_D——扩散驱动力，N；

F_C——库仑力，N；

ΔF_D——库仑力所引起的扩散驱动力的改变，N。

由公式（4-4）可知，由于库仑力的存在，银离子在扩散过程中所受到的力小于扩散的驱动力，同时，力的大小和时间、距离有关。当扩散时间一定时，极化后的涂层表面扩散出来的银离子受到的力小于未极化的涂层表面扩散出来的银离子所受到的力，最终导致极化后涂层表面银离子浓度大于未极化涂层表面的银离子浓度，在涂层表面形成银离子聚集区。在相同载银量的涂层中，高浓度银离子聚集区的大小和扩散进行的时间有关。此外，距离涂层表面越近，库仑力越大，银离子的浓度越高。

4.2.3　载银生物压电涂层的抗菌性能

4.2.3.1　涂层抗菌的广谱性

银离子具有良好的抗菌效果，是一种广泛使用的抗菌物质，是抗菌的金标准。银离子具有广谱抗菌性，对革兰氏阴性菌和阳性菌都有较好的抗菌效果。采用抑菌环研究了不同载银量和极化处理后 BT-Ag 0.4 涂层［标记为 BT-Ag 0.4(P)］对大肠杆菌的抑菌效果，纯钛组作为对照组，结果如图 4-16 所示。从图中可以看出，纯钛和大肠杆菌的菌落之间无明显的界面，说明纯钛对大肠杆菌无抑菌作用。随着载银量的增加，TiO_2@$BaTiO_3$ 同轴纳米管载银涂层与大肠杆菌菌落之间的界面越来越明显，即抑菌环越来越大；主要是由于随着载银量的增加，涂层中释放出来的银离子更多，因此表现出更好的抑菌效果。此外，BT-Ag 0.4(P) 涂层比 BT-Ag 0.4 涂层的抑菌环更小。

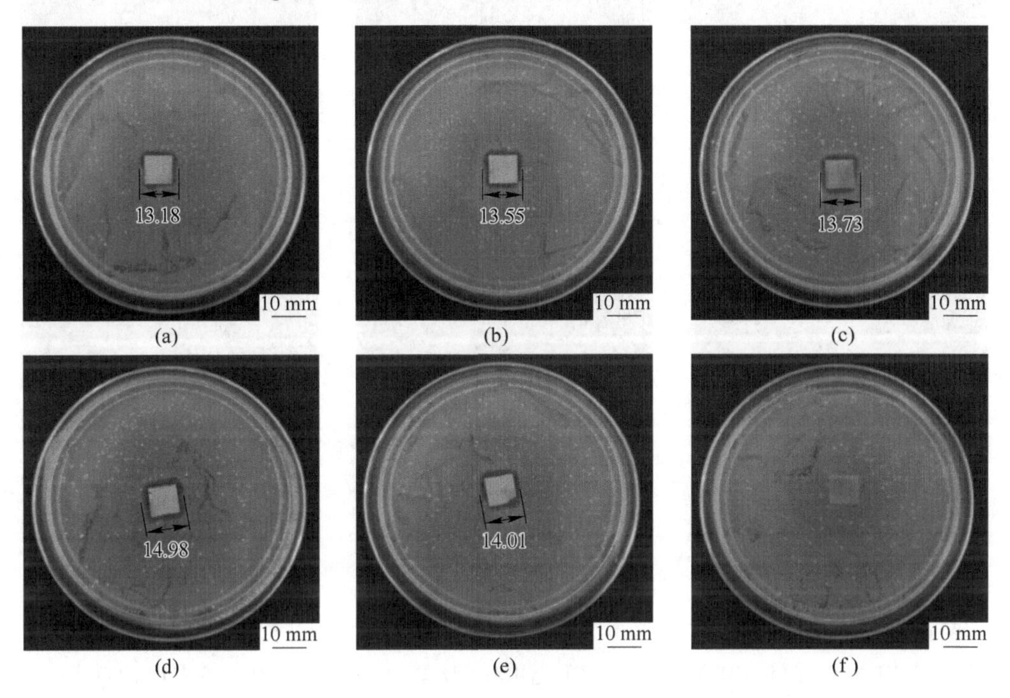

图 4-16 不同载银量的 TiO_2@ $BaTiO_3$ 同轴纳米管载银涂层对大肠杆菌的抑菌效果
(a) BT-Ag 0.1；(b) BT-Ag 0.2；(c) BT-Ag 0.3；(d) BT-Ag 0.4；(e) BT-Ag 0.4(P)；(f) Ti

纯钛作为对照组，不同载银量和极化处理后 TiO_2@ $BaTiO_3$ 同轴纳米管载银涂层对金黄色葡萄球菌的抑菌效果如图 4-17 所示。TiO_2@ $BaTiO_3$ 同轴纳米管载银涂层对金黄色葡萄球菌的抑菌效果和对大肠杆菌的抑菌效果类似，即随着载银量的增加，涂层的抑菌环增大，并且 BT-Ag 0.4(P) 涂层比 BT-Ag 0.4 涂层的抑菌环小。

TiO_2@ $BaTiO_3$ 同轴纳米管载银涂层的抑菌环实验结果表明，负载纳米银后，涂层具有广谱抑菌效果，并且抑菌效果随着载银量的增加而增加。BT-Ag 0.4(P) 涂层比 BT-Ag 0.4 涂层的抑菌环小，这是由于压电效应对涂层释放出来的银离子具有类似“大坝”一样的作用，BT-Ag 0.4(P) 涂层在极化的过程中会在涂层的表面形成负电荷，而表面的负电荷与银离子之间存在库仑力；当银离子扩散出涂层表面后，释放出涂层的银离子在库仑力的作用下，被聚集在涂层的表面区域，形成高浓度的银离子作用区；同时，外部的银离子浓度较低，不足以抑制细菌的生长和繁殖，最终导致 BT-Ag 0.4(P) 比 BT-Ag 0.4 的抑菌环小。

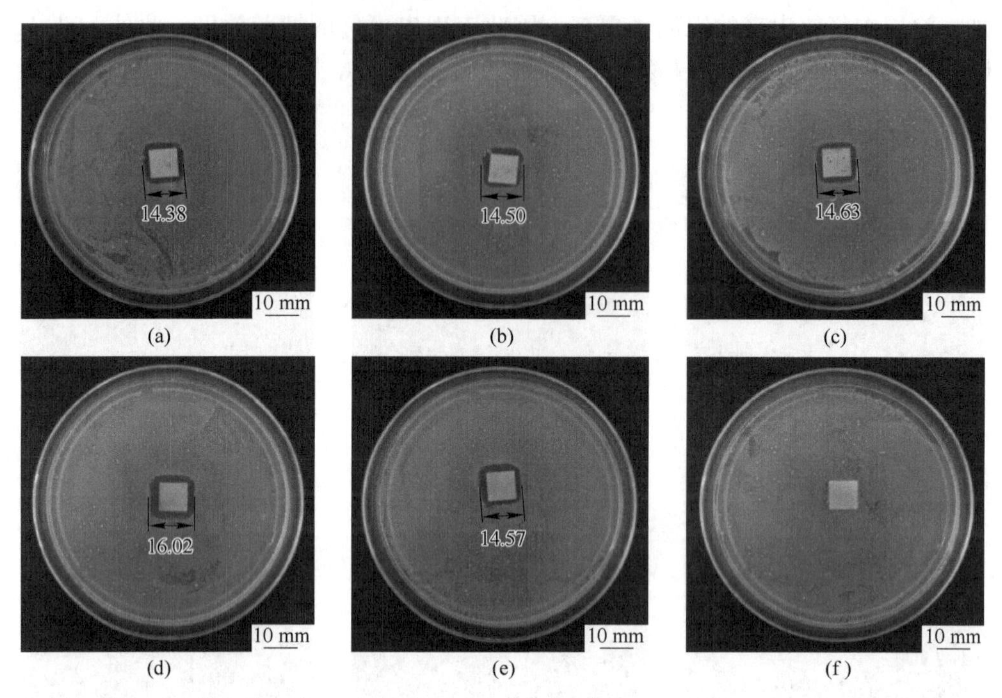

图 4-17 不同载银量的 TiO_2@ $BaTiO_3$ 同轴纳米管载银涂层对金黄色葡萄球菌的抑菌效果

（a）BT-Ag 0.1；（b）BT-Ag 0.2；（c）BT-Ag 0.3；（d）BT-Ag 0.4；（e）BT-Ag 0.4(P)；（f）Ti

4.2.3.2 涂层表面电性对细菌的作用

为进一步表征钛表面 TiO_2@ $BaTiO_3$ 同轴纳米管载银涂层所具有的压电效应对金黄色葡萄球菌的抑制作用，以未载银的钛表面 TiO_2@ $BaTiO_3$ 同轴纳米管涂层和载银量为 0.4 mol/L 的钛表面 TiO_2@ $BaTiO_3$ 同轴纳米管载银涂层为研究对象，通过极化处理使得涂层表面具有不同的表面电性。以纯钛作为对照组，研究了具有不同表面电荷的钛表面 TiO_2@ $BaTiO_3$ 同轴纳米管载银涂层与金黄色葡萄球菌共培养 7 天后的表面细菌死活染色情况，结果如图 4-18 所示。纯钛表面有大量绿色的点和橙色的点，说明在纯钛表面有大量的活的金黄色葡萄球菌存活，并有少量死的细菌存在。未处理的 TiO_2@ $BaTiO_3$ 涂层表面存在少量的活细菌黏附，而未处理的 BT-Ag 0.4 涂层表面并未发现明显的细菌黏附。极化处理后的 TiO_2@ $BaTiO_3$ 涂层的负表面上有少量的活的金黄色葡萄球菌，数量少于未处理的 TiO_2@ $BaTiO_3$ 同轴纳米管涂层表面，极化处理后的 TiO_2@ $BaTiO_3$ 涂层的正表面上有大量的活的金黄色葡萄球菌黏附；而 BT-Ag 0.4 涂层极化处理后的负表面无明显的细菌黏附，正表面有微量的细菌黏附。荧光染色结果表明，涂层表面电性对细菌的黏附有明显的影响。

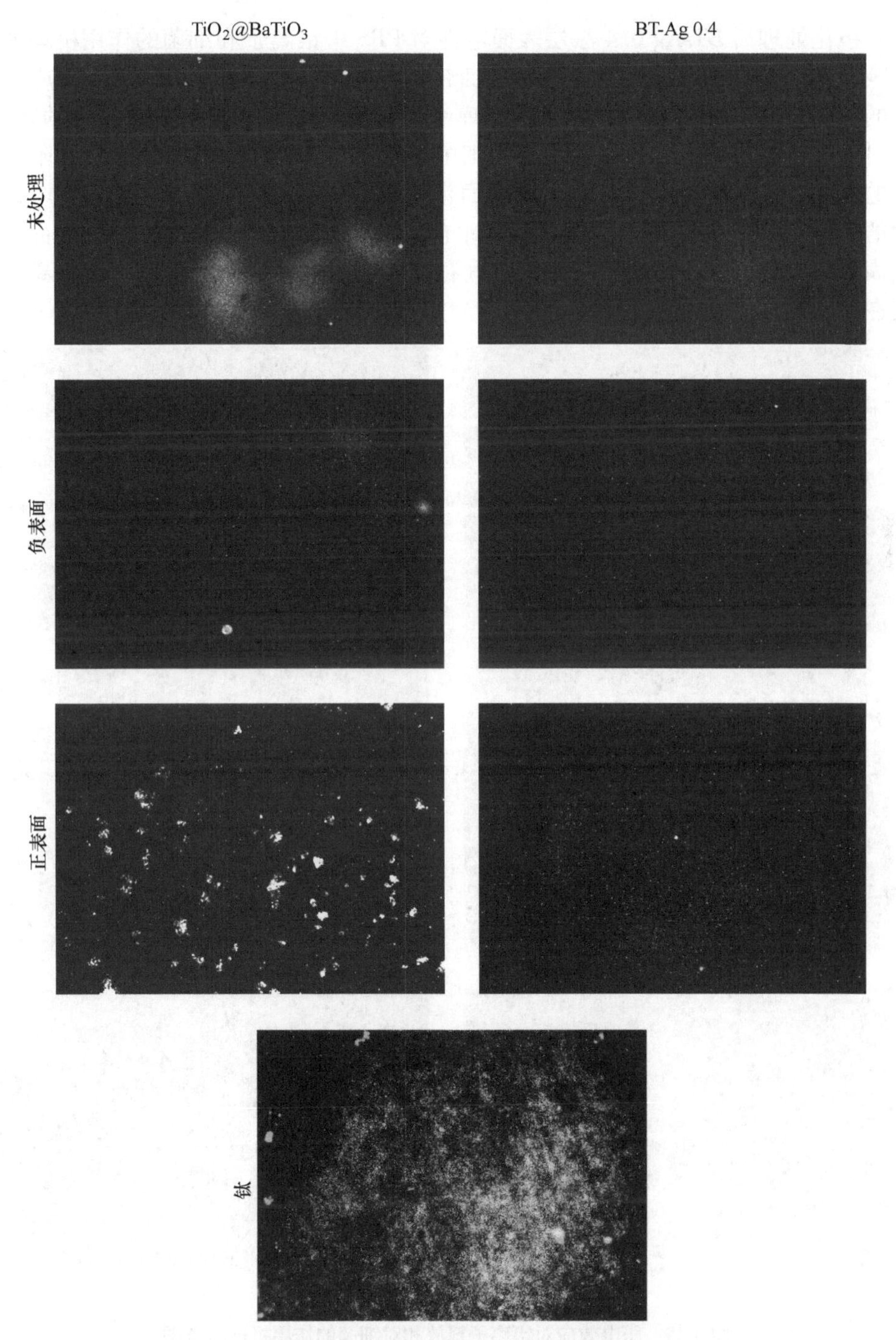

图 4-18　不同表面电性的 TiO_2@ $BaTiO_3$ 同轴纳米管阵列及负载纳米银后的涂层对金黄色葡萄球菌的荧光染色结果

极化处理后 BT-Ag 0.4 涂层表面电性对 PBS 中银离子和细菌的作用机理如图 4-19 所示。极化后 BT-Ag 0.4 涂层表面带负电时［见图 4-19（a）和（b）］，表面的负电对 PBS 中带正电的银离子有库仑力，使得银离子被聚集在涂层的表面，同时涂层表面的负电和表面带负电的细菌之间存在库仑斥力，阻碍细菌黏附在涂层的表面。极化后 BT-Ag 0.4 涂层表面带正电时［见图 4-19（d）和（e）］，表面的负电对 PBS 中带正电的银离子有库仑斥力，使得银离子远离涂层的表面，涂层表面的正电和表面带负电的细菌之间存在库仑引力，吸引细菌黏附和银离子聚集在涂层的表面。

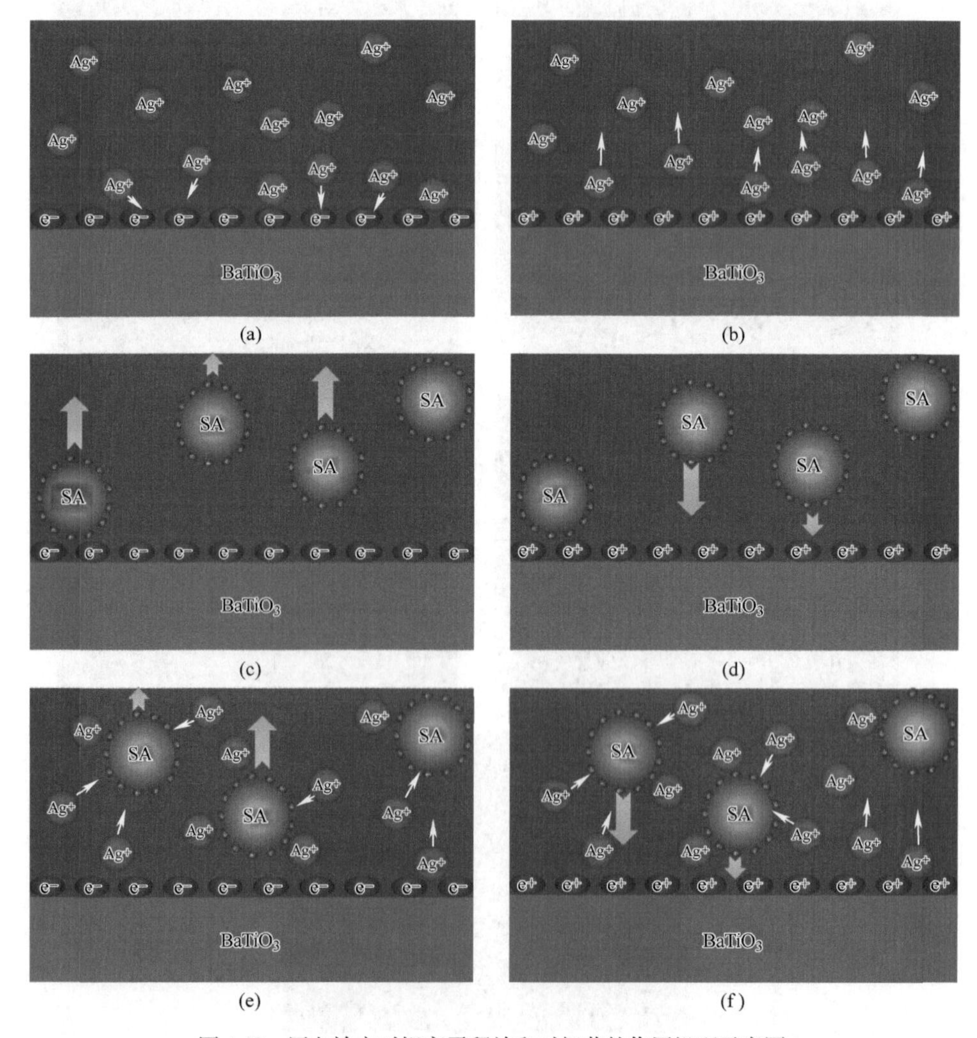

图 4-19　压电效应对银离子释放和对细菌的作用机理示意图

（a）表面负电荷对银离子的作用；（b）表面正电荷对银离子的作用；（c）表面负电荷对金黄色葡萄球菌的作用；（d）表面正电荷对金黄色葡萄球菌的作用；（e）表面负电荷对银离子和金黄色葡萄球菌的作用；（f）表面正电荷对银离子和金黄色葡萄球菌的作用

细菌的细胞膜表面带有负电荷，而银离子带正电，在库仑引力的作用下，银离子被吸附在细胞膜上，并穿过细胞膜进入细菌内部，通过与细菌内的巯基结合，造成细菌的蛋白质发生凝固，进而导致细胞的成酶活性丧失，最终细菌丧失了分裂和繁殖的能力而死亡。同时，银离子可造成细菌的细胞膜的损伤，而细菌的细胞膜是细菌生命活动的主要组成部分，一旦细胞膜被破坏，将会导致细菌的死亡。此外，银离子还可以抑制细菌内部分蛋白质的合成过程导致细菌死亡。因此表面带负电的涂层在库仑力的作用下，既可以排斥细菌的黏附又可以在涂层表面形成高浓度的银离子聚集区，形成有效地限制细菌的防护"大坝"，阻碍其在涂层表面的生理活动；而表面带正电的涂层在库仑力的作用下，将细菌向涂层表面方向吸引，同时又将涂层内部的银离子排斥到远离涂层表面的方向，造成细菌和银离子的对冲；这两种方式都有利于破坏细菌的生理过程。

4.2.3.3 载银涂层的长效抗菌作用

为进一步表征 TiO_2@ $BaTiO_3$ 同轴纳米管载银涂层的持久抗菌性，对不同载银量下 TiO_2@ $BaTiO_3$ 同轴纳米管载银涂层表面的抗菌率进行测试，结果如图 4-20 所示。从图中可以看出，金黄色葡萄球菌接种到样品表面 1 天后，不同载银量的钛表面涂层都表现出好的抗菌特性，抗菌率都能达到 100%；接种 4 天后，BT-Ag 0.4(P) 涂层表面和 BT-Ag 0.8 涂层表面仍能保证 100%的抗菌率，而其他两组的抗菌率不能达到 100%。随着接种时间的延长，各组涂层的抗菌率都呈现出下降趋势。未极化的载银抗菌涂层，在与细菌共培养 4 天、7 天和 14 天时，载银量越高涂层的抗菌率越高。值得注意的是共培养 14 天后，BT-Ag 0.4(P) 涂层

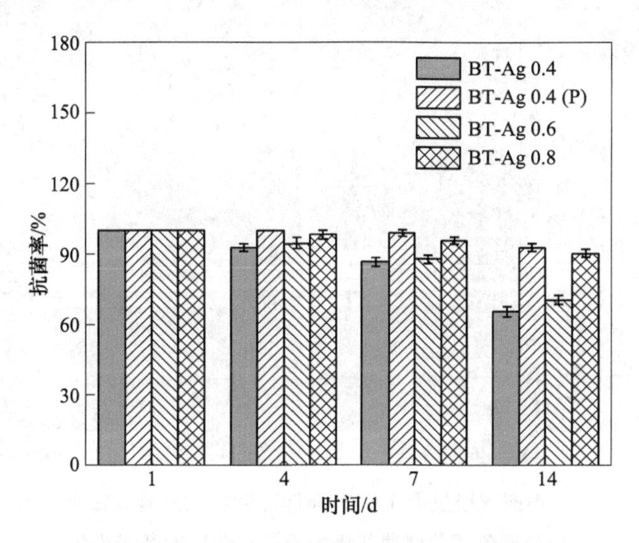

图 4-20 不同载银量下 TiO_2@ $BaTiO_3$ 同轴纳米管阵列载银涂层表面的抗菌率

表面抗菌率远高于 BT-Ag 0.4 涂层表面抗菌率，与 BT-Ag 0.8 涂层表面抗菌率相同，即极化处理可使 BT-Ag 0.4 涂层表面抗菌率达到高载银量的 BT-Ag 0.8 涂层表面抗菌率。不同载银量和极化处理后的 TiO_2@$BaTiO_3$ 同轴纳米管载银涂层与金黄色葡萄球菌共培养不同天数后，其表面黏附细菌的死活染色结果如图 4-21 所示。

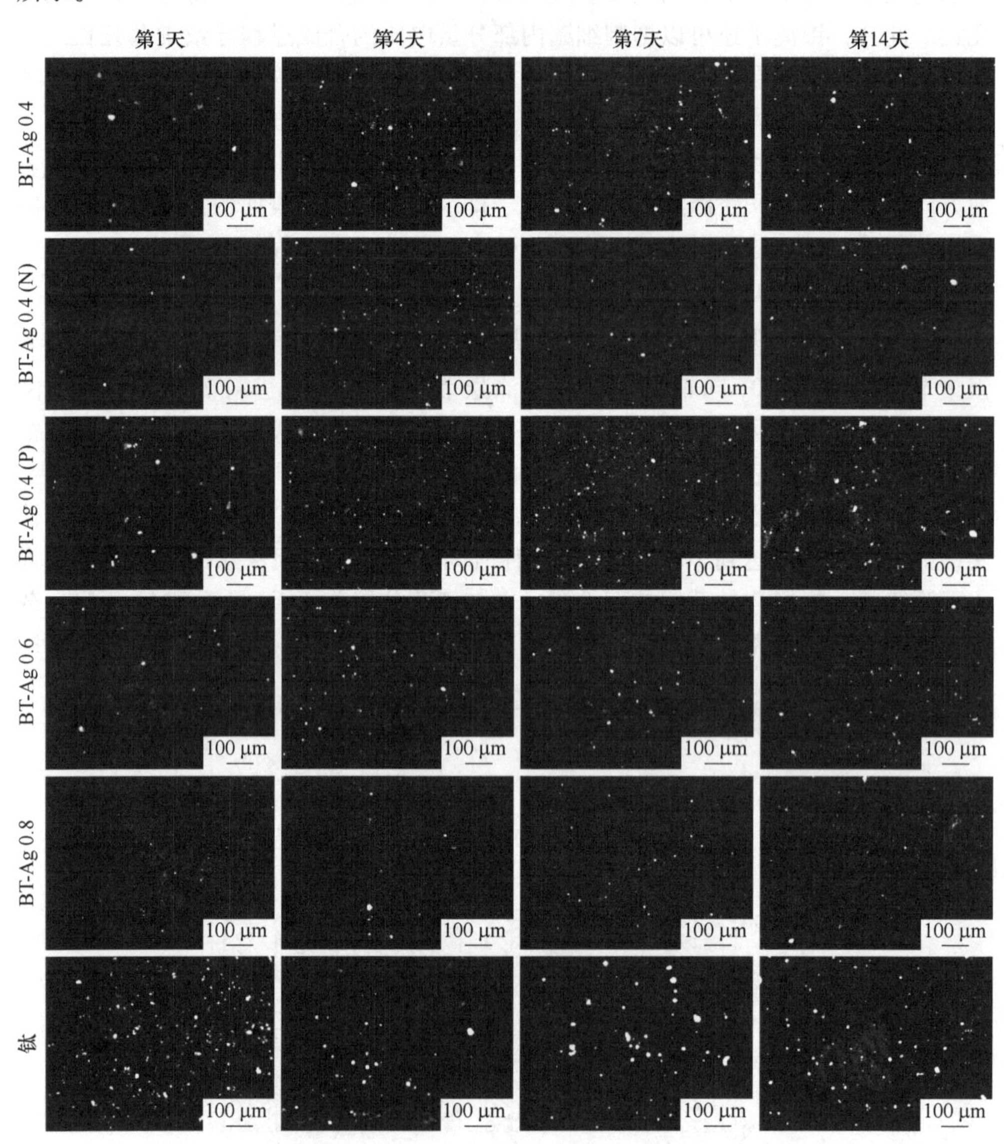

图 4-21　不同载银量下 TiO_2@$BaTiO_3$ 同轴纳米管载银涂层表面与金黄色葡萄球菌共培养不同天数后的荧光染色

实验过程中，每天将菌液的上半部吸弃，并补充新鲜的细菌到孔板中，用于模拟细菌的多次侵袭。对照组纯钛表面与细菌共培养过程中一直有大量的活细菌黏附，随共培养时间的增加无显著的变化。其余各组表面活细菌数量随着共培养时间的增加逐渐增加。对比相同载银量的 BT-Ag 0.4 涂层、极化后的 BT-Ag 0.4 涂层负极表面［标记为 BT-Ag 0.4(N)］、极化后的 BT-Ag 0.4 涂层正极表面［标记为 BT-Ag 0.4(P)］可以发现，在共培养 1 天后，各组涂层表面都有死细菌黏附。同时，各组涂层表面黏附细菌数量从多到少依次为 BT-Ag 0.4(P) 涂层、BT-Ag 0.4 涂层、BT-Ag 0.4(N) 涂层。随着共培养时间的增加，这种趋势越来越明显。对比钛表面 BT-Ag 0.4(N) 涂层、钛表面 BT-Ag 0.6 涂层、钛表面 BT-Ag 0.8 涂层的荧光染色结果可知，钛表面 BT-Ag 0.4(N) 涂层和钛表面 BT-Ag 0.8 涂层表面黏附的死细菌和活细菌数量随着时间的变化相类似，都小于钛表面 BT-Ag 0.6 涂层的表面。

结合图 4-19 的分析可知，钛表面 BT-Ag 0.4(N) 涂层表面的负电可延缓银离子的释放，同时在涂层表面形成类似于“大坝”的高浓度银离子作用区，达到更好地抑制细菌黏附和杀菌效果。同时，也可以达到长久抗菌的效果。而钛表面 BT-Ag 0.4(P) 涂层表面的正电会吸引细菌的黏附，并通过将同轴纳米管内部的银离子快速地释放出去与黏附的细菌形成“对冲”导致涂层表面已黏附的细菌快速死亡，但这种作用会加快纳米管中银离子的释放，在共培养的后期抗菌作用不足，导致表面有部分活细菌黏附。此外，BT-Ag 0.4 涂层极化后表面带负电荷，这种负电荷一方面可以阻碍纳米管中的银离子释放出钛涂层表面，起到缓释的作用；另一方面释放出同轴纳米管的银离子在表面电荷的作用下聚集在涂层的表面形成类似于“大坝”的高浓度银离子作用区，可有效地阻碍细菌的黏附并杀死已黏附的细菌，使得低浓度的载银量可达到高浓度载银量的抗菌效果。

4.2.4 载银生物压电涂层的细胞相容性

通过对 TiO_2@ $BaTiO_3$ 载银涂层样品所接触的周围组织切片的免疫荧光染色进一步评估了巨噬细胞引起的炎症反应特性，结果如图 4-22 所示，其中蓝色的为正常细胞的细胞核，红色的代表巨噬细胞。从图中可以看出，cd68 阳性细胞在涂层附近的组织中含量都不是很高，所占总细胞的百分比也较少。对比 BT-Ag 0.8 涂层和 BT-Ag 0.4 涂层可发现，载银量较高的涂层巨噬细胞所占总细胞的比例较小。BT-Ag 0.4(P) 涂层相比于 BT-Ag 0.4 涂层巨噬细胞的比例较小，与 BT-Ag 0.8 涂层的巨噬细胞比例相近。在压电效应的作用下，释放出涂层表面的银离子被吸附在涂层表面，形成高浓度银离子的“大坝”作用区，使得低浓度的载银量涂层可达到高浓度载银量涂层所具有的抗菌消炎效果。

微量的纳米银离子对人体是无害的，而含量较高的纳米银离子会加重新陈代

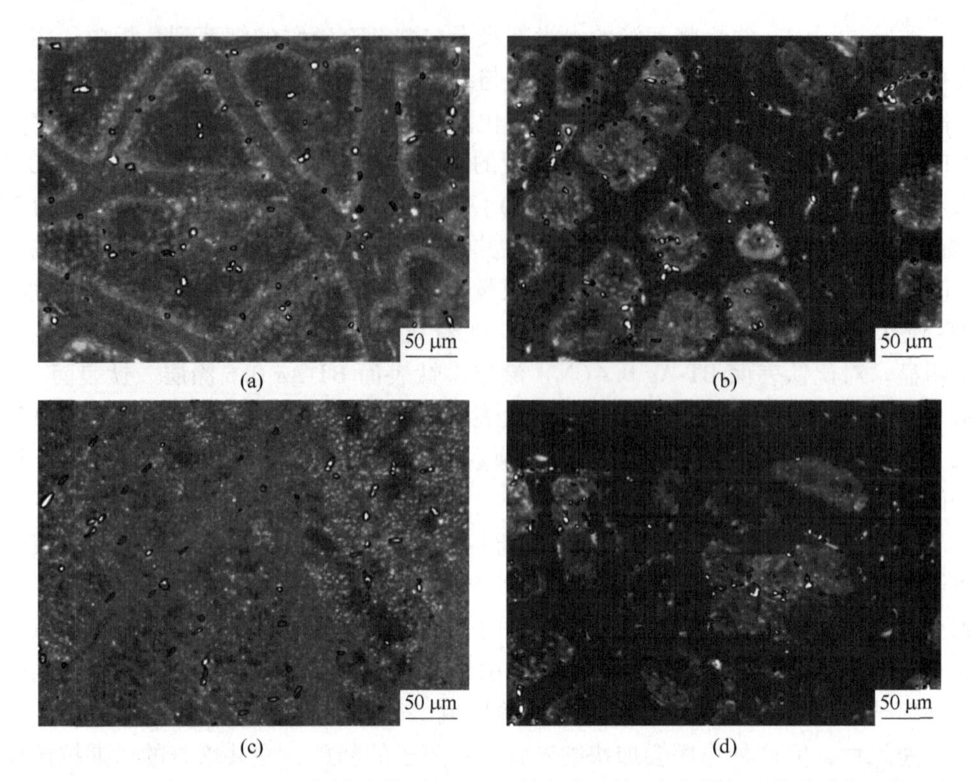

图 4-22　植入大鼠 15 天后，在样品附近的 cd68 阳性细胞和软组织复染细胞的共聚焦显微照片

（a）TiO_2@$BaTiO_3$ 涂层，1.43%；（b）BT-Ag 0.4 涂层，1.26%；

（c）BT-Ag 0.4（P）涂层，1.05%；（d）BT-Ag 0.8 涂层，0.98%

谢的负担。TiO_2@ $BaTiO_3$ 同轴纳米管载银涂层样品植入大鼠体内 15 天后，测定了大鼠的肝脏和肾脏中的银离子浓度，结果见表 4-1。

表 4-1　TiO_2@$BaTiO_3$ 同轴纳米管载银涂层植入大鼠体内 15 天后，大鼠的肝脏和肾脏中银离子浓度　（μg/kg）

部位	BT-Ag 0.4	BT-Ag 0.4(P)	BT-Ag 0.8
肝脏	24.9	17.1	44.5
肾脏	11.5	9.5	19.5

从表 4-1 中可以看出，BT-Ag 0.8 涂层所植入的老鼠体内银离子浓度最高，肝脏为 44.5 μg/kg，肾脏为 19.5 μg/kg，远高于 BT-Ag 0.4 涂层所植入的老鼠体内银离子浓度（肝脏为 24.9 μg/kg，肾脏为 11.5 μg/kg）。此外，相同载银量的 BT-Ag 0.4(P) 涂层和 BT-Ag 0.4 涂层，极化处理的涂层所植入的老鼠体内银离子浓度较低（肝脏为 17.1 μg/kg，肾脏为 9.5 μg/kg）。极化处理会在涂层表面形成类似“大坝”的高浓度银离子作用区，可以将银离子束缚在涂层表面，降

低新陈代谢进入体内的银离子，从而达到降低代谢负担的作用。

4.2.5 载银生物压电涂层的体内相容性

银是天然的抗菌材料，具有广谱抗菌性和不易产生耐药性等优点被使用了数千年。相比于其他的抗生素可促使细菌进化产生耐药性，银通过与细菌蛋白酶上的巯基结合，使蛋白酶失去活性，从而杀死细菌，并且当细菌死亡后，银离子又可以从细菌尸体中游离出来继续杀菌，因此具有持久性。银离子被应用于慢性伤口，尤其是手术后的损伤和修复。同时，银是人体组织内的微量元素，对人体无害。根据 WHO 发布的《世界卫生组织饮用水质量指导标准》，银离子浓度低于 0.1 mg/L 的饮水不会对人体造成不良影响。因此，通过体内动物实验对所制备的 TiO_2@$BaTiO_3$ 同轴纳米管载银涂层的体内相容性及动物肝脏中银离子浓度进行了测定。

TiO_2@$BaTiO_3$ 同轴纳米管载银涂层植入动物体内的过程如图 4-23 所示。8 周大小的雄性 SD 大鼠，术前采用腹腔注射 1%戊巴比妥钠（10 mL/kg）对大鼠进行麻醉。采用碘伏对备皮后的大鼠大腿进行皮肤清洁消毒；暴露术区后，将大鼠大腿外侧皮肤沿胫骨长轴方向切开一个 8 mm 的切口，暴露并钝性分离筋膜和肌肉，在肌肉鞘中形成一个腔隙，插入样品，其中经过处理后的材料表面应紧贴肌肉组织，随后逐层缝合肌肉鞘开口、皮下筋膜和皮肤，保证植入物位置不变。每只动物的两侧大腿均接受相同手术方法埋置植入物（同种植入物），术后 15 天对动物实施安乐死，收集包裹材料的肌肉鞘用于进一步的组织学分析。

将 TiO_2@$BaTiO_3$ 同轴纳米管载银涂层样品植入大鼠皮下 15 天后，评估由涂层引起的异物反应，同时对比不同载银量和极化处理后所引起的异物反应的差异。未载银的 TiO_2@$BaTiO_3$ 涂层作为对照组，由植入物周围涂层的炎症反应所形成的纤维化形态如图 4-24 所示。从图中可以看出，对照组 TiO_2@$BaTiO_3$ 涂层所引起的纤维囊厚度约为 39.55 μm。载银后 TiO_2@$BaTiO_3$ 涂层所引起的纤维囊厚度（BT-Ag 0.4 涂层为 24.49 μm，BT-Ag 0.8 涂层为 17.76 μm）比对照组所引起的纤维囊的厚度薄。同时，BT-Ag 0.8 涂层所引起的纤维囊厚度要薄于 BT-Ag 0.4 涂层所引起的纤维囊厚度。此外，极化处理后的 BT-Ag 0.4(P) 涂层所引起的纤维囊厚度要薄于 BT-Ag 0.4 涂层。造成该结果的主要原因是：载银涂层样品在植入大鼠肌肉鞘后，涂层中所负载银具有一定的抗菌消炎作用，可有效地降低炎症反应，同时载银量越大释放出来的银离子越多，所引起的炎症反应就越小。同时，压电效应所具有的“大坝”效应可在涂层表面形成高浓度的银离子作用区，从而使得低浓度的载银量达到高浓度载银量所具有的抗菌消炎作用。

当涂层样品植入大鼠肌肉鞘后，对机体的损伤促使与材料接触的位置发生炎症反应，中性粒细胞通过吞噬、氧化抗菌等作用清除涂层样品周围坏死的组织并保护

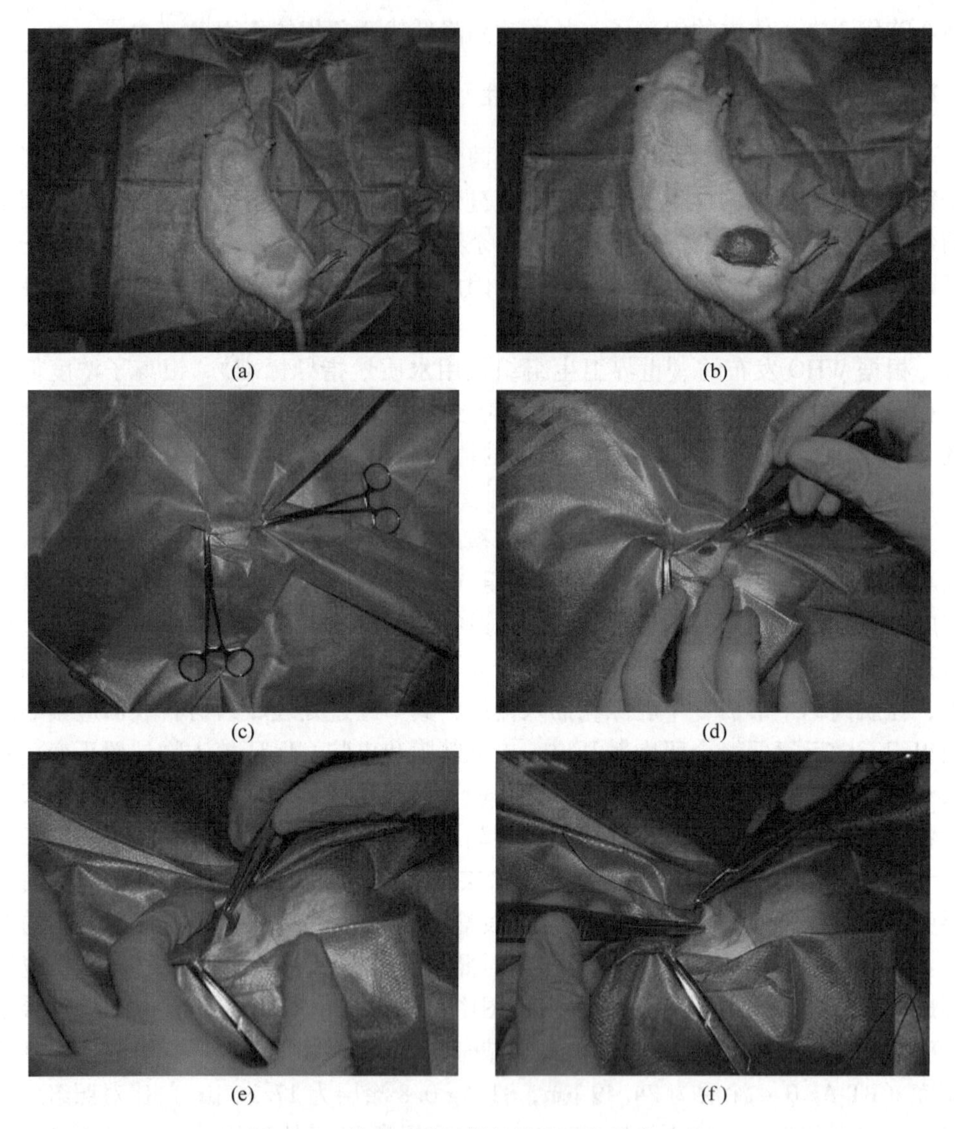

图 4-23　钛表面涂层样品植入动物体内过程
(a) 备皮；(b) 消毒；(c) 暴露术区；(d) 制造切口；(e) 样品植入；(f) 缝合

正常的组织以防止感染的发生。同时，这种炎症细胞也会释放出有助于单核细胞趋化迁移和基质降解的多种酶和介质，促使单核细胞在酶和介质的作用下，迁移至肌肉鞘部位完成到巨噬细胞的转化，从而导致巨噬细胞数量增加。巨噬细胞通过吞噬作用去消化和吞噬异物，巨噬细胞发生分解后产生多种生长因子，促进成纤维细胞增殖和分化，并合成胶原蛋白形成肉芽组织，最终在涂层样品和正常组织之间形成了纤维化包囊，阻碍两者之间的直接接触，达到降低炎症反应的作用。

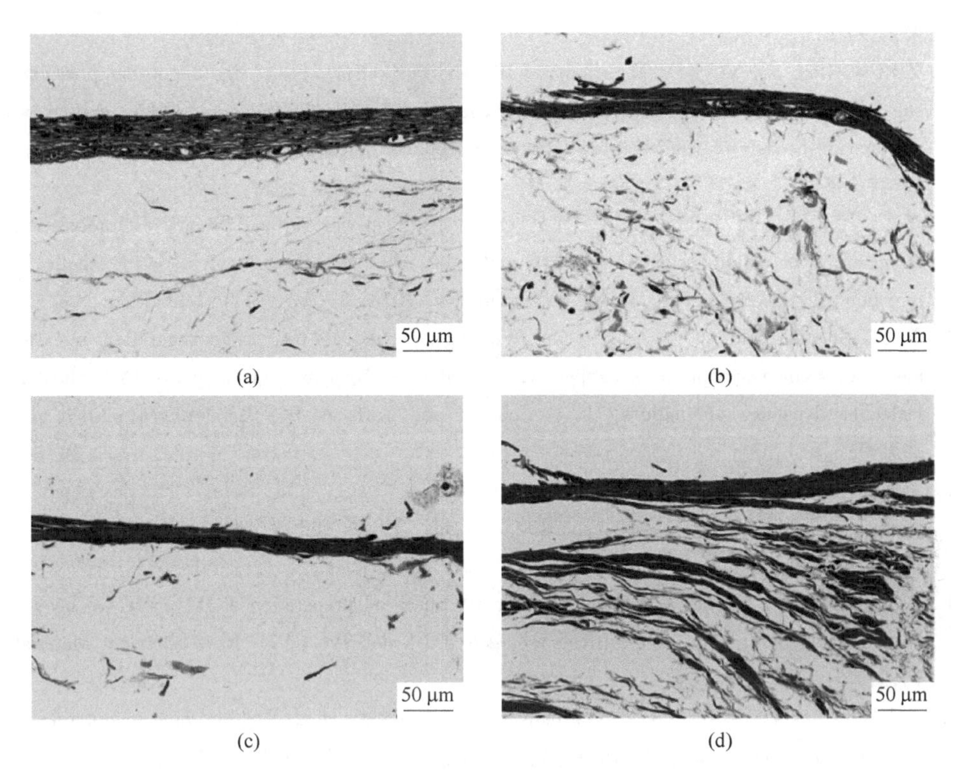

图 4-24 在大鼠体内植入 15 天后，用苏木精和曙红染色的样品附近的软组织的光学显微照片

（a）TiO_2@$BaTiO_3$ 涂层，(39.55±5.07)μm；（b）BT-Ag 0.4 涂层，(24.49±2.38)μm；（c）BT-Ag 0.4(P) 涂层，(17.46±2.81)μm；（d）BT-Ag 0.8 涂层，(17.76±2.83)μm

参 考 文 献

[1] YU Juhong, CHU Xiaobing, CAI Yurong, et al. Preparation and characterization of antimicrobial nano-hydroxyapatite composites [J]. Materials Science and Engineering: C, 2014, 37 (1): 54-59.

[2] YAO Qingqing, NOOEAID Patcharakamon, JUDITH A Roetherc, et al. Bioglass-based scaffolds incorporating polycaprolactone and chitosan coatings for controlled vancomycin delivery [J]. Ceramics International, 2013, 39 (7): 7517-7522.

[3] BAKHSHANDEH S, GORGIN Karaji Z, LIETAERT K, et al. Simultaneous delivery of multiple antibacterial agents from additively manufactured porous biomaterials to fully eradicate planktonic and adherent staphylococcus aureus [J]. ACS Applied Materials & Interfaces, 2017, 9 (31): 25691-25699.

[4] GRECZYNSKI G, HULTMAN L. Reliable determination of chemical state in X-ray photoelectron spectroscopy based on sample-work-function referencing to adventitious carbon: Resolving the myth of apparent constant binding energy of the C 1s peak [J]. Applied Surface Science, 2018,

451: 99-103.

[5] ZHANG Ben, BENJAMIN M Braun, JORDAN D Skelly, et al. Significant suppression of staphylococcus aureus colonization on intramedullary Ti6Al4V implants surface-grafted with vancomycin-bearing polymer brushes [J]. ACS Applied Materials & Interfaces, 2019, 11 (32): 28641-28647.

[6] WANG Jiaxing, LI Jinhua, QIAN Shi, et al. Antibacterial surface design of titanium-based biomaterials for enhanced bacteria-killing and cell-assisting functions against periprosthetic joint infection [J]. ACS Applied Materials & Interfaces, 2016, 8 (17): 11162-11178.

[7] PENG Shiyuan, YUAN Xiaozhe, LIN Wenjing, et al. pH-responsive controlled release of mesoporous silica nanoparticles capped with Schiff base copolymer gatekeepers: Experiment and molecular dynamics simulation [J]. Colloids and Surfaces B: Biointerfaces, 2019, 176: 394-403.

[8] JEREMY P K Tan, ANGELINE Q F Zeng, CHEAN C Chang, et al. Release kinetics of procaine hydrochloride (PrHy) from pH-responsive nanogels: Theory and experiments [J]. International Journal of Pharmaceutics, 2008, 357 (1/2): 305-313.

[9] WANG Qian, LI Yating, GUO Qiaojing, et al. Study on preparation of PASP/HTCC layer-by-layer assembled film for two positively charged drugs delivery [J]. New Chemical Materials, 2018, 46: 171-175.

[10] ANITA Shukla, SAREENA N Avadhany, JEAN C Fang, et al. Tunable vancomycin releasing surfaces for biomedical applications [J]. Small, 2010, 6 (21): 2392-2404.

[11] CHOUIRFA H, BOULOUSSA H, MIGONNEY V, et al. Review of titanium surface modification techniques and coatings for antibacterial applications [J]. Acta Biomaterialia, 2019, 83: 37-54.

[12] INDRANI Banerjee, RAVINDRA C Pangule, RAVI S Kane. Antifouling coatings: Recent developments in the design of surfaces that prevent fouling by proteins, bacteria, and marine organisms [J]. Advanced Materials, 2011, 23 (6): 690-718.

[13] YU Yiqiang, JIN Guodong, XUE Yang , et al. Multifunctions of dual Zn/Mg ion co-implanted titanium on osteogenesis, angiogenesis and bacteria inhibition for dental implants [J]. Acta Biomaterialia, 2017, 49: 590-603.

[14] ZHANG Qinghua, WANG Qing, SHANG Tiantian, et al. Studies on antibacterial activity and hemolysis of novel hemoglobin antimicrobial peptide [J]. Progress in Veterinary Medicine, 2014, 9: 54-57.

[15] ZHAO Lingzhou, WANG Hairong, HUO Kaifu, et al. Antibacterial nano-structured ti-tanic coating incorporated with silver nanoparticles [J]. Biomaterials, 2011, 32 (24): 5706-5716.

5 钛表面 BCZT 生物压电涂层

针对钛及其合金因其生物惰性导致的纤维包裹以及手术过程中的细菌粘连都会使钛植入体出现松动乃至失效的问题；在骨缺损较严重时，钛植入体存在骨修复效率低、恢复周期长的问题。本章首先在钛表面制备出具有压电特性的 $Ba_{0.85}Ca_{0.15}Zr_{0.10}Ti_{0.90}O_3$(BCZT)生物压电涂层，赋予钛植入体与人骨类似的生物电活性以促进骨修复能力。其次，将生理载荷装置以及低频脉冲超声装置（LIPUS）应用于涂层模拟体液中的矿化过程，研究了模拟人体应力环境和 LIPUS 辅助情况下，钛表面 BCZT 压电涂层模拟体液中诱导钙沉积的能力以表征涂层的体外矿化性能；并在 BCZT 涂层中引入抗菌组分的纳米银，通过抑菌环、细菌活死染色等研究了 48 h 内载银涂层对革兰氏阴性菌、阳性菌的抗菌效果，以期望避免最初植入时的感染风险。最后，通过细胞毒性及成骨细胞黏附、增殖实验等研究了钛表面 BCZT 涂层的生物性能以及纳米银和压电效应对其的影响。

5.1 钛表面 BCZT 生物压电涂层在不同外场作用下的矿化机制

5.1.1 钛表面 BCZT 生物压电涂层的制备

对抛光后的钛片进行预处理，先用砂纸打磨光滑再进行化学抛光，处理完毕后烘干备用，将氟化铵、去离子水和乙二醇按一定比例配成阳极氧化所需电解液，以铂片为阴极，预处理后的钛片为阳极，阳极和阴极之间的距离为 20 mm，在一定的电压下氧化不同时间，就可得到钛表面二氧化钛纳米管涂层样品。其中，两次阳极氧化的电解液配方分别为 1 g 氟化铵、5 mL 去离子水和 200 mL 乙二醇，以及 0.3714 g 氟化铵、5 mL 去离子水和 200 mL 乙二醇；两次阳极氧化的电压和氧化时间分别为 60 V、60 min 和 60 V、30 min。将阳极氧化得到的涂层样品在 400 ℃热处理 3 h 以得到锐钛矿相二氧化钛，将不同含量的氯化钡、氯化钙、氧氯化锆溶于去离子水中搅拌均匀；加入 10 mol/L 的 NaOH 水溶液作为缓冲剂调节酸碱度至 pH 值为 14，搅拌均匀并静置沉淀 4 h 后得到所需溶液。将样品和溶液加入不锈钢高压釜内衬中，在一定温度下水热反应一定时间得到钛表面 BCZT 涂层。

图 5-1 是医用钛表面 $BCZT/TiO_2$ 涂层的表面形貌。图 5-1（a）和（b）为阳

极氧化法制备的NT-TiO_2的形貌，NT-TiO_2的长度约为3 μm、外径为0.15 μm。图5-1（c）和（d）为水热反应后涂层的形貌，涂层表面覆盖了一层颗粒状材料。涂层纵剖面显示，涂层厚度约为26.8 μm，未发现明显的纳米管结构。NT-TiO_2涂层的厚度与BCZT/TiO_2涂层的厚度不同。TiO_2与BCZT之间没有明显的界面，这是由于NT-TiO_2在水热反应中原位生成了BCZT。为了进一步验证水热反应后涂层中存在NT-TiO_2，对涂层进行破坏性处理，处理后的形貌如图5-1（f）所示。NT-TiO_2的结构存在于颗粒状材料的底部，其形貌与图5-1（a）有明显不同。形貌结果表明，水热反应后TiO_2纳米管表面覆盖了颗粒状物质。

图5-1　钛表面涂层形貌

（a）TiO_2纳米管俯视图；（b）TiO_2纳米管横截面图；（c）BCZT/TiO_2俯视图；（d）BCZT/TiO_2横截面图；（e）BCZT/TiO_2俯视图放大图；（f）BCZT和TiO_2共存图

通过XRD测试水热反应前后涂层的组成，结果如图5-2所示。水热反应后涂层的成分主要由TiO_2和BCZT组成（JCPDS卡片编号为75-0211），说明水热反应并没有将TiO_2完全转化为BCZT，并且仍有少量TiO_2残留，这与图5-1（f）的结果一致。

利用XPS进一步分析涂层中各元素的价态，结果如图5-3所示。XPS图结果表明，涂层的主要元素为Ba、Ca、Zr、Ti、O和C，其中通过试验方法引入了C

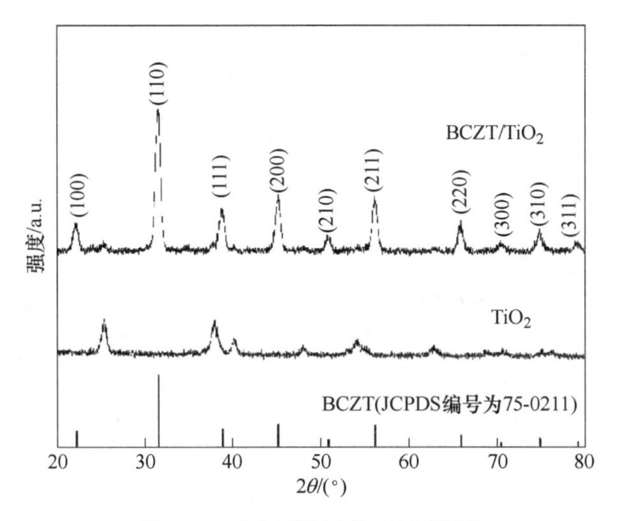

图 5-2 钛表面涂层的 XRD 谱图

元素。Ba、Ca、Zr 和 Ti 元素的 XPS 精细扫描分析表明，Ba $3d_{5/2}$、Ti $2p_{3/2}$、Ca $2p_{1/2}$和 Ca $2p_{3/2}$、Zr $3d_{3/2}$和 Zr $3d_{5/2}$的光电子峰都是不对称的。Ba 3d 峰的子峰拟合结果如图 5-3（b）所示，Ba 3d 峰分为 Ba $3d_{3/2}$和 Ba $3d_{5/2}$两个能级，每个能级由两个子峰拟合。Ca 2p 峰的分峰拟合结果如图 5-3（c）所示，将 Ca 2p 划分为 Ca $2p_{1/2}$和 Ca $2p_{3/2}$两个能级，每个能级由两个子峰拟合。Ti 2p 峰分析结果如图 5-3（e）所示，电子的自旋轨道耦合将 Ti 2p 分为 464.10 eV 的 Ti $2p_{1/2}$和 458.47 eV 的Ti $2p_{3/2}$，每个能级有三个子峰拟合。Ti $2p_{3/2}$［458.47 eV，见图 5-3（e）］和 O 1 s［529.74 eV，见图 5-3（f）］的高分辨光谱证实了 BCZT 涂层中的 TiO_2 没有完全转化。观察到电子结合能的分裂，这与 BCZT 中 Ba^{2+}和 Ca^{2+}在 A 位点和 Zr^{4+}和 Ti^{4+}在 B 位点的共占据有关。XRD 和 XPS 结果表明，水热反应后形成了 BCZT 和 TiO_2 涂层，未发现其他元素和化合物。

形貌和成分测试结果表明，在钛表面成功制备了 BCZT/TiO_2 涂层，并结合涂层形貌和成分测试结果分析了其形成机理，如图 5-4 所示。BCZT/TiO_2 涂层的形成主要由两个步骤组成。第一步是在水热环境下将 TiO_2 原位转化为 BCZT/TiO_2，这与我们之前研究中 TiO_2@ $BaTiO_3$ 的形成机制相似[4]。将 NT-TiO_2 浸在含有 Ba^{2+}、Zr^{4+}和 Ca^{2+}的水热溶液中，在适当的反应温度和压力下，纳米管的内表面和顶部逐渐形成 BCZT 颗粒，并在 TiO_2 表面逐渐形成一层 BCZT。随着原位反应的继续，水热溶液中的 Ba^{2+}、Zr^{4+}和 Ca^{2+}在浓度差的作用下通过形成的 BCZT 层扩散，与内部的 TiO_2 发生反应，BCZT 层的厚度增加。同时，纳米管顶部出现外延生长，纳米管顶部逐渐闭合。纳米管中 Ba^{2+}、Zr^{4+}和 Ca^{2+}的含量降低，BCZT 的生成反应逐渐停止。此外，高浓度的羟基提供了更多的机会来阻断相邻晶体之间

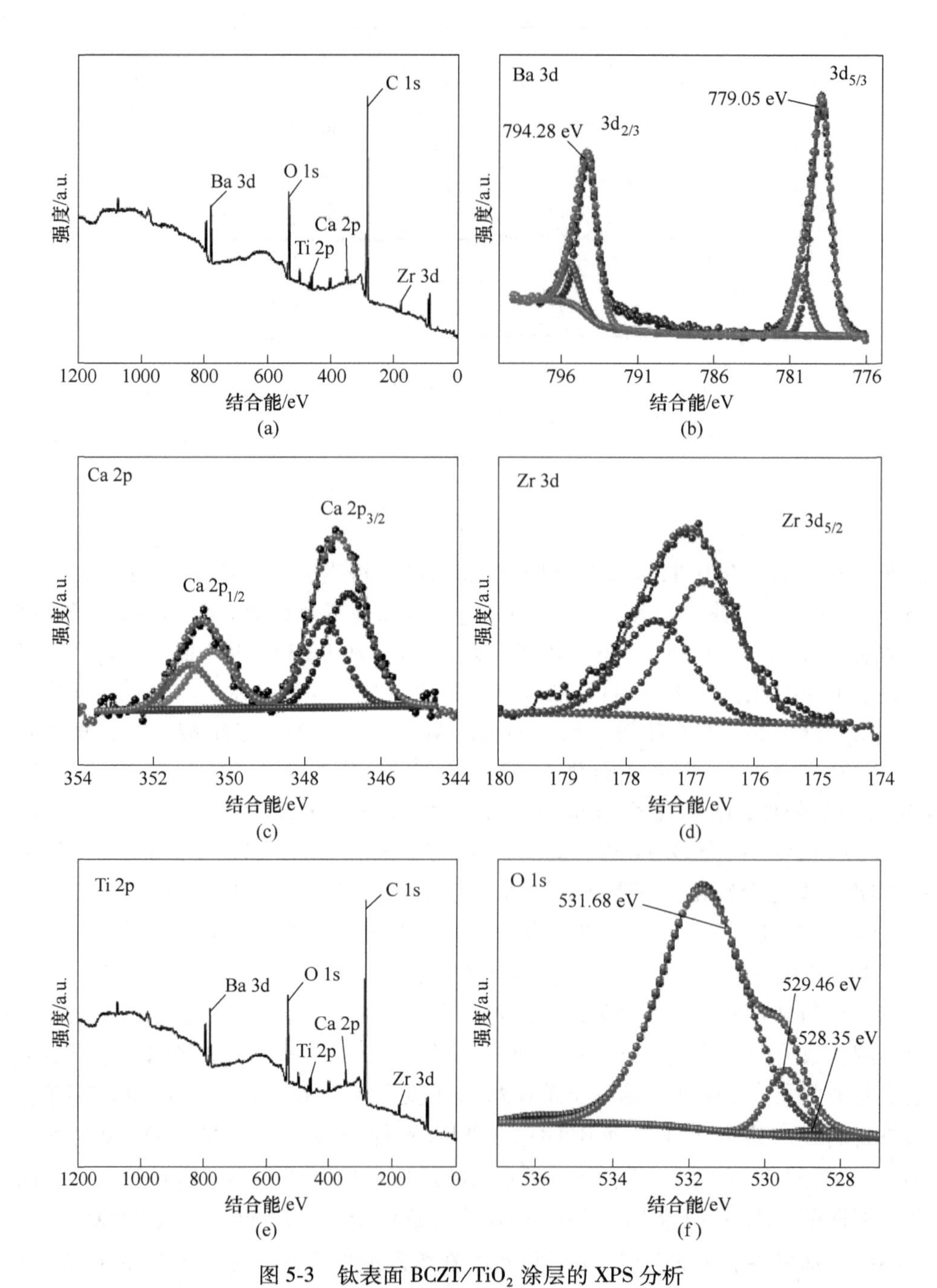

图 5-3　钛表面 BCZT/TiO_2 涂层的 XPS 分析

（a）涂层的全谱谱图；（b）Ba 3d 谱图；（c）Ca 2p 谱图；（d）Zr 3d 谱图；（e）Ti 2p 谱图；（f）O 1s 谱图

的联系，从而在纳米管表面形成更小的晶体 BCZT 涂层。在第二步中，通过外延生长的作用，在被阻断的纳米管顶部生成了一层 BCZT 颗粒。随着反应的进行，纳米管顶部的 BCZT 层厚度逐渐增大，直至反应结束，最终形成如图 5-1 所示的结构。此外，从图 5-2 和图 5-3 的成分测试结果可以推断，NT-TiO_2 的成分被保留。

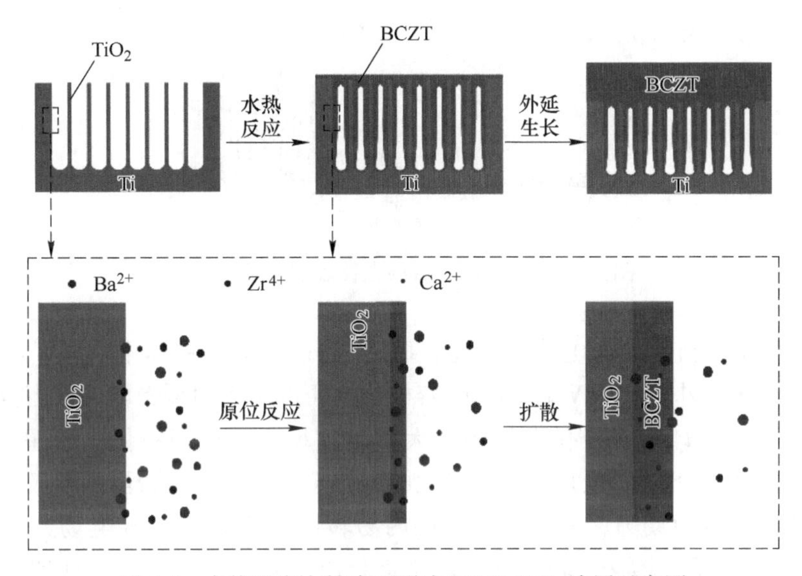

图 5-4 水热反应在钛表面形成 BCZT/TiO_2 涂层示意图

涂层与基体的结合强度是评价涂层结合性能的重要指标。测试了 BCZT/TiO_2 涂层在钛表面的结合强度，结果如图 5-5 所示。从图中可以看出，加载力均匀增加到 2 N 时测得声信号，当载荷增加到 13.6 N 时，摩擦曲线出现拐点，声信号幅值曲线也出现显著增加，对应临界载荷 LC1。当载荷增加到 36.2 N 时，摩擦曲线出现明显拐点，涂层完全失效，对应临界载荷 LC3。有报道称，钛骨种植材料涂层的结合强度为 16~18 N。因此，制备的钛表面 BCZT/TiO_2 涂层的结合强度满足生物医学应用。

5.1.2 极化工艺对 BCZT 涂层压电性能的影响

5.1.2.1 极化电压对 BCZT 涂层压电系数的影响

在压电涂层的极化过程中，外直流电场是影响极化效果的最主要因素。在不超过饱和场强的情况下，极化电压越大，驱动内畴转向的能力就越强，极化效果就越好；但外电场强度不能过高，当外电场过高时，涂层内部晶体局部会熔融而破坏材料整体结构的完整性和均一性，最终导致涂层的压电性能下降。

在 130 ℃、30 min 的条件下，BCZT 涂层在不同极化电压下极化的压电性能

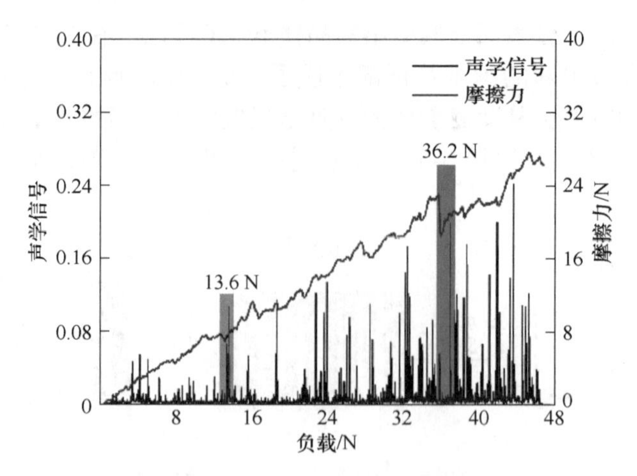

图 5-5　BCZT/TiO_2 涂层在钛表面的结合强度

如图 5-6 所示。与其他压电涂层相比，BCZT 涂层具有高的压电响应。由图可看出，当极化电压小于 10 kV 时，d_{33}随着极化电压的增大而缓慢增大；当极化电压大于 10 kV 时，d_{33}随着极化电压的增大而迅速增大；但当极化电压超过 15 kV 时，d_{33}突然快速下降。这是因为当极化电压小于 10 kV 时，较弱的外极化电场只能提供较小的外驱动力，只能促使涂层内易转向的 180°畴朝外电场方向取向排列，所以 d_{33}较低，增加也较为缓慢。当极化电压超过 10 kV 时，外加直流电场超过了涂层本身的矫顽电场，可使涂层内在低压下难以偏移和转向的畴在高压下发生偏移或转向，如 180°反转畴的形核、畴长大以及 90°畴壁的侧向移动，因此

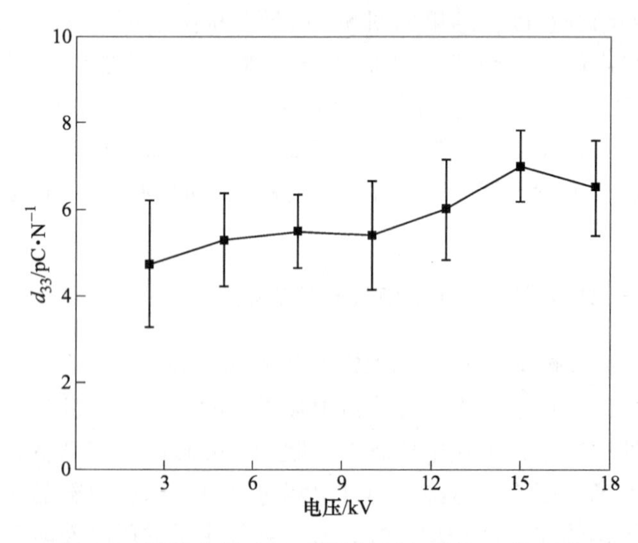

图 5-6　极化电压对 BCZT 涂层压电系数 d_{33}的影响

d_{33}增加较迅速。继续增加外直流电场强度，当极化电压大于 15 kV 时，材料中压电畴区转向基本完成，d_{33}不会再发生大的改变；但由于此时电压过高，涂层表面产生电弧放电，持续的电弧放电使涂层内局部区域发生熔融而结构遭到破坏，如图 5-7 所示。这一现象的产生使得涂层的整体性和均匀性遭到破坏，压电性能恶化，d_{33}迅速下降，因此选择 15 kV 为 BCZT 涂层的极化电压进行后续工艺化。

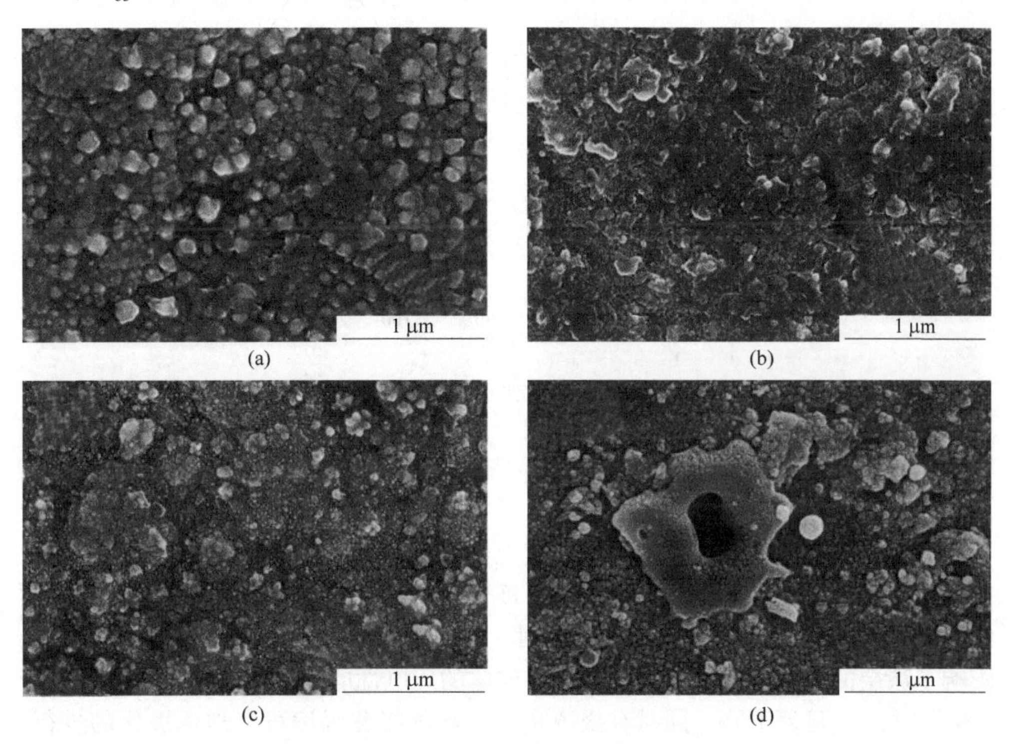

图 5-7　不同极化电压下 BCZT 涂层形貌

(a) 2.5 kV；(b) 7.5 kV；(c) 12.5 kV；(d) 17.5 kV

5.1.2.2　极化温度对 BCZT 涂层压电系数的影响

保持在极化电压为 15 kV、时间为 20 min 的条件下，测试极化温度对涂层压电性能的影响，不同极化温度下压电常数 d_{33}的变化趋势如图 5-8 所示。温度为 20~110 ℃时，随着极化温度的上升，压电系数 d_{33}呈快速上升趋势；在达到 110 ℃后开始增速放缓，d_{33}基本保持不变；然后在超过 120 ℃时下降，极化温度为 130 ℃时，涂层压电性能迅速恶化。这是由于较低体系温度时，随温度升高涂层内电畴转向所受阻力减小，畴运动更加活跃且转向更易进行。同时，在涂层制备过程中杂质所导致的空间电荷会对外直流电场产生屏蔽场，降低极化效果。而随温度上升空间电荷更易迁移而减少积聚，对外直流电场的屏蔽作用也会随着体系温度的升高而逐渐减弱，利于极化。因此在该阶段，温度的升高在不同方面都有利于极化程度的完全，对涂层压电性能的提升起促进作用。

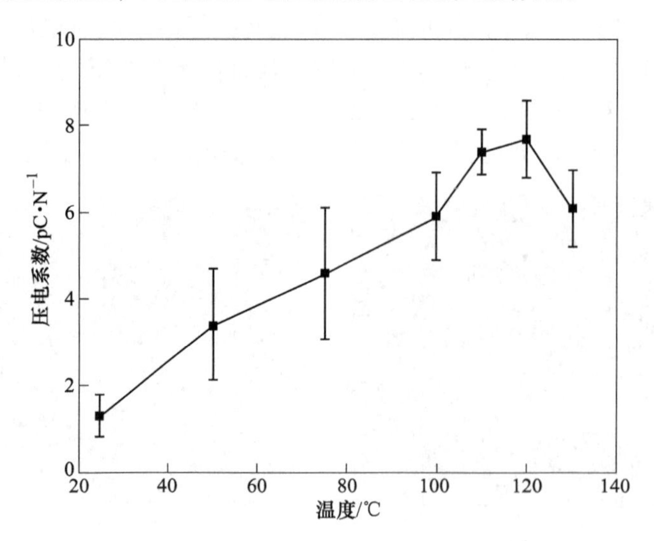

图 5-8　极化温度对 BCZT 涂层压电系数 d_{33} 的影响

在极化温度上升到 110~130 ℃时，压电常数 d_{33} 先保持基本不变然后突然下降。这是因为以空气极化方式极化时，温度越高电畴向外极化电场取向越易；然而，当极化温度超过 120 ℃时，随温度上升涂层的漏电流显著增加，电弧放电致使涂层形貌遭到破坏。不同极化温度下极化后的涂层表面形貌如图 5-9 所示，由图 5-9（d）可知，极化温度为 130 ℃时，由于电击穿涂层表面出现熔融的坑洞，影响了涂层的完整性，进而影响了涂层整体的压电性能。因此，当极化温度高于 120 ℃时，d_{33} 显著下降。同时有报道指出，高的极化温度可以加速极化的进行，所以综合测试结果考虑选择极化温度为 120 ℃。

(a)

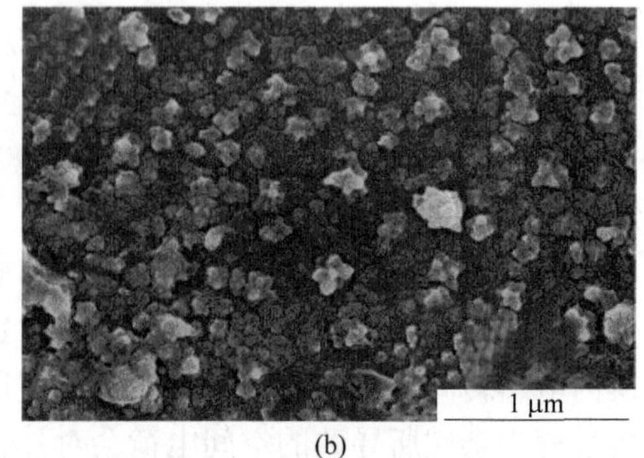

(b)

图 5-9 不同极化温度下 BCZT 涂层形貌

（a）25 ℃；（b）75 ℃；（c）100 ℃；（d）130 ℃

5.1.2.3 极化时间对 BCZT 涂层压电系数的影响

在一定的极化电压和温度下，适当延长外电场的作用时间，有利于促使受内应力阻碍难以运动的电畴发生转向侧移。另外，极化时间与极化温度、极化电压有着紧密的关系，极化电压和温度越高时，电畴取向排列越易完成，因此在优化的极化电压和极化温度下，优化出合适的极化时间可提高极化效率、节约成本。在极化电压为 15 kV、极化温度为 120 ℃时，研究压电常数 d_{33}随极化时间的变化趋势，结果如图 5-10（a）所示。随着极化时间的增加，压电常数 d_{33}呈现先上升后下降的趋势。

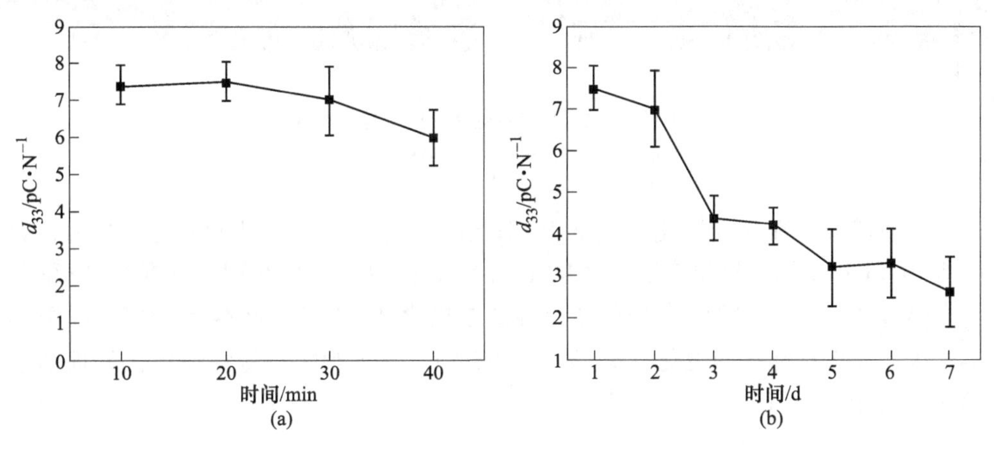

图 5-10 时间对 BCZT 涂层压电系数 d_{33}的影响

（a）极化时间；（b）静置时间

这一变化趋势与之前确定的极化电压与极化温度有关，在优化的极化电压和温度下，涂层内部电畴可以迅速地完成向外极化电场方向的排向，极化到 20 min

时已基本完成所有畴的取向排列，极化趋于饱和；但 BCZT 涂层对极化时间比较敏感，当极化时间超过 20 min 后，漏电流显著增加，涂层样品被电击穿，涂层整体性遭到破坏，压电性能不断下降。不同极化时间下 BCZT 涂层表面形貌如图 5-11 所示，涂层极化 40 min 后形貌发生了明显发生改变，因此确定钛表面 BCZT 涂层的极化时间为 20 min。

图 5-11　不同极化时间下 BCZT 涂层形貌

(a) 10 min；(b) 20 min；(c) 30 min；(d) 40 min

同时研究了在最佳极化工艺下 BCZT 涂层在室温下压电性能的老化行为，如图 5-10（b）所示。结果表明，最佳工艺下极化的钛表面 BCZT 涂层的压电系数 d_{33} 约为 7.6 pC/N，BCZT 涂层的压电性能在极化结束后 2 天内保持较好，在极化第二天后压电性能迅速退化（d_{33} 损失约 38%），其宏观压电特性在极化处理结束第 7 天后接近于消失。

5.1.3　钛表面 BCZT 生物压电涂层的静态矿化

植入物的表面生物活性被认为是促进骨组织化学结合，决定植入物在体内是否成功的关键因素。表面矿化可为骨细胞创造类似天然细胞外基质的亲骨环境，同时近年来文献报道指出，生物活性往往被认为与模拟体液（SBF）中材料表面磷酸钙磷灰石的形成速率有关。为了评价钛表面 BCZT 涂层矿化速率，采用模拟体液浸泡的方法，选择极化处理的 BCZT 涂层样品 BCZT(P)、未极化的 BCZT 涂层样品 BCZT、未经处理的对照组纯钛，在 SBF 中浸泡不同天数观察磷灰石的沉积状况，对样品诱导钙沉积的能力进行评价。

(1) 准静态条件下矿化后涂层的微观形貌。为观察钛表面 BCZT 涂层在静态浸泡条件下的沉积情况，对各组样品在 SBF 中浸泡 1 天、7 天、10 天、14 天的表面形貌进行表征，结果如图 5-12 所示。由图可以看出，随浸泡时间的延长，各组样品均在浸泡 14 天后表面沉积了磷灰石状颗粒。纯钛组在浸泡第 10 天时，涂层表面局部有颗粒以枝晶状沉积，浸泡 14 天后沉积颗粒数量增多。BCZT 组在 SBF 中浸泡 1 天、7 天、10 天时，涂层表面无太大变化，但涂层基体形貌出现起伏，表明在 BCZT 涂层表面出现一层沉积物层，浸泡 14 天后，基体表面形貌更

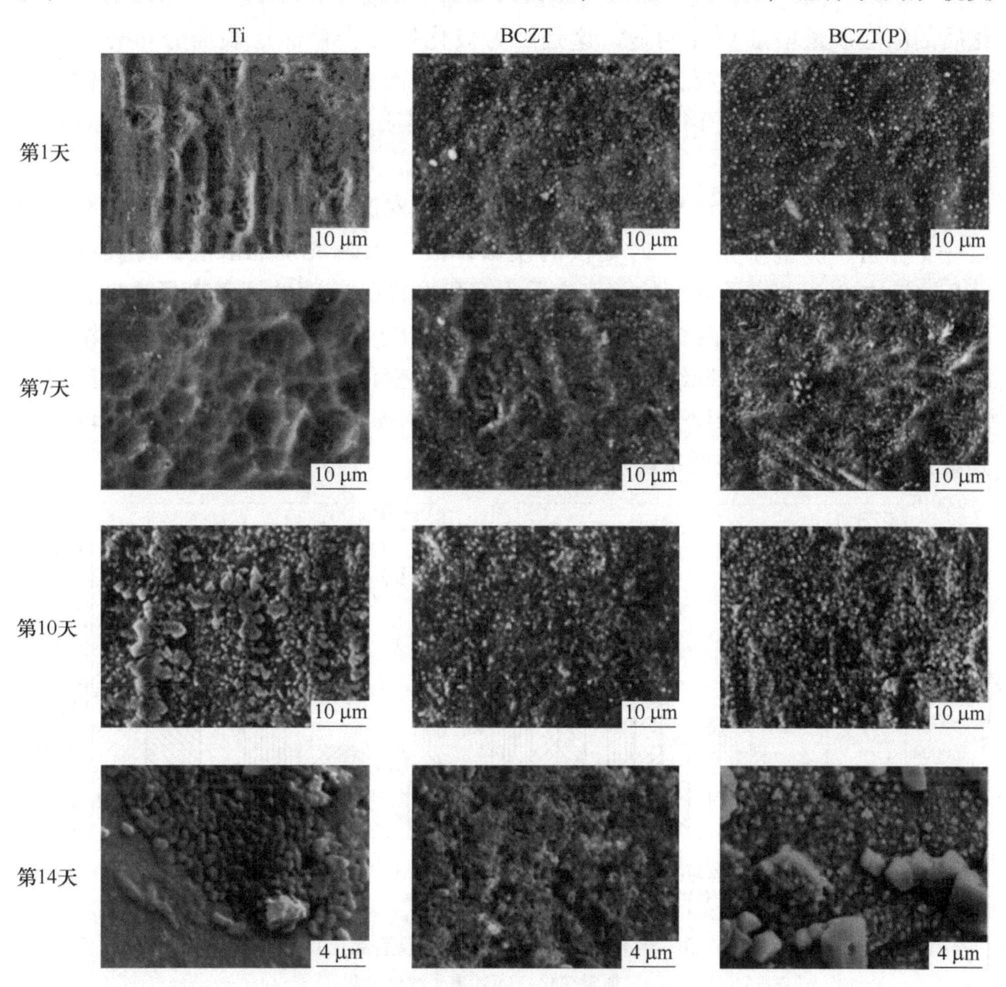

图 5-12 在准静态下矿化不同天数后 Ti、BCZT 和 BCZT(P) 的表面形貌

粗糙且具一定起伏度。与 BCZT 组类似，BCZT(P) 组在 SBF 中浸泡相同时间时沉积了数量更多、尺寸更大的磷灰石，沉积的磷灰石层覆盖了 BCZT(P) 涂层基体的形态。在 SBF 中静态浸泡 14 天后涂层表面形貌结果表明：BCZT(P) 涂层沉积的羟基磷灰石层覆盖了涂层基体表面形貌，沉积有数量最多的磷灰石；表明在静态条件下钛表面 BCZT 涂层有比纯钛对照组更好的诱导磷灰石沉积的能力，相比未极化的 BCZT(P) 涂层诱导沉积的磷灰石尺寸更大。

（2）准静态条件下矿化后涂层的质量变化及表面钙磷离子浓度变化。通过表征三组样品在静态条件下于 SBF 浸泡 1 天、7 天、10 天、14 天后质量变化及表面钙磷离子含量变化进一步进行分析，涂层静态浸泡后的质量变化结果如图 5-13（a）所示。随着浸泡时间的增加，各组涂层样品的质量变化表现出类似的趋势，即随时间增加钛表面涂层的质量都呈递增趋势。与未极化的涂层相比，极化后的涂层质量增加更加明显，这是因为极化处理会使涂层表面分布有残余电荷，表面电荷的分布会提升涂层的润湿性能，继而提升了涂层表面与模拟体液相互作用的能力。在浸泡 14 天后，BCZT(P) 涂层质量增加为 1.33 mg，为对照组的 201%。

此外，通过测量各组样品表面钙磷离子浓度对涂层在钙沉积过程中的差异作进一步分析，测量了每天定时更换的模拟体液中钙磷离子的浓度，将其与标准 SBF 溶液中的钙磷离子浓度的差值表示为沉积在样品表面的钙磷离子浓度，结果如图 5-13（b）所示。由图可以看出，在 BCZT(P) 涂层表面的钙磷离子浓度最高，其次是 BCZT 与对照组，与扫描形貌及质量变化的结果较为一致，且经过计算可得样品表面的钙磷比为 0.412。羟基磷灰石中钙磷比约为 1.67，表明沉积物是缺钙的，推测是碳酸型基磷灰石（CHA）。

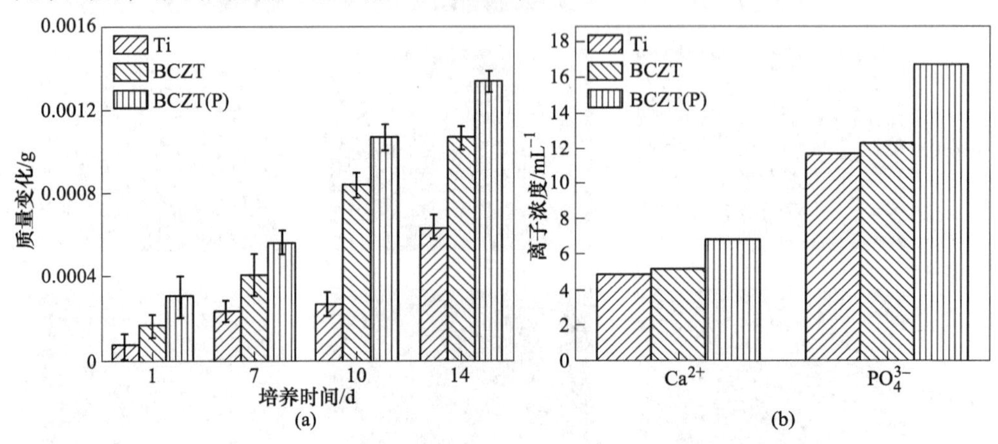

图 5-13　在准静态下矿化不同天数后涂层的变化

（a）质量变化；（b）离子浓度变化

涂层的表面性质和局域的离子浓度是影响涂层表面钙磷离子沉积速率的主要因素，因此通过测试涂层表面的水接触角对涂层静态条件下 SBF 浸泡过程中的涂层表面润湿性能进行了表征，结果如图 5-14 所示。随着矿化时间的延长，各组样品表面的水接触角不断降低，即表面润湿性能不断变好，亲水性越好。其静态浸泡 14 天后水接触角的关系为：Ti>BCZT>BCZT(P)，即 BCZT(P) 的亲水性最好，水接触角约为 36.22°。同时，在浸泡过程中，BCZT(P) 水接触角的降低速率也是最快的。也就是说，钛表面 BCZT 涂层明显改善了基体表面的润湿性能，同时极化的 BCZT 涂层相比于未极化涂层表现出了更好的润湿性能，因此 BCZT(P) 涂层具有利于与流体黏结的亲水表面，更有利于矿化过程的进行。另外，BCZT 涂层的粗糙表面也更有利于形核位点的形成及类骨磷灰石的附着，是 BCZT 涂层诱导磷灰石沉积能力获得提升的又一原因，这些表面性质共同促进了钛表面 BCZT 涂层的钙沉积过程。而在静态条件下，各组样品表面具有相同的局域离子浓度，因此 BCZT(P) 涂层在静态条件下具有最高的矿化速率。

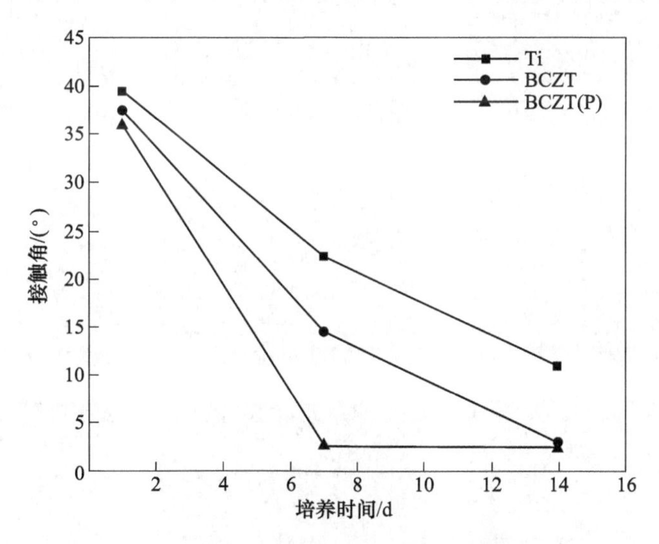

图 5-14　钛表面 BCZT 涂层的水接触角

5.1.4　生理载荷下钛表面 BCZT 生物压电涂层的矿化

天然骨在人体内并不是处于一成不变的静态环境中，其不仅要承受人体本身的重力，还要受到人体在活动时所产生的各种应力，如压力和摩擦力。因此，钛植入物在植入人体后也要面临复杂的应力环境，简单的静态模拟体液浸泡不能很好地反映出钛表面 BCZT 生物压电涂层的优越性。因此本节利用模拟人体生理载荷的动态加载装置，模拟人骨的复杂应力环境，研究处于动态载荷下各组涂层在 SBF 中浸泡不同天数的钙沉积状况。

5.1.4.1　生理载荷下矿化后涂层的微观形貌

对三组样品在生理载荷条件下于 SBF 中浸泡 1 天、7 天、10 天、14 天后的涂层表面形貌进行表征，结果如图 5-15 所示。浸泡时间为 1 天、4 天时，对照组表面未发现有沉积物析出，随浸泡时间延长，在第 10 天时对照组开始有少许白色颗粒析出；在第 14 天时，基体表面形貌模糊，表面覆盖有薄薄的一层沉积物层。BCZT 涂层在浸泡 1 天、4 天时，表面同样没有明显的沉积物出现，在第 10 天时表面出现与对照组浸泡 14 天时类似的沉积物层；在浸泡第 14 天时，沉积物层中的颗粒变大，表面起伏更大。在生理载荷条件下于 SBF 中浸泡第 1 天时，BCZT(P) 涂层表面有细小沉积物析出，出现与对照组浸泡 14 天时类似的沉积物层，并随浸泡时间的延长不断堆积变厚，颗粒粒径不断变大。

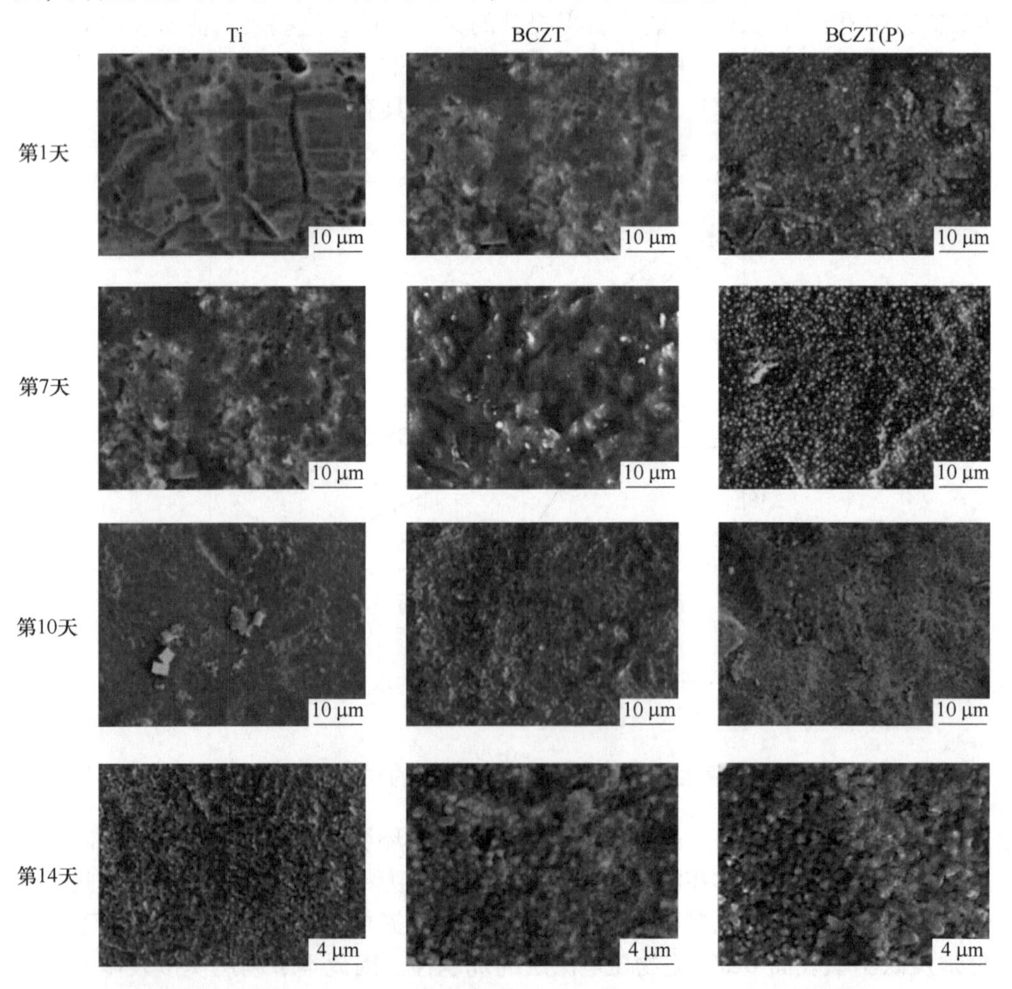

图 5-15　在生理载荷下矿化不同天数后 Ti、BCZT 和 BCZT(P) 表面形貌

在动态加载条件下于 SBF 浸泡 14 天后涂层的表面形貌结果表明：所有样品表面均有较多沉积物析出，并表现出一定的厚度和粗糙形貌。其中，样品表面被磷灰石沉积层覆盖的时间分别为：纯钛 14 天、BCZT 涂层 10 天、BCZT(P) 涂层 1 天。这可能是因为，相比对照组，BCZT 涂层具有更好的润湿性能和更粗糙的表面；同时，通过生理载荷装置施加的动态加载激活了钛表面 BCZT(P) 涂层的压电特性，进而增强了涂层诱导磷灰石沉积的能力。

5.1.4.2　生理载荷下矿化后涂层的质量变化及表面钙磷离子浓度变化

为了探讨生理载荷对钛表面压电涂层矿化过程的促进作用，测量了动态记载下矿化 14 天后各组涂层样品表面的质量变化和钙磷离子浓度，结果如图 5-16 所示。从图 5-16（a）中可以看出，在动态加载的条件下，从浸泡第一天开始，各组样品就表现出了巨大的差异：BCZT(P)>BCZT>Ti；并且随浸泡时间增加，这一趋势显著增大。其中，BCZT(P) 在浸泡 1 天后，质量增加达到 1.2 mg，与静态条件下 BCZT(P) 浸泡 14 天的质量变化相当，表明动态加载显著增强了涂层的钙沉积速率。与质量变化的趋势相似，如图 5-16（b）所示，各组样品表面沉积的钙磷离子浓度也获得了大幅提升，BCZT(P) 表面具有最大的钙磷离子浓度，计算钙磷比为 1.21，为无定型磷酸钙（ACP）。

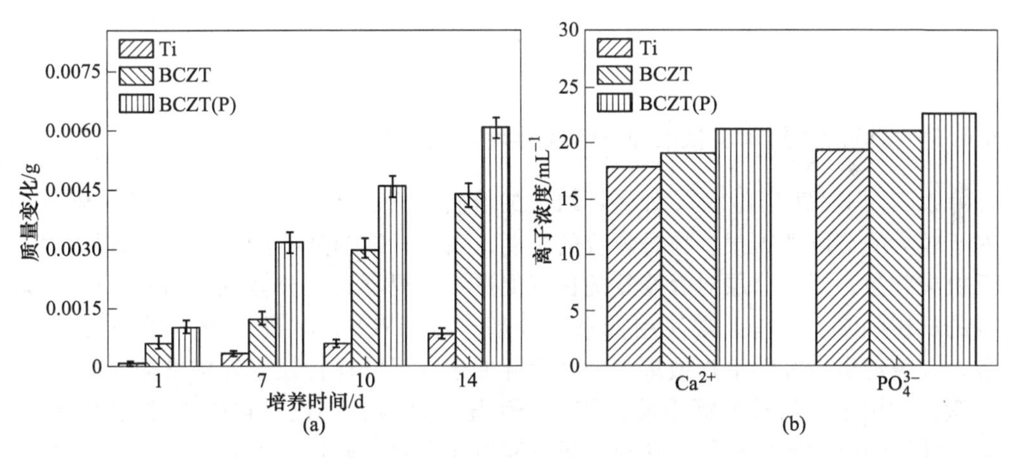

图 5-16　在生理载荷下矿化 1、7、10、14 天数后涂层的变化

（a）质量变化；（b）离子浓度变化

结果表明，在生理载荷装置下进行模拟体液浸泡可显著提高涂层的矿化效率，有两个原因支持了这一结果。首先，动态加载装置施加的生理载荷激活了涂层的压电性能，即当压电涂层受到压应力刺激时会产生变形在涂层表面产生负电荷，涂层表面的负电荷会持续对 Ca^{2+} 产生吸引作用，促进磷灰石在涂层表面的形核，率先形成的磷灰石又会成为一个形核位点，为了降低形核能，附近溶液中的 Ca^{2+} 和 PO_4^{3-} 趋向于在易形核的位点优先形核；其次，由极化处理带来的涂层表

面的残余电荷，随着压电效应的激活也得到了不断补充，使涂层表面的润湿性能得到保持，如图 5-17 所示，良好的亲水性同样有利于涂层钙沉积速率的提升以促进骨愈合。

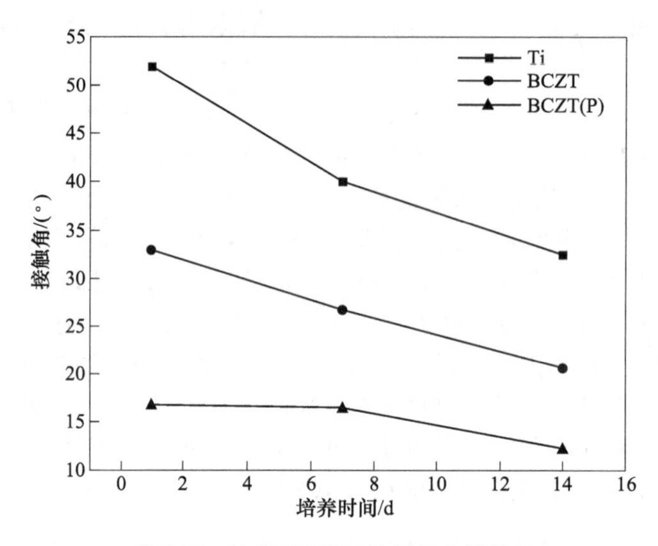

图 5-17　钛表面 BCZT 涂层的水接触角

5.1.5　低频脉冲超声下钛表面 BCZT 生物压电涂层的矿化

钛表面 BCZT 压电涂层对小骨缺损的修复治疗具有良好的促进作用。然而，对于较大的节段性缺损，在骨愈合的早期，由于骨缺损处不能承重，导致局部缺乏机械刺激，压电涂层对骨修复的良好促进效果得不到充分体现，因此应增加额外的机械刺激。临床上常使用低频脉冲超声（LIPUS）辅助治疗大骨缺损的患者，并表现出良好的治疗效果。低强度脉冲超声可以在骨缺损处提供额外的机械刺激，作用于锆钛酸钡钙涂层，使其产生压电效应，促进骨再生[11]。因此在模拟体液浸泡时引入低频脉冲超声，研究其对压电涂层矿化行为的影响。

5.1.5.1　低频脉冲超声对 BCZT 涂层矿化后微观形貌的影响

研究 LIPUS 下样品表面磷灰石的沉积情况，将 BCZT(P)、BCZT 和 Ti 在 SBF 浸泡 1 天、7 天、10 天、14 天后对其表面形貌进行表征，结果如图 5-18 所示。在超声加载下 SBF 中浸泡第 1 天、7 天、10 天时，纯钛组与动态加载时的结果类似，样品表面相对光滑，仅在第 14 天时有少许白色颗粒状沉积物出现；BCZT 在超声加载第 1 天表面就有薄薄一层磷灰石沉积层覆盖，随着浸泡时间的增加，沉积层逐渐变厚并且沉积物颗粒逐渐增大，表现出高低起伏的粗糙形貌。BCZT(P) 在超声加载第 1 天时就有较多数量的白色颗粒状沉积物出现，并在第 7 天时白色颗粒相互溶解结合形成厚厚的一层类骨磷灰石层，在浸泡第 14 天后沉积物层形成具有均匀磷灰石大颗粒存在的粗糙表面。

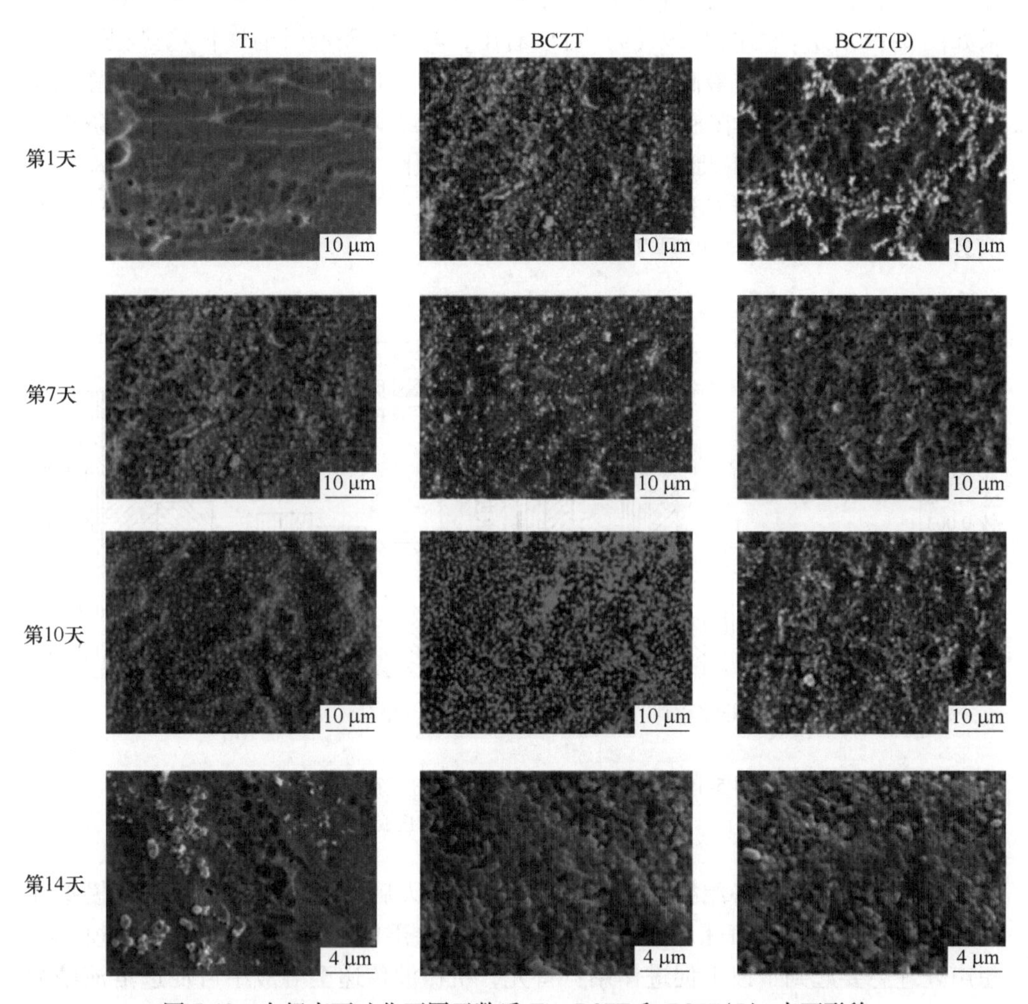

图 5-18 在超声下矿化不同天数后 Ti、BCZT 和 BCZT(P) 表面形貌

在超声加载条件下于 SBF 浸泡 14 天后涂层的表面形貌结果表明：BCZT 在矿化第 1 天时就被沉积物层覆盖，而在生理载荷条件下达到这一效果需要 7 天。BCZT(P) 表现出了与生理载荷下不同的矿化过程，首先有白色磷灰石颗粒出现，然后沉积物溶解结合形成类骨磷灰石层。纯 Ti 组则没有出现这一过程。这可能是因为，BCZT 涂层受低频脉冲超声影响激活了压电效应而在涂层表面产生电荷，进而促进了涂层的矿化，而纯 Ti 则没有从 LIPUS 中获益。

5.1.5.2　低频脉冲超声下矿化后涂层的质量变化及表面钙磷离子浓度变化

为进一步分析低频脉冲超声对涂层矿化速率的影响，测量了三组样品在超声加载条件下于 SBF 中浸泡 14 天后涂层表面的质量变化和钙磷离子含量变化，结果如图 5-19 所示。由图 5-19（a）可以看出，与静态浸泡时的增长趋势相同，在 BCZT(P) 质量增加量最高，其次是 BCZT、Ti，但整体质量变化远高于静态浸泡。其中，BCZT(P) 在浸泡 14 天后质量增加到 5.63 mg，与生理载荷条件下 BCZT(P) 表面浸泡 14 天的质量增加量相当。从图 5-19（b）可看出，与动态加载相比，超声加载同样加速了样品表面 Ca^{2+} 和 PO_4^{3-} 的沉积，钙磷比较低为 0.57，BCZT(P) 表面钙离子浓度是 Ti 的 125%。

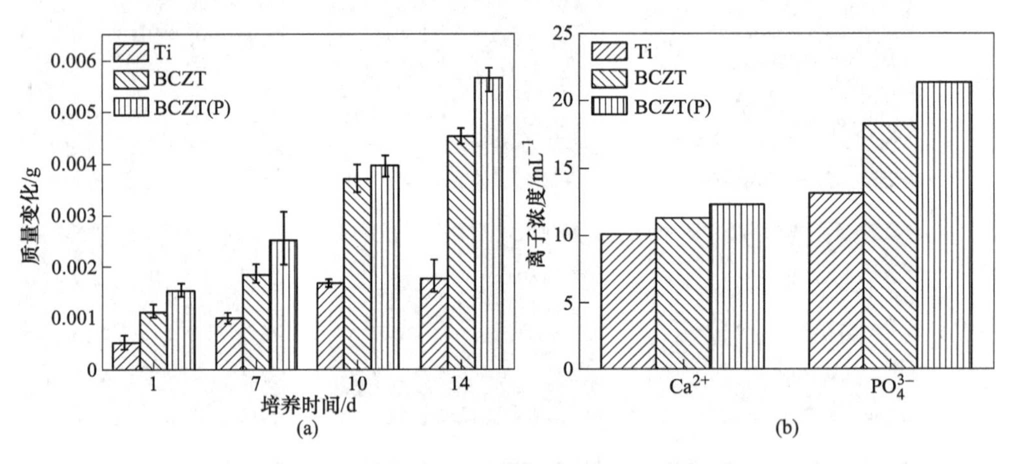

图 5-19　在超声下矿化不同天数后涂层的变化
（a）质量变化；（b）离子浓度变化

低频脉冲超声下各组样品于 SBF 中浸泡 14 天后的结果表明：在体外模拟体液浸泡过程中施加超声处理显著增加了钛表面涂层的矿化速率。在矿化过程中，超声处理主要起到了以下促进作用：首先，机械波传递至溶液中可促进溶液中的离子交换，在某一位点形核时消耗的钙磷离子会得到较快的补充，进而促进磷灰石沉积。同时，已沉积的大颗粒磷灰石在超声作用下会被震碎成更多的细小颗粒作为形核位点。其次，超声处理施加的机械刺激还会激活涂层的压电效应使涂层表面产生电荷，压电电荷会补充极化处理产生的涂层表面残余电荷以维持涂层的润湿性能，提升涂层的亲水性能，如图 5-20 所示。同时，压电负电荷会吸引 Ca^{2+} 聚集，在超过临界形核功后就会开始成核、长大并沉积形成磷灰石层。所以在施加低频脉冲超声和涂层压电效应的协同作用下，钛表面 BCZT(P) 涂层诱导磷灰石沉积的能力得到明显提高。

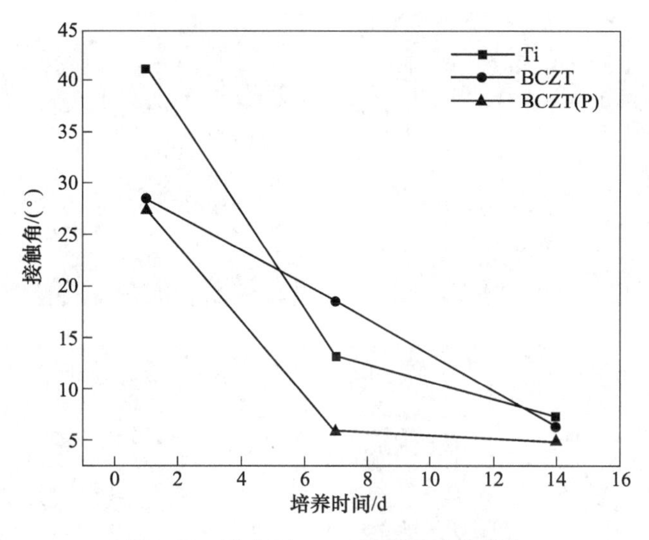

图 5-20 钛表面 BCZT 涂层的水接触角

5.2 钛表面 BCZT 载银生物压电涂层的匀速释放机制

5.2.1 钛表面 BCZT 载银生物压电涂层的制备

5.2.1.1 制备工艺

采用表面光滑的钛板作为阳极，铂板作为阴极，在由氟化铵、水和乙二醇组成的电解液中进行阳极氧化。样品在 400 ℃热处理后得到二氧化钛纳米管涂层，具体工艺参数与我们前期研究一致。在不同浓度的硝酸银溶液中浸泡 10 min，同时超声 5 min，得到纳米管中含有硝酸银的涂层样品。处理后的样品在 300 W 紫外灯照射 30 min 后，负载在纳米管中的硝酸银被完全还原为纳米银。将氯化钡和氯化锆溶解在去离子水中，并在上述溶液中加入氢氧化钠溶液，将 pH 值调节至 14。沉淀 4 h 后，将超清液与上述涂层样品一起加入水热反应器中，在 240 ℃下保温 6 h，得到 BCZT-Ag 涂层。BCZT-Ag 涂层的极化过程与同类涂层一致。在 1.5 mol/L、2.0 mol/L、2.5 mol/L 和 3.0 mol/L 硝酸银溶液中浸泡后得到的 BCZT-Ag 涂层样品分别标记为 BCZT-Ag 1.5、BCZT-Ag 2.0、BCZT-Ag 2.5 和 BCZT-Ag 3.0。在 2.5 mol/L 硝酸银溶液中浸泡后得到的 TiO_2 纳米管涂层样品标记为 TiO_2-Ag 2.5。极化后的 BCZT-Ag 2.5 涂层标记为 BCZT-Ag 2.5(P)。

5.2.1.2 涂层的微观形貌

不同载银量 BCZT-Ag 涂层的形貌如图 5-21 所示。从图中可以看出，二氧化钛纳米管的形貌是均匀的。由统计分析表明，二氧化钛纳米管的长度为（2.17±

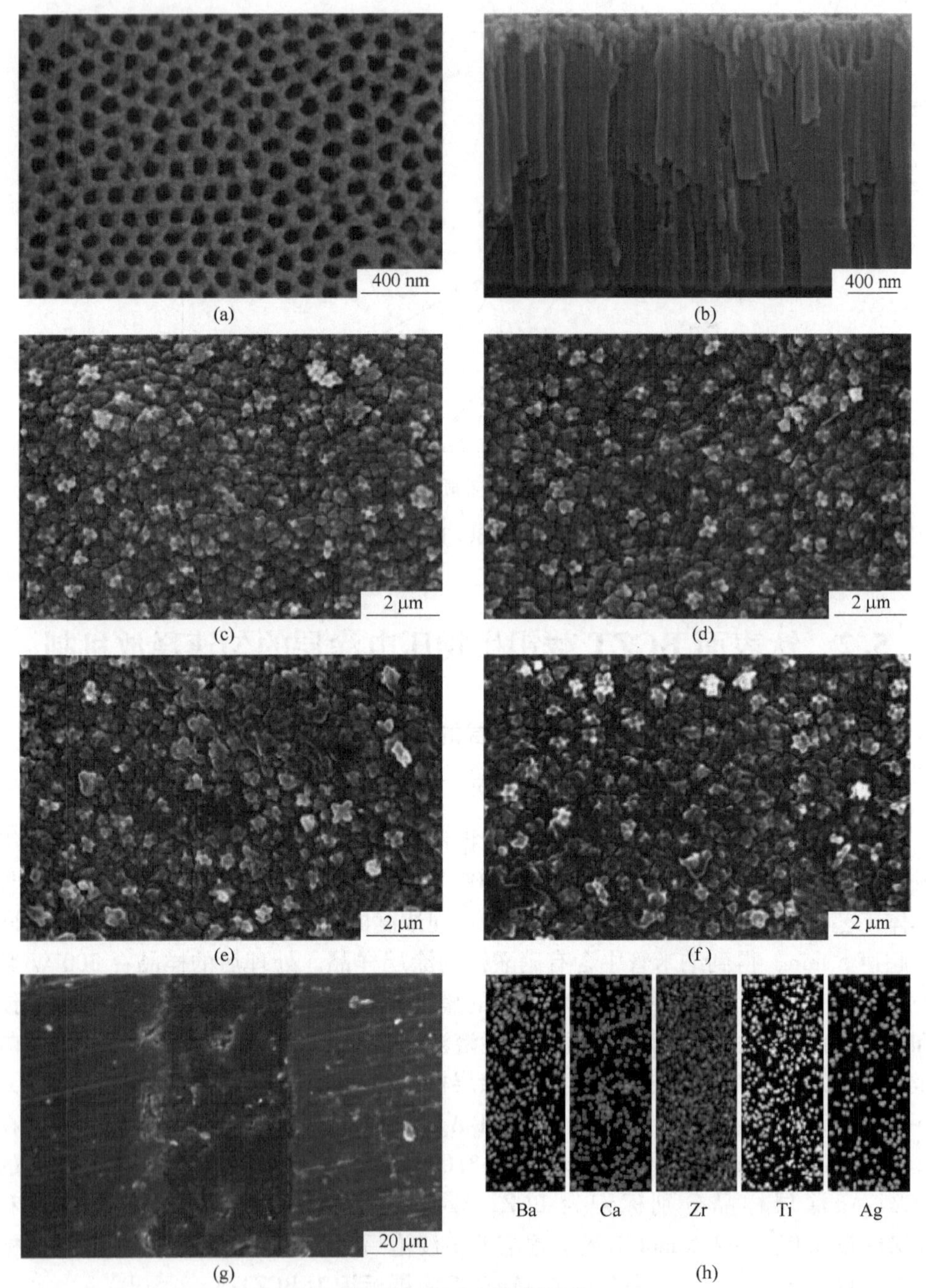

图 5-21　钛表面涂层形貌

(a) TiO_2 纳米管的俯视图；(b) TiO_2 纳米管的横截面图；(c) BCZT-Ag 1.5 的俯视图；(d) BCZT-Ag 2.0 的俯视图；(e) BCZT-Ag 2.5 的俯视图；(f) BCZT-Ag 3.0 的俯视图；(g) BCZT-Ag 2.5 的横截面图；(h) 图 (g) 中红色区域的 EDS 图

0.02)μm、直径为 (122±15)nm。BCZT-Ag涂层表面覆盖了一层颗粒，颗粒之间紧密结合，不同载银量的镀层形貌无明显差异。BCZT-Ag 2.5涂层的截面形貌［见图5-21（g）］显示涂层厚度约为33 μm。同时，BCZT-Ag 2.5涂层截面EDS表征［见图5-21（h）］显示，Ba、Ca、Ti、Zr和Ag均匀分布在样品表面，Ag元素沿镀层厚度方向的趋势分布不明显。

通过原子力显微镜分析涂层的粗糙度，结果如图5-22所示。从BCZT-Ag涂

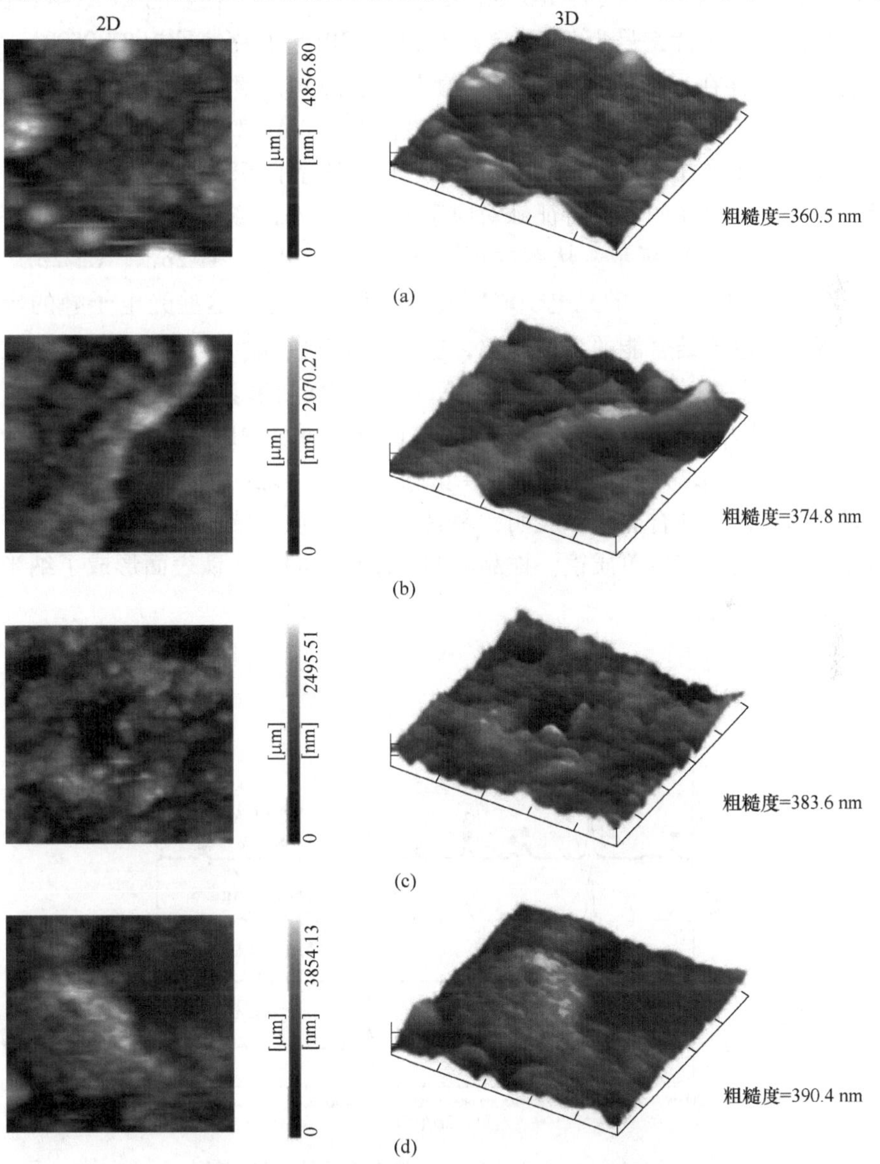

图5-22 钛表面BCZT-Ag涂层的AFM图像

(a) BCZT-Ag 1.5；(b) BCZT-Ag 2.0；(c) BCZT-Ag 2.5；(d) BCZT-Ag 3.0

层的二维和三维形貌可以看出，涂层表面呈颗粒状，这与 SEM 的测试结果一致。BCZT-Ag 1.5、BCZT-Ag 2.0、BCZT-Ag 2.5 和 BCZT-Ag 3.0 的粗糙度分别为 360.5 nm、374.8 nm、383.6 nm 和 390.4 nm。原子力显微镜分析结果表明，镀层的粗糙度随载银量的增加没有明显变化。

5.2.1.3　涂层物相及元素价态分析

不同载银量 BCZT-Ag 的 XRD 如图 5-23 所示。不同载银量的 BCZT-Ag 相主要由 BCZT（JCPDS 卡片编号为 75-0211）和银（JCPDS 卡片编号为 87-0598）组成。TiO_2 也有微量存在，峰值强度很弱。值得注意的是，随着载银量的增加，银在 40.3°处的特征峰显著增加。为了进一步表征 BCZT-Ag 2.5 涂层中化学元素的结合状态以及银元素在涂层中的存在形式，我们进行了 XPS 分析，结果如图 5-24 所示。在全谱中存在的元素特征峰对应于 BCZT 和 Ag。部分元素的高分辨率信号如图 5-24（b）~（e）所示。从图中可以看出，Ba $3d_{5/2}$、Ti $2p_{3/2}$、Ca $2p_{1/2}$和 Ca $2p_{3/2}$、Zr $3d_{3/2}$和 Zr $3d_{5/2}$的光电子峰明显不对称。通过对这些光电子峰的峰分裂拟合，观察到电子结合能的分裂现象，这与 BCZT 中 Ba^{2+}和 Ca^{2+}在 A 位的共占据以及 Zr^{4+}和 Ti^{4+}在 B 位的共占据有关。XPS 和 XRD 结果表明，Ca 和 Zr 原子被整合到钙钛矿结构的晶格中。从图 5-24（f）的结果可以看出，Ag 3d 的能级分为两个：$3d_{5/2}$(368.23 eV）和 Ag $3d_{3/2}$(374.15 eV)，双峰之间的间隔接近 6 eV，这是单元素银的特征。结合能结果表明，银具有金属性质。浸没在涂层中的硝酸银溶液通过光化学反应产生单质银。样品的测试结果表明，在钛表面形成了纳米银分散的 BCZT-Ag 涂层。

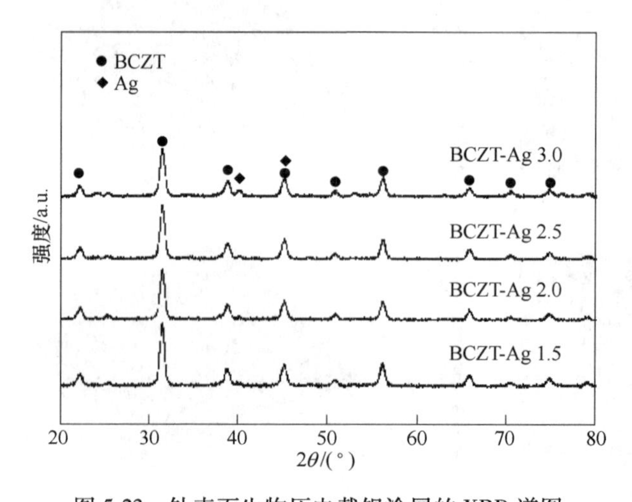

图 5-23　钛表面生物压电载银涂层的 XRD 谱图

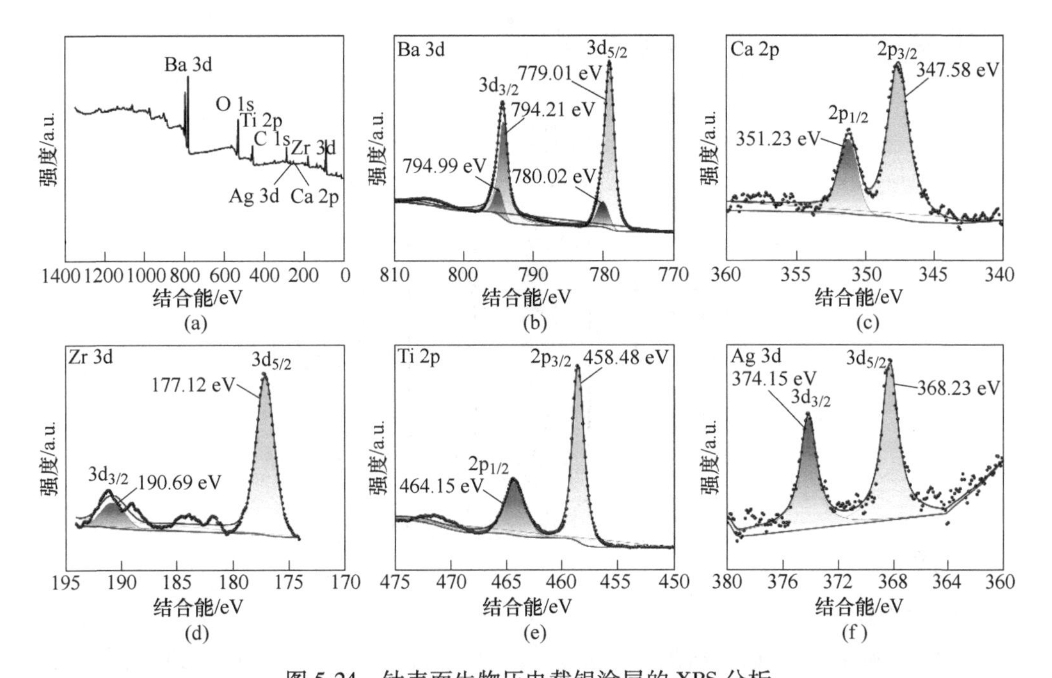

图 5-24 钛表面生物压电载银涂层的 XPS 分析

(a) 涂层的全光谱谱图；(b) Ba 3d 谱图；(c) Ca 2p 谱图；(d) Zr 3d 谱图；(e) Ti 2p 谱图；(f) Ag 3d 谱图

5.2.1.4 Ag 添加量对 BCZT-Ag 涂层的压电性能和亲水性能的影响

A 压电性能

压电性能是钛表面 BCZT 涂层的重要性能，为了探究 Ag 添加量对 BCZT-Ag 涂层压电性能的影响，采用准静态 d_{33} 测试仪来测试 BCZT-Ag 复合涂层的压电响应，在测试之前，涂层样品在预定工艺参数下于耐压测试仪中极化。复合涂层的 d_{33} 测试结果如图 5-25 所示。结果表明，随着载银量的增加，复合涂层的压电系数呈现先增大后减小的趋势。BCZT-Ag 2.5 显示出最大的压电系数，约为 13.01 pC/N，较未负载银时提升了 71%。这表明适量的 Ag 可以促进偶极子的取向极化，增大涂层的极化程度，进而使涂层表现出更好的压电性能。Babu 和 Park 等人报告了通过引入导电填料来提高聚合物-陶瓷复合材料的压电输出性能的类似结果。他们认为，性能的提高归因于电导率的增加，这可以使压电材料的极化变得更容易。因此，BCZT-Ag 复合涂层压电性能可以解释如下：银纳米颗粒作为导电相均匀嵌入分布在涂层内部或表面，使复合涂层的导电性显著提高，同时银为极化电场提供导电通道，降低了复合涂层的有限电阻率，从而导致了更有效的极化。因此，适量的银含量可以增加复合涂层的压电响应。然而，过高的导电银含量会导致复合涂层的漏电流显著增加，从而降低其击穿电场。在这种情况下，难以达到预定的极化条件，极化效果也会大打折扣，因此在 Ag 添加量达到 3.0 mol/L 时，

BCZT-Ag 3.0 复合涂层的压电性能变差。

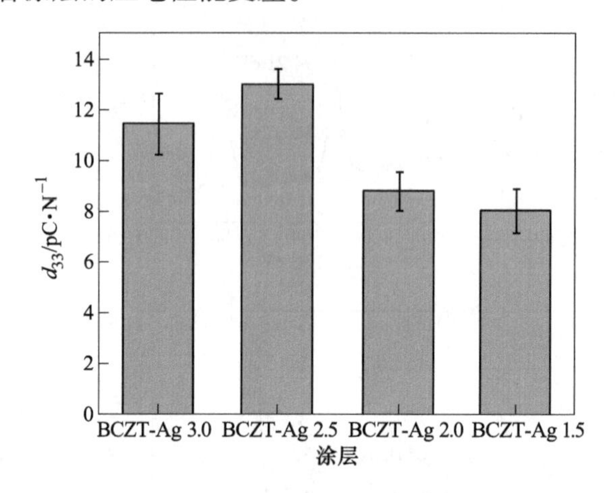

图 5-25　不同载银量 BCZT 涂层的压电系数

B　亲水性

表面润湿性是生物材料的一项重要物理化学性质，它可以调节细胞的吸附行为，提高表面与流体相互作用的能力，对涂层的矿化能力有较大的影响。当材料暴露在体液或培养液中时，钙磷盐的沉积矿化以及细胞的初始附着都受材料表面润湿性的影响，良好的表面润湿性可促进生物材料植入人体后对骨修复的作用[21]。因此，通过水在涂层表面的接触角大小研究了不同载银量下钛表面 BCZT-Ag 涂层的表面润湿性，结果如图 5-26 所示。随着 Ag 添加量的增加，钛表面 BCZT-Ag 涂层的水接触角不断增大，亲水性不断降低，但即使在最大载银量下 BCZT-Ag 涂层的水接触角小于 90°，仍表现出亲水性。这可能是因为，随着载银量的增加，涂层表面存在的纳米银颗粒数量逐渐增多，使得涂层表面亲水性降低。结合 Ag 添加量对涂层压电性能的影响，选择 BCZT-Ag 2.5 涂层进行后续性能表征，BCZT-Ag 2.5 涂层的水接触角为 57.7°。

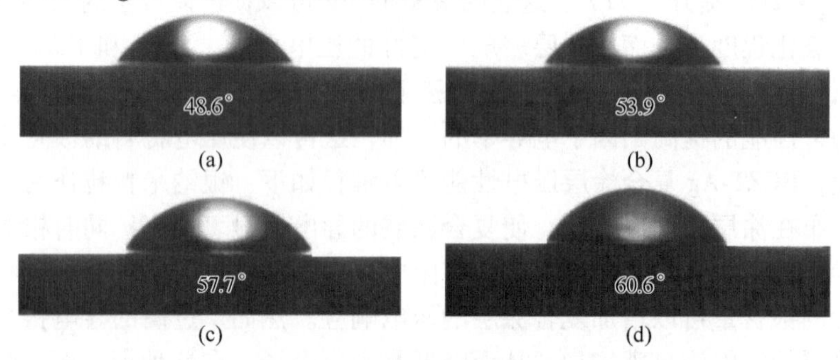

图 5-26　不同载银量下的钛表面 BCZT 载银涂层的水接触角

(a) BCZT-Ag 1.5；(b) BCZT-Ag 2.0；(c) BCZT-Ag 2.5；(d) BCZT-Ag 3.0

5.2.2 钛表面BCZT载银生物压电涂层的矿化

对BCZT-Ag两组涂层在低频脉冲超声条件下进行SBF浸泡1天、7天、10天、14天后的表面微观形貌进行表征，结果如图5-27所示。由图可以看出，在

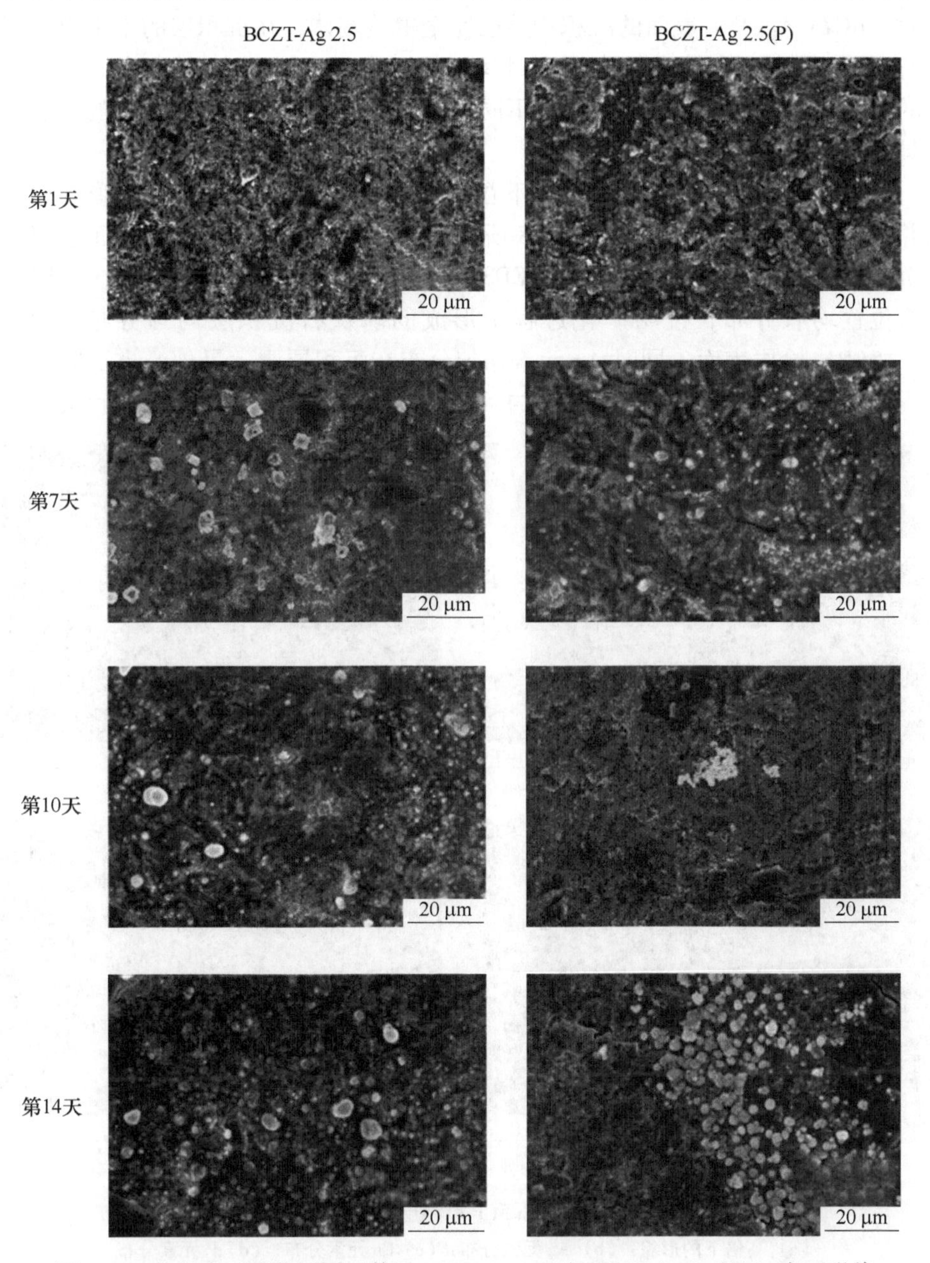

图5-27 在超声下矿化不同天数后BCZT-Ag 2.5和BCZT-Ag 2.5(P)表面形貌

SBF 浸泡的前期阶段第 1 天时，BCZT-Ag 2.5 涂层表面基体形貌模糊，有较薄的沉积物层形成，但未出现明显的颗粒物，浸泡时间延续到第 7 天时，沉积层表面开始有颗粒状磷灰石形成，并在第 14 天时长大聚集；BCZT-Ag 2.5(P) 涂层在浸泡第 1 天时就在表面形成了明显的沉积层，当浸泡时间延长到第 7 天、第 10 天时，BCZT-Ag(P) 表面的沉积物层已完全覆盖基体，在沉积层的不平整和裂纹处有大颗粒形核、长大，并在浸泡时间延长到第 14 天时在沉积层表面堆积了明显的类磷灰石颗粒，与未极化涂层不同的是，BCZT-Ag(P) 表面沉积的磷灰石颗粒具有蓬松的球状形貌。

对 BCZT-Ag 2.5(P) 超声处理下在 SBF 浸泡 14 天后表面沉积物形貌放大观察并进行 EDS 分析，结果如图 5-28 所示。BCZT-Ag 2.5(P) 涂层表面堆积分布的沉积物为多孔的蓬松球状颗粒，EDS 结果表明，Ag、Ca 和 P 元素在涂层表面所有位置均有分布，说明矿化过程中形成的磷灰石沉积层均匀分布在 BCZT-Ag 2.5(P) 涂层表面，同时 Ag 元素均匀分布在沉积层中；另外，也证明了矿化过程中涂层的质量增加源于磷灰石的沉积。同时，Ca、P 元素还在球状沉积物上

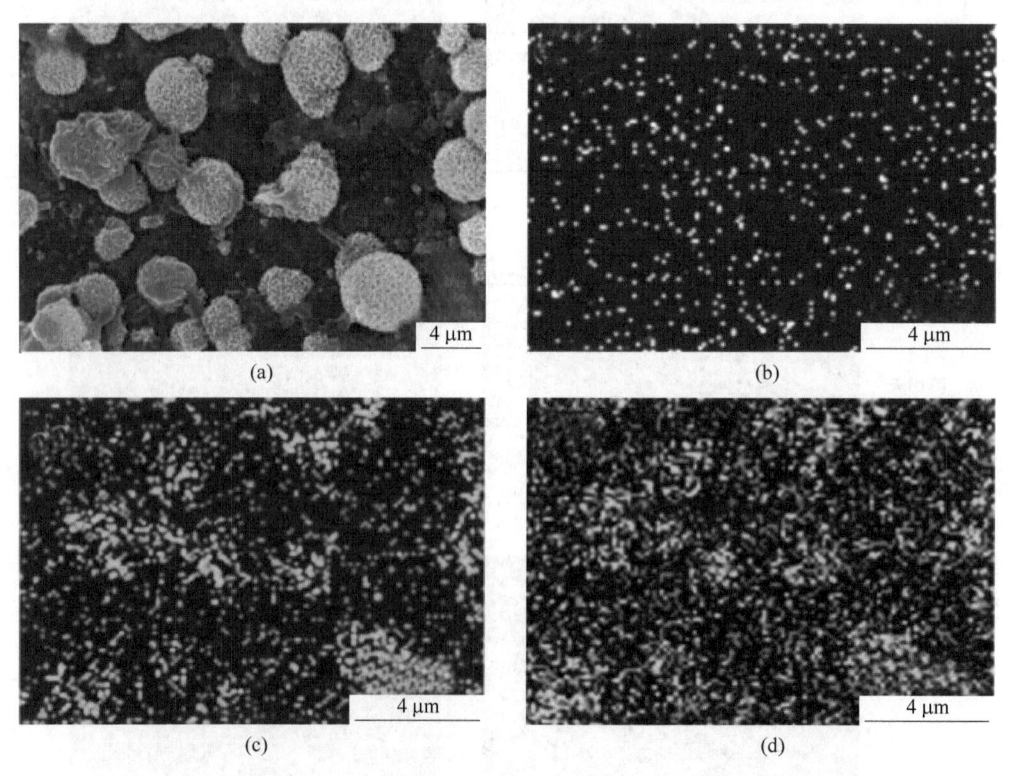

图 5-28　在超声下 BCZT-Ag 2.5(P) 涂层矿化 14 天后的表面元素分布
(a) 高倍下的形貌；(b) Ag 元素分布；(c) Ca 元素分布；(d) P 元素分布

集中分布，证实BCZT-Ag 2.5(P) 矿化14天后表面的球状颗粒是钙、磷元素的沉积产物，经计算得球状沉积物的钙磷比为1.14，可能为磷酸钙磷灰石中的二水磷酸氢钙（OCDP）。此外，Ag元素也在球状沉积物中有少量分布，表面超声处理下BCZT-Ag 2.5(P) 涂层表面沉积的磷灰石为含银的二水磷酸氢钙磷灰石。

5.2.3 钛表面BCZT载银生物压电涂层的释放机制和抗菌性能

5.2.3.1 钛表面BCZT载银生物压电涂层的Ag^+释放机制

将样品浸泡在PBS中不同时间，得到BCZT-Ag涂层在PBS中的银离子累积释放曲线，结果如图5-29所示。从24 h的释放曲线可以看出，随着释放时间的延长，各样品的银离子浓度呈缓慢升高的趋势，没有明显的爆炸释放过程。镀层中银离子释放量随载银量的增加而增加，但组间差异不明显。Ag^+在BCZT-Ag 2.5 和BCZT-Ag 2.5(P) 之间的累积释放量差异也不显著。

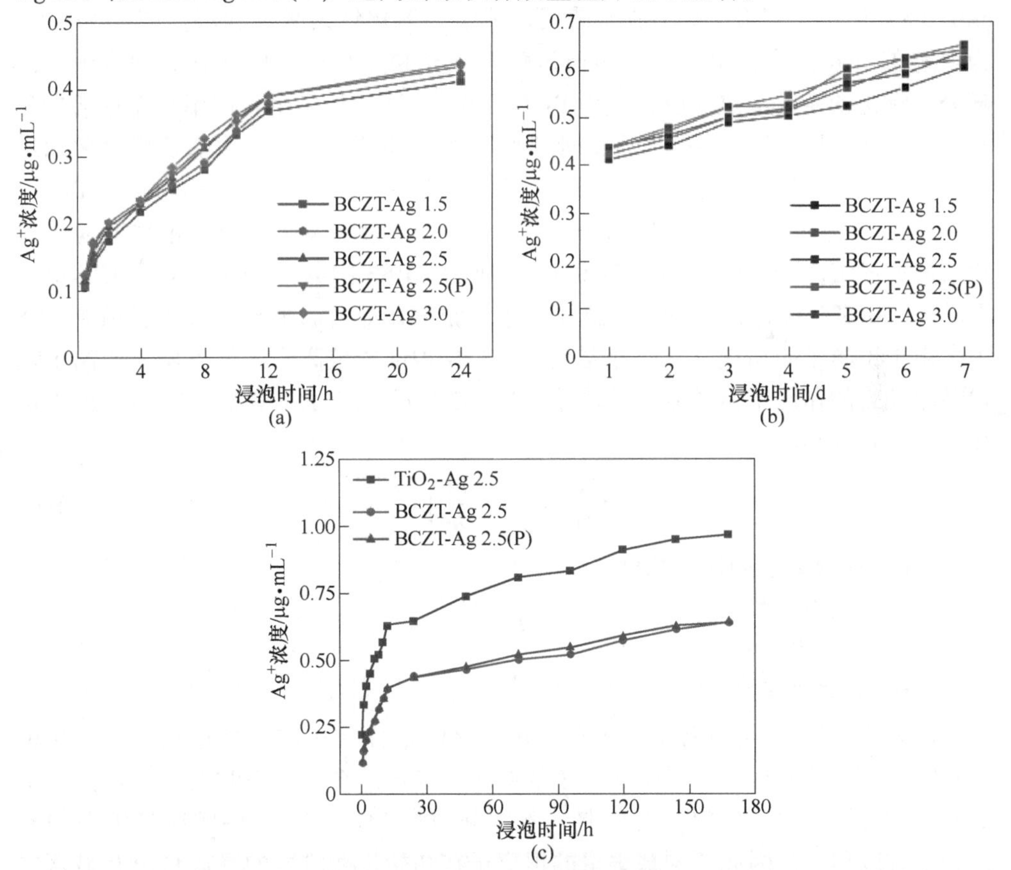

图5-29 BCZT-Ag涂层样品在PBS中浸泡后的银离子累积释放曲线
(a) 0~24 h的释放曲线；(b) 1~7天的释放曲线；(c) 0~168 h的释放曲线

从 1~7 天的累积释放曲线可以看出，各样品的 Ag^+ 释放量呈缓慢增长趋势，且增长趋势几乎为直线。各组在 1~7 天的释放曲线与 0~24 h 的释放曲线相似，组间差异无统计学意义。不同载银量的 BCZT-Ag 涂层在 0 ~ 7 天的累积银离子释放曲线显示，银离子释放没有明显的爆炸释放过程。此外，BCZT-Ag 涂层的 Ag^+ 释放速率几乎是均匀的，不同载银量的涂层之间差异不明显。图 5-29（c）是 BCZT-Ag 2. 5、BCZT-Ag 2. 5（P）和 TiO_2-Ag 2. 5 的 168 h 内的银离子释放曲线，从图中可以看到 BCZT-Ag 2. 5 初期的释放速率与 TiO_2-Ag 2. 5 初期的爆炸释放趋势不同，表现为明显的缓释。同时，极化处理前后 BCZT-Ag 2. 5 样品的释放曲线无显著差异，说明压电效应对 BCZT-Ag 2. 5 镀层中银离子的释放过程无明显影响。

由银离子在 BCZT-Ag 涂层中的累积释放分析表明，涂层中的银离子是缓慢释放的，造成这种现象的原因与 BCZT-Ag 涂层的形成过程有关。图 5-30 为 BCZT-Ag 的形成过程和银离子释放过程的机理。BCZT-Ag 涂层的形成过程如图 5-30（a）所示，阳极氧化后在钛表面形成了二氧化钛纳米管涂层。图 5-30（b）为填充在 TiO_2 纳米管中的硝酸银通过负压填充和光化学反应转化为纳米银。大部分二氧化钛经过水热反应转化为 BCZT，BCZT 通过外延生长作用覆盖在纳米管表面。此外，纳米管中的银粒子在水热环境中被冲散，并通过水热反应分散到形成的 BCZT 涂层中。最后，在钛表面形成了分散在 BCZT 中的纳米银镀层。BCZT-Ag 样品由于体积小，在 PBS 中浸泡后，BCZT-Ag 涂层表面的纳米银很容易被氧化溶解形成银离子，公式如图 5-30（c）所示。PBS 中的分子氧为氧化溶解提供了动力，BCZT-Ag 涂层表面的银离子在纳米银氧化溶解后形成银离子扩散到 PBS 中。由于银离子的消耗，因此涂层表面和涂层内部的银离子浓度不同。银离子在扩散驱动力的作用下从涂层内部扩散到涂层表面，该过程遵循菲克第二扩散定律，见公式（5-1）。

$$\frac{\partial C}{\partial t} = \frac{\partial}{\partial x}\left(D\frac{\partial C}{\partial x}\right) \tag{5-1}$$

式中　C——银离子的体积浓度；

t——扩散时间；

x——扩散距离；

D——扩散系数。

由公式（5-1）可以看出，银离子在 BCZT-Ag 涂层中的扩散过程是一个与距离和时间有关的方程，镀层中银离子的浓度与未达到平衡状态时离镀层表面的距离和扩散时间有关。值得注意的是，不同载银量 BCZT-Ag 涂层的纳米银在制备过程中难以移动，因此不同载银量的银离子在初始扩散阶段的释放量没有显著差异。此外，BCZT-Ag 涂层的结构是由 BCZT 纳米颗粒层覆盖的二氧化钛纳米管构成的，这种涂层结构导致 TiO_2 纳米管中银离子的释放受到 BCZT 层的阻碍，增加

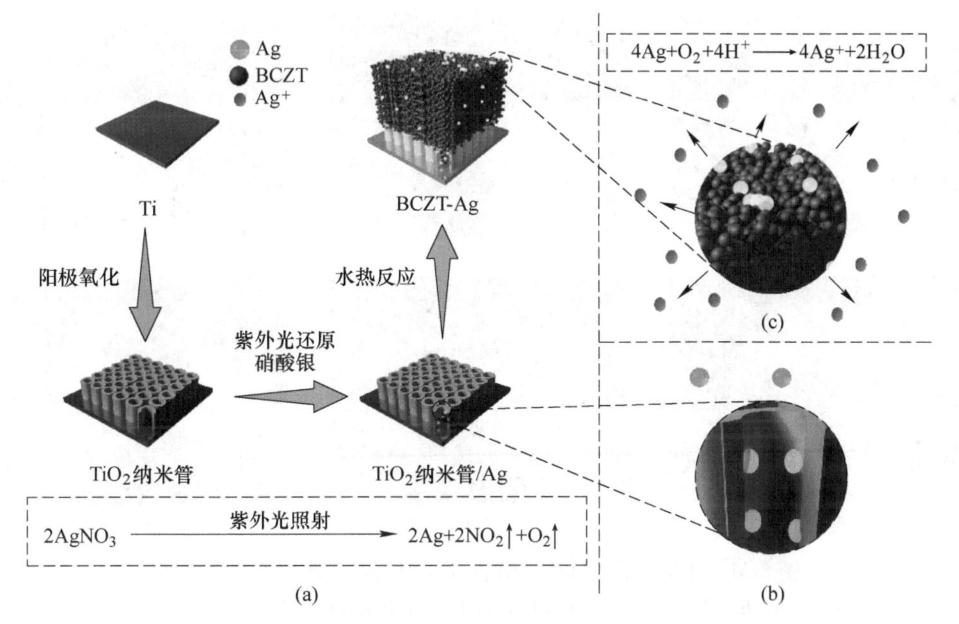

图 5-30 BCZT-Ag 涂层的形成过程和银离子释放过程示意图
（a）BCZT-Ag 涂层形成过程；（b）银纳米颗粒在纳米管中位置；
（c）BCZT-Ag 涂层银离子释放过程

了银离子在纳米管中释放的难度。因此，BCZT-Ag 涂层的银离子释放过程不表现为爆炸释放阶段，而是在 0~7 天内均匀缓慢释放。

5.2.3.2 钛表面BCZT载银生物压电涂层的抗菌性能

纳米银是常用的广谱性抗菌物质。采用抑菌环研究了不同载银量的 BCZT 涂层以及极化 BCZT-Ag 2.5 涂层对大肠杆菌的抑制效果，纯钛作为对照组，结果如图 5-31 所示。

同时，采用抑菌环研究了钛表面 BCZT 涂层对革兰氏阳性菌的抑制情况，其结果如图 5-32 所示。从图中可看出，纯钛与菌落间无明显界限，表明纯钛对大肠杆菌和金黄色葡萄球菌无抑制作用，BCZT-Ag 载银涂层对金黄色葡萄球菌的抑菌效果和对大肠杆菌的抑菌效果类似，即随着载银量的增加，涂层的抑菌环逐渐增大，即对金黄色葡萄球菌的抑制效果越来越强；并且 BCZT-Ag 2.5（P）涂层比 BCZT-Ag 2.5 涂层的抑菌环大，表现出更好的抑菌效果。分析认为，这可能是因为压电涂层会对水产生微电解从而产生活性氧（ROS），活性氧可通过氧化损伤作用影响大肠杆菌的细胞膜、损伤其他细胞器继而破坏细菌，抑制大肠杆菌的生长和增殖，产生一定的抑菌效果。这一效应与银离子对大肠杆菌的抑制效果协同作用更好地抑制了细菌的生长和增殖，使 BCZT-Ag 2.5(P) 表现出较未极化组更好的抑菌性能。

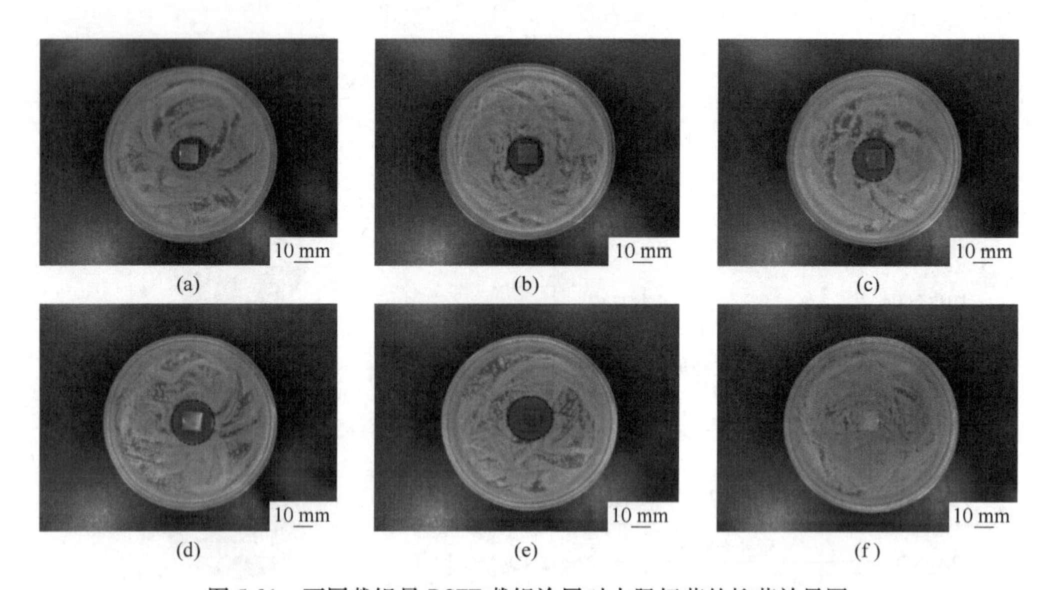

图 5-31　不同载银量 BCZT 载银涂层对大肠杆菌的抑菌效果图

(a) BCZT-Ag 1.5; (b) BCZT-Ag 2.0; (c) BCZT-Ag 3.0; (d) BCZT-Ag 2.5; (e) BCZT-Ag 2.5 (P); (f) Ti

图 5-32　不同载银量的 BCZT 载银涂层对金黄色葡萄球菌的抑菌效果图

(a) BCZT-Ag 1.5; (b) BCZT-Ag 2.0; (c) BCZT-Ag 3.0; (d) BCZT-Ag 2.5; (e) BCZT-Ag 2.5 (P); (f) Ti

钛表面 BCZT-Ag 载银涂层的抑菌环实验结果表明，载银后，涂层对大肠杆菌（革兰氏阴性菌）和金黄色葡萄球菌（革兰氏阳性菌）均表现出一定的抑制效果，表明涂层具有广谱抑菌性，且抑菌效果随着载银量的增加而增加，同时极化处理后涂层具有更好的抗菌性能。理想的钛表面可以抑制细菌黏附或在初次接触时杀死细菌，防止生物膜的形成，这对种植体的性能至关重要。

为了验证BCZT-Ag涂层对革兰氏阴性菌和革兰氏阳性菌的抑制作用，将不同银含量钛表面的BCZT-Ag涂层与细菌共培养12 h和24 h。细菌黏附在涂层表面的荧光染色结果如图5-33所示。可以发现，大量大肠杆菌在钛表面存活，且钛表面的绿色荧光斑随着接种时间的增加而逐渐增加。BCZT-Ag涂层表面的活菌数量显著低于钛涂层表面，并且随着载银量的增加，BCZT-Ag涂层表面的活菌数量减少。此外，随着接种时间的增加，BCZT-Ag涂层上的活菌数量显著减少，而

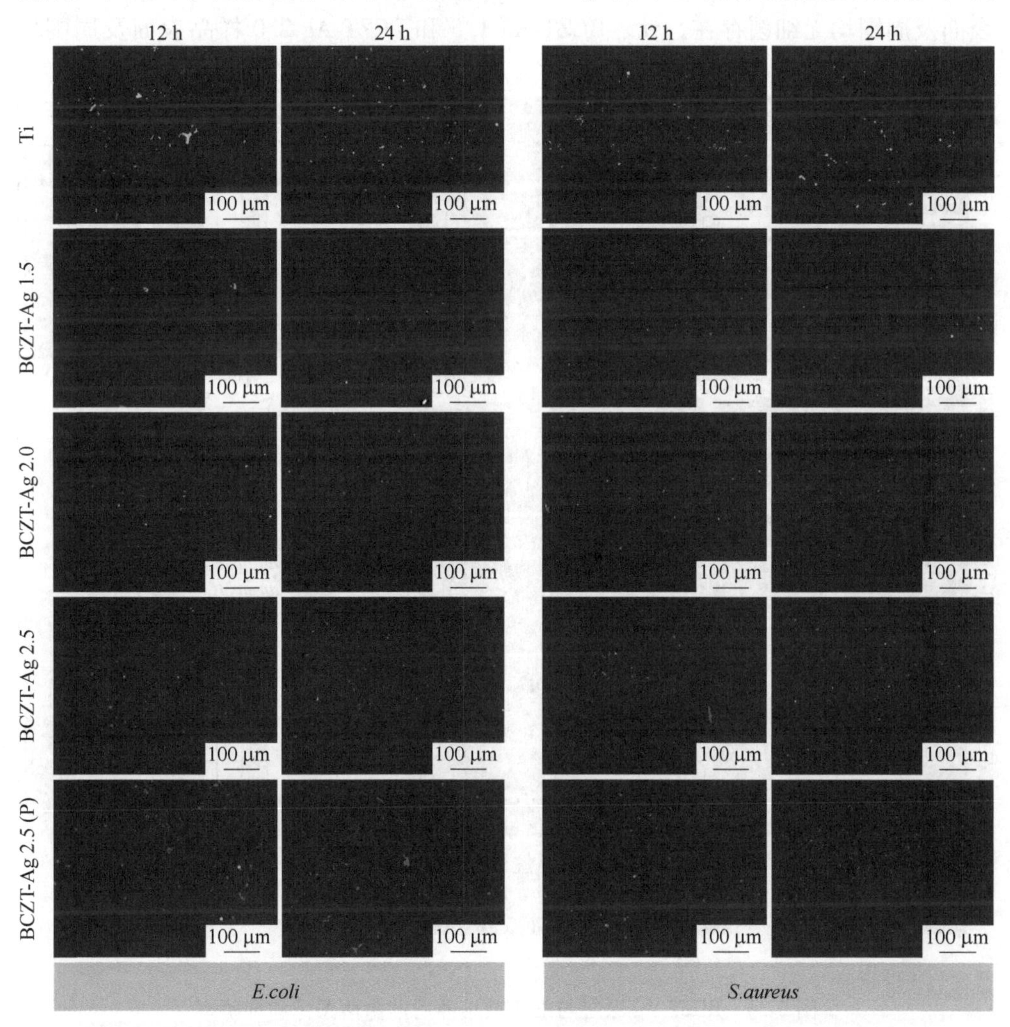

图5-33　在PBS中浸泡12 h和24 h后，BCZT-Ag涂层和钛与大肠杆菌和金黄色葡萄球菌共培养1天的荧光染色图像

（绿色为活菌，红色为死菌）

钛表面的活菌数量增加。随着载银量的增加，涂层表面的死菌数量增加。其中，BCZT-Ag 2.5(P) 涂层表面存在大量死菌。BCZT-Ag 涂层对金黄色葡萄球菌和大肠杆菌的检测结果相似。从图 5-33 的结果可以看出，BCZT-Ag 涂层明显抑制了金黄色葡萄球菌和大肠杆菌的黏附，BCZT-Ag 2.5(P) 涂层的抗菌效果最为明显。

为了进一步表征 BCZT-Ag 涂层的抑菌率，将不同银含量的涂层在 PBS 中浸泡 7 天后去除，然后将样品与细菌共培养 1 天，采用倍比稀释法检测培养基中漂浮的菌液和黏附在样品表面菌液的活菌数和抑菌率。如图 5-34 所示，钛表面及其周围有大量大肠杆菌，BCZT-Ag 2.5、BCZT-Ag 2.5(P) 和 BCZT-Ag 3.0 样品表面及周围均无细菌存在，钛、BCZT-Ag 1.5 和 BCZT-Ag 2.0 样品表面及周围均

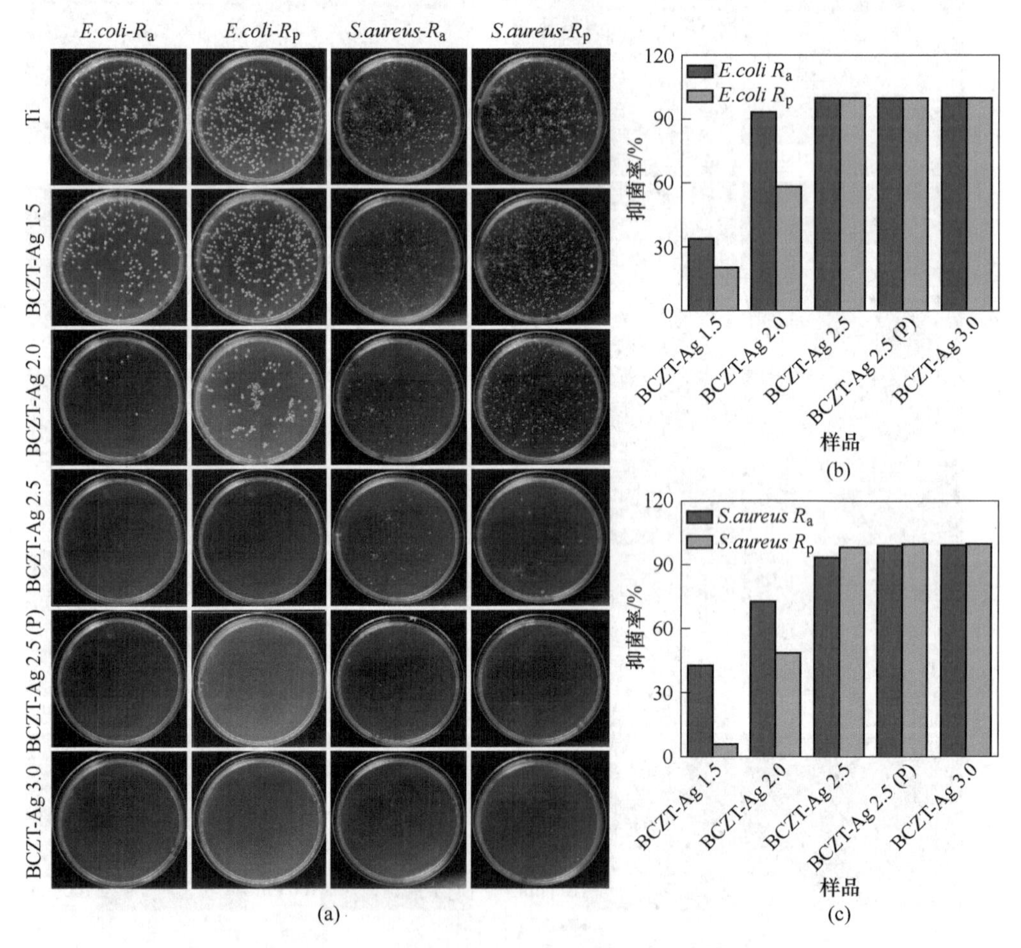

图 5-34　BCZT-Ag 涂层与细菌共培养后的菌落图像和抑菌率

(a) BCZT-Ag 涂层和钛表面上的细菌菌落；(b) 样品的抑菌率（大肠杆菌）；(c) 样品的抑菌率（金黄色葡萄球菌）

有活菌存在。通过计算抑菌率，发现BCZT-Ag 1.5表面及其周围的抑菌率分别为34.18%和20.55%，R_a 和 R_p 随镀层银含量的增加呈上升趋势。BCZT-Ag 2.5、BCZT-Ag 2.5(P) 和BCZT-Ag 3.0的 R_a 和 R_p 均达到99.99%。

由图5-34（c）可以看出，金黄色葡萄球菌的抑菌率与大肠杆菌相似。BCZT-Ag 2.5的 R_a 和 R_p 分别为93.27%和97.97%，值得注意的是，BCZT-Ag 2.5的R_a 和 R_p(P) 略高于BCZT-Ag 2.5。由于极化处理，BCZT-Ag 2.5(P) 涂层表面存在负电，与细菌表面的负电荷相互排斥，抑制细菌在涂层表面的黏附。同时，涂层表面的负电荷对涂层中带正电荷的 Ag^+ 也产生库仑力，导致涂层中的 Ag^+ 更容易扩散到涂层表面，更容易释放银离子。图5-34中涂层表面和涂层周围的抗菌率结果显示，BCZT-Ag 2.5涂层在PBS中浸泡7天后，抗菌率仍在93%以上。其中，BCZT-Ag 2.5(P) 涂层在大肠杆菌和金黄色葡萄球菌上的 R_p 均达到99.99%，R_a 分别达到99.99%和99.25%。BCZT-Ag 2.5(P) 涂层在大肠杆菌和金黄色葡萄球菌上的 R_p 均达到99.99%，R_a 分别达到99.99%和99.25%。

5.2.4 钛表面BCZT载银生物压电涂层的生物性能

钛、BCZT-Ag 2.5、BCZT-Ag 2.5的成骨细胞毒性结果如图5-35（a）所示。从图中可以看出，随着共培养时间的增加，各组吸光度值逐渐增加。BCZT-Ag 2.5(P) 涂层的吸光度值高于BCZT-Ag 2.5涂层和钛，第5天BCZT-Ag 2.5(P) 和钛的吸光度值具有差异显著（$p<0.05$）。成骨细胞毒性实验结果表明，制备的BCZT-Ag 2.5和BCZT-Ag 2.5(P) 均无成骨毒性。BCZT-Ag 2.5(P) 涂层、BCZT-Ag 2.5涂层和钛的成骨细胞增殖情况如图5-35（b）所示。钛和涂层样品的吸光度值增加，表明细胞数量增加。BCZT-Ag 2.5(P) 的吸光值高于其他各组，说明BCZT-Ag 2.5(P) 有利于细胞增殖。BCZT-Ag 2.5的吸光度（P）在第3天和第5天显著高于钛（$p<0.05$）。BCZT-Ag 2.5(P) 具有压电效应，能促进成骨细胞的增殖和黏附。共培养5天后，BCZT-Ag 2.5(P) 对成骨细胞增殖的压电效应逐渐积累，细胞增殖活性显著提高。图5-35（b）结果显示，BCZT-Ag 2.5(P) 和BCZT-Ag 2.5适合成骨细胞增殖。此外，BCZT-Ag 2.5(P) 表面的细胞增殖能力优于BCZT-Ag 2.5表面。

成骨细胞在种植体表面的黏附和生长能力是影响骨种植体长期稳定性的重要因素之一。成骨细胞黏附在BCZT-Ag 2.5(P) 涂层表面和BCZT-Ag 2.5涂层表面的荧光染色结果如图5-35（c）所示。从图中可以看出，不同培养时间的涂层表面都有明显的细胞黏附和生长行为，并且这种行为随着共培养时间的增加而增强。有趣的是，成骨细胞与BCZT-Ag 2.5(P) 共培养5天后，成骨细胞骨架完整，形态完整。涂层表面被大量成骨细胞覆盖，说明BCZT-Ag 2.5(P) 涂层更有利于成骨细胞的黏附和生长。图5-35的结果表明，BCZT-Ag 2.5涂层不具有成骨

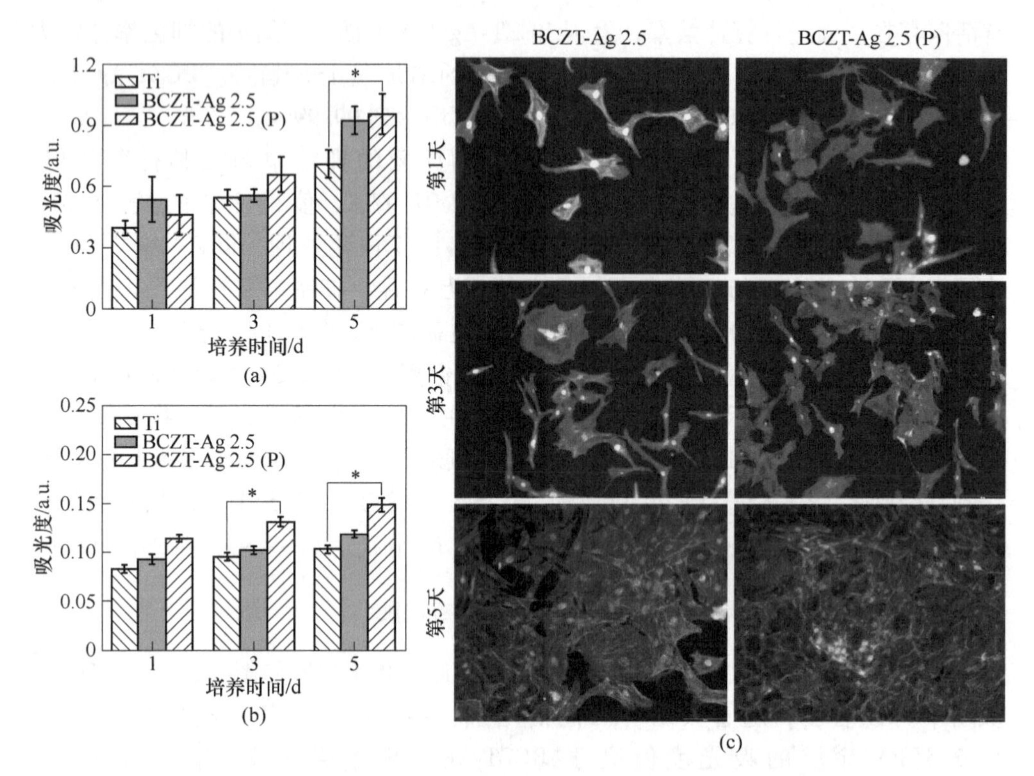

图 5-35　BCZT-Ag 涂层、钛与成骨细胞共培养结果（$p<0.05$）

（a）MTT 测定；（b）ALP 活性；（c）与样品共培养 1 天、3 天、5 天后成骨细胞的荧光显微图

毒性，成骨细胞黏附在 BCZT-Ag 2.5 涂层上，BCZT-Ag 2.5(P) 表面可促进成骨细胞的增殖和黏附。

参 考 文 献

[1] KUMAR A S, LEKHA C S C, VIVEK S, et al. Multiferroic and magnetoelectric properties of $Ba_{0.85}Ca_{0.15}Zr_{0.1}Ti_{0.9}O_3$-$CoFe_2O_4$ core-shell nanocomposite [J]. J. Magn. Magn. Mater., 2016, 418: 294-299.

[2] JENA H, MITTAL V K, BERA S, et al. X-ray photoelectron spectroscopic investigations on cubic $BaTiO_3$, $BaTi_{0.9}Fe_{0.1}O_3$ and $Ba_{0.9}Nd_{0.1}TiO_3$ systems [J]. Appl. Surf. Sci., 2008, 254: 7074-7079.

[3] HANG R, LIU Y, LIU S, et al. Size-dependent corrosion behavior and cytocompatibility of Ni-Ti-O nanotubes prepared by anodization of biomedical NiTi alloy [J]. Corros. Sci., 2016, 103: 173-180.

[4] WU C, TANG Y, ZHAO K, et al. In situ synthesis of TiO_2@$BaTiO_3$ coaxial nanotubes coating on the titanium surface [J]. J. Alloys Compd., 2020, 845: 156301.

[5] YU D, ZHU X, XU Z, et al. Facile method to enhance the adhesion of TiO_2 nanotube arrays to Ti substrate [J]. ACS Appl. Mater. Interfaces, 2014, 6: 8001-8005.

[6] SUN M, YU D, LU L, et al. Effective approach to strengthening TiO_2 nanotube arrays by using double or triple reinforcements [J]. Appl. Surf. Sci., 2015, 346: 172-176.

[7] SU S, ZUO R, LU S, et al. Poling dependence and stability of piezoelectric properties of $Ba(Zr_{0.2}Ti_{0.8})O_3$-$(Ba_{0.7}Ca_{0.3})TiO_3$ ceramics with huge piezoelectric coefficients [J]. Current Applied Physics, 2011, 11 (3): S120-S123.

[8] GRUVERMAN A, KHOLKIN A. Nanoscale ferroelectrics: processing, characterization and future trends [J]. Reports on Progress in Physics, 2005, 69 (8): 2443-2474.

[9] SHASTRI V P, ALTANKOV G, LENDLEIN A, et al. Advances in Regenerative Medicine: Role of Nanotechnology, and Engineering Principles [M]. Advances in Regenerative Medicine: Role of Nanotechnology, and Engineering Principles, 2010.

[10] PARVIZI J, PARPURA V, GREENLEAF J F, et al. Calcium signaling is required for ultrasound-stimulated aggrecan synthesis by rat chondrocytes [J]. Journal of Orthopaedic Research, 2010, 20 (1): 51-57.

[11] RASOULI M R, RESTREPO C, MALTENFORT M G, et al. Risk Factors for Surgical Site Infection Following Total Joint Arthroplasty [J]. Journal of Bone Joint Surgery-american Volume, 2014, 96 (18): e158.

[12] WU C, ZHANG C, YAN X, et al. Preparation and biological properties of BCZT/TiO_2 electrokinetic conversion coating on titanium surface in vitro for dental implants [J]. Surf. Coating. Technol., 2023, 468: 129746.

[13] NAGARAJ K, THANGAMUNIYANDI P, KAMALESU S, et al. Metallo-Surfactant assisted silver nanoparticles: a new approach for the colorimetric detection of amino acids [J]. Spectrochim. Acta Mol. Biomol. Spectrosc., 2023, 296: 122693.

[14] FAN H, JIN C, WANG Y, et al. Structural of BCTZ nanowires and high performance BCTZ-based nanogenerator for biomechanical energy harvesting [J]. Ceram. Int., 2017, 43: 5875-5880.

[15] LU H, LIN J, ZHENG H. Superior ferroelectric properties and fatigue resistance in Tb modified $(BaCa)(ZrTi)O_3$ film grown on $SrTiO_3$ prepared by pulsed laser deposition [J]. Appl. Surf. Sci., 2020, 527: 146892.

[16] JIZ Z, XU P, LI M, et al. Bioinspired anchoring AgNPs onto micro-nanoporous TiO_2 orthopedic coatings: trap-killing of bacteria, surface-regulated osteoblast functions and host responses [J]. Biomaterials, 2016, 75: 203-222.

[17] BABU I, G. De With. Enhanced electromechanical properties of piezoelectric thin flexible films [J]. Composites Science and Technology, 2014, 104: 74-80.

[18] PARK K I, LEE M, LIU Y, et al. Flexible nanocomposite generator made of $BaTiO_3$ nanoparticles and graphitic carbons [J]. Adv Mater, 2012, 24 (22): 2999-3004, 2937.

[19] HUAN Y, ZHANG X, SONG J, et al. High-performance piezoelectric composite nanogenerator based on Ag/(K,Na)NbO_3 heterostructure [J]. Nano Energy, 2018, 50: 62-69.

[20] WEI J, IGARASHI T, OKUMORI N, et al. Influence of surface wettability on competitive protein adsorption and initial attachment of osteoblasts [J]. Biomed Mater, 2009, 4 (4): 045002.

[21] KUMAR S, SHARMA M, POWAR S, et al. Impact of remnant surface polarization on photocatalytic and antibacterial performance of $BaTiO_3$ [J]. Journal of the European Ceramic Society, 2019, 39 (9): 2915-2922.

[22] VERES P, KERI M, BANYAI I, et al. Mechanism of drug release from silica-gelatin aerogel-Relationship between matrix structure and release kinetics [J]. Colloids Surf. B Biointerfaces, 2017, 152: 229-237.

[23] DASHTIZAD S, ALIZADEH P, YOURDKHANI A. Improving piezoelectric properties of PVDF fibers by compositing with $BaTiO_3$-Ag particles prepared by sol-gel method and photochemical reaction [J]. J. Alloys Compd., 2021, 883: 160810.

[24] DENG J, YOON S, PASTUREL M, et al. Interactions between nanoscale zerovalent iron (NZVI) and silver nanoparticles alter the NZVI reactivity in aqueous environments [J]. Chem. Eng. J., 2022, 450: 138406.

[25] YU S, YIN Y, CHAO J, et al. Highly dynamic PVP-coated silver nanoparticles in aquatic environments: chemical and morphology change inducedby oxidation of AgO and reduction of Ag^+ [J]. Environ. Sci. Technol., 2014, 48: 403-411.

[26] GUENNEAU S, PUVIRAJESINGHE T. Fick's second law transformed: one path to cloaking in mass diffusion [J]. J. R. Soc. Interface, 2013, 10: 0106.

[27] YUAN L, XU X, SONG X, et al. Effect of bone-shaped nanotube-hydrogel drug delivery system for enhanced osseointegration [J]. Biomater. Adv., 2022, 137: 212853.

[28] KLIGMAN S, REN Z, CHUNG C, et al. The impact of dental implant surface modifications on osseointegration and biofilm formation [J]. J. Clin. Med., 2021, 10: 1641.

[29] DENG Y, SONG G, ZHANG T, et al. The controlled in-situ growth of silver-halloysite nanostructure via interaction bonds to reinforce a novel polybenzoxazine composite resin and improve its antifouling and anticorrosion properties [J]. Compos. Sci. Technol, 2022, 221: 109312.

[30] CHEN J, SONG L, QI F, et al. Enhanced bone regeneration via ZIF-8 decorated hierarchical polyvinylidene fluoride piezoelectric foam nanogenerator: coupling of bioelectricity, angiogenesis, and osteogenesis [J]. Nano Energy, 2023, 106: 108076.

[31] WU H, DONG H, TANG Z, et al. Electrical stimulation of piezoelectric $BaTiO_3$ coated Ti6Al4V scaffolds promotes anti-inflammatory polarization of macrophages and bone repair via MAPK/JNK inhibition and OXPHOS activation [J]. Biomaterials, 2023, 293: 121990.

[32] LIU J, CHENG Y, WANG H, et al. Regulation of TiO_2 @ PVDF piezoelectric nanofiber

membranes on osteogenic differentiation of mesenchymal stem cells [J]. Nano Energy, 2023, 115: 108742.

[33] WU B, TANG Y, WANG K, et al. Nanostructured titanium implant surface facilitating osseointegration from protein adsorption to osteogenesis: the example of TiO_2 NTAs [J]. Int. J. Nanomed., 2022, 17: 1865-1879.

[34] CHEN S, GUO Y, LIU R, et al. Tuning surface properties of bone biomaterialsto manipulate osteoblastic cell adhesion and the signaling pathways for the enhancement of early osseointegration [J]. Colloids Surf. B Biointerfaces, 2018, 164: 58-69.

6　钛表面 BST 棒阵列生物压电涂层

利用压电效应对骨修复的促进作用，在钛表面制备生物压电涂层是赋予钛基材料生物活性的研究方向之一，尤其是在钛表面制备具有局部释药功能的钛酸钡纳米管涂层可以兼具促进骨修复和抗感染的特性。但是压电效应是一个力电转换过程，由于纳米管结构的紧密排列导致其在微小力的作用下很难发生形变，压电效应对骨修复的促进作用难以得到体现。针对上述问题，本章在钛表面构建能响应微小力的纳米棒结构生物压电涂层，并通过锶元素掺杂，进一步提高涂层的压电系数，强化对微小力的压电响应。引入医用低频脉冲超声作为外场，研究了不同外场作用下涂层的体外矿化过程。将纳米银负载在纳米棒的表面，研究纳米棒结构载银涂层的药物释放特点，以及压电效应对纳米棒表面银离子释放的影响，分析纳米棒载银涂层的抗菌性能。

6.1　钛表面 BST 棒阵列生物压电涂层

6.1.1　钛表面 TiO_2 棒阵列涂层的制备

将抛光后的钛片浸泡在化学抛光液中，搅拌直至无气泡冒出，分别用去离子水和无水乙醇将样品进行超声处理，烘干；在烧杯中加入 10 mL 去离子水和 10 mL 盐酸，搅拌 5 min，再加入 700 μL 钛酸丁酯，搅拌 30 min 至溶液混合均匀，将溶液加入放有抛光处理后的钛片的反应釜中，在 160 ℃ 下水热反应 120 min，待反应釜冷却至室温，将钛片取出，在去离子水中超声清洗 10 min，烘干；最后将样品在加热炉中 450 ℃下退火处理 2 h，即可在钛表面获得 TiO_2 纳米棒涂层。

（1）水热时间对钛表面 TiO_2 纳米棒涂层微观形貌的影响。水热反应的时间长短是影响钛表面二氧化钛纳米棒形貌的重要因素，研究了不同水热时间对钛表面 TiO_2 纳米棒涂层微观形貌的影响，结果如图 6-1 所示。从图中可以看出，当水热时间为 1 h 时，在钛表面有短小的纳米棒出现；水热时间为 2 h 时，钛表面的纳米棒形貌规则，分布均匀；随着水热时间的进一步延长，水热反应的程度增加，水热时间为 3 h 时，纳米棒的直径增加；水热时间为 4 h 时，钛表面的纳米棒排列致密，部分粘连在一起。在水热反应初期，钛酸丁酯经过一系列水解生成 TiO_2 并在钛表面形成形核位点，然后沿着一定的晶向生长，逐渐形成纳米棒；随着水热时间的增加，纳米棒的直径逐渐增加，然后保持在一定的范围；水热时间进一步增加，纳米棒之间的空隙逐渐被新形成的纳米棒填补，最终相互粘连在一起。由于后续反应中将 TiO_2 纳米棒转变为 BST 纳米棒的过程存在体积膨胀[2]，纳米棒之间需要留出一定的空间，因此在后续的制备工艺优化过程中，确定水热时间为 2 h。

图 6-1 不同水热时间下钛表面二氧化钛纳米棒涂层的微观形貌
(a) 1 h; (b) 2 h; (c) 3 h; (d) 4 h

(2) 水热温度对钛表面 TiO_2 纳米棒涂层微观形貌的影响。为了研究水热温度对钛表面 TiO_2 纳米棒涂层微观形貌的影响，分别在 150 ℃、160 ℃、170 ℃、180 ℃下进行了水热反应，在钛表面制备了 TiO_2 纳米棒涂层，结果如图 6-2 所示。从图中可以看出，水热反应温度为 150 ℃时，钛表面有 TiO_2 纳米棒出现；当水热反应温度升到 160 ℃时，钛表面生长出分布均匀、形貌规则的 TiO_2 纳米棒；水热温度为 170 ℃时，纳米棒直径变小，光滑的纳米棒表面变为粗糙的表面，并且纳米棒的顶端出现由小颗粒组成的团簇，这是由于水热温度的提高加速了 TiO_2 的形核，所以在纳米棒生长过程中，在其顶部有 TiO_2 快速形核，出现小颗粒组成的团簇；水热温度为 180 ℃时，团簇更加密集，纳米棒之间的空隙也缩小。因此，为了得到形貌规则的纳米棒涂层，且纳米棒之间需留有一定的空隙，选择水热温度为 160 ℃进行后续制备工艺优化过程。

图 6-2　不同水热温度下钛表面二氧化钛纳米棒涂层的微观形貌
(a) 150 ℃; (b) 160 ℃; (c) 170 ℃; (d) 180 ℃

(3) 水热溶液中 TBOT 含量对钛表面 TiO_2 纳米棒涂层微观形貌的影响。水热溶液中钛酸丁酯（TBOT）为钛表面 TiO_2 的生长提供了钛源，TBOT 的含量对水热反应的反应程度尤为重要。在水热温度为 160 ℃、水热时间为 2 h 时，调整水热溶液中 TBOT 含量，探究了水热溶液中 TBOT 含量对钛表面 TiO_2 纳米棒涂层微观形貌的影响，结果如图 6-3 所示。从图中可以看出，水热溶液中 TBOT 含量为 700 μL 时，钛表面的 TiO_2 纳米棒分布规则，尺寸均匀；随着 TBOT 含量的增加，由于体系中钛源的增加，加速了水热反应的进行，导致反应更加剧烈，纳米棒越来越致密，最终粘连在一起，成为薄膜状覆盖在钛表面；而当 TBOT 含量低于 700 μL 时，由于体系中的盐酸会降低钛酸丁酯的水解速率，抑制水解反应，在钛表面难以形成晶核，无法得到纳米棒涂层，导致高温高压条件下盐酸会和钛基体发生反应，使钛片被溶解。为了在钛表面制备出纳米棒涂层，选择 TBOT 含量为 700 μL 进行后续实验。

图 6-3　不同 TBOT 含量下钛表面二氧化钛纳米棒涂层的微观形貌
（a）700 μL；（b）800 μL；（c）900 μL

通过水热反应的方法在钛表面制备了二氧化钛纳米棒涂层作为过渡层，调控水热反应参数，对钛表面二氧化钛纳米棒涂层的制备工艺进行优化，结果表明：当水热反应时间为 2 h、水热反应温度为 160 ℃、水热溶液中 TBOT 含量为 700 μL 时，在钛表面所制备的二氧化钛纳米棒涂层形貌如图 6-4 所示。从图中可

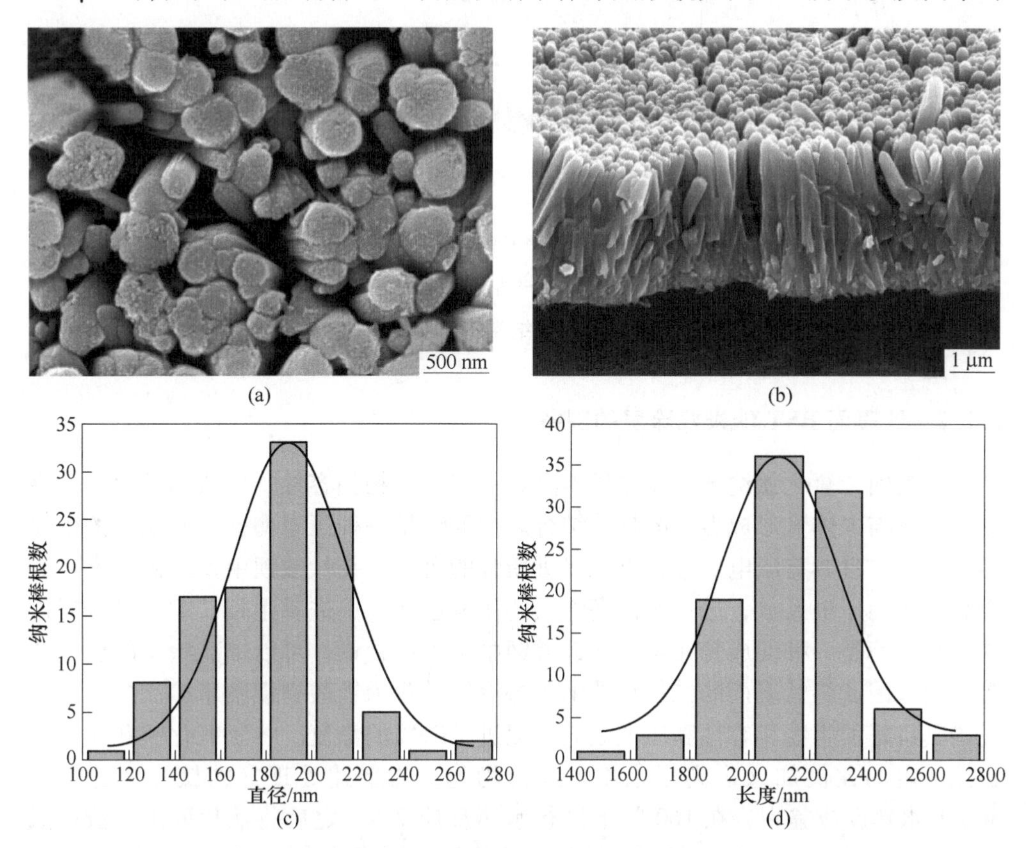

图 6-4　钛表面二氧化钛纳米棒涂层的微观形貌
（a）平面图；（b）截面图；（c）纳米棒直径统计分布图；（d）纳米棒长度统计分布图

以看出，纳米棒的直径均一，分布均匀，垂直于钛片基底规则排列。在水热反应过程中，钛酸丁酯在盐酸溶液中经过一系列的水解后，形成二氧化钛晶粒并在钛表面发生形核，之后二氧化钛晶粒在形核位点沿着一定的取向外延生长；同时溶液中的 Cl^-黏附在（110）晶面，抑制（110）晶面的生长，促使二氧化钛沿着［001］晶向生长成为纳米棒结构。图 6-4（c）和（d）分别对 TiO_2 纳米棒的直径和长度进行分布统计，纳米棒的直径约为 200 nm、长度约为 2 μm。

钛表面 TiO_2 纳米棒涂层的 XRD 分析结果如图 6-5 所示。由图可以看出，水热反应之后，钛表面涂层的衍射峰和二氧化钛的特征峰相匹配，对应的 JCPDS 卡片编号为 04-0551，没有其他物相出现，表明水热反应过程中没有生成其他物质。XRD 结果表明，钛表面涂层的主要成分为二氧化钛。

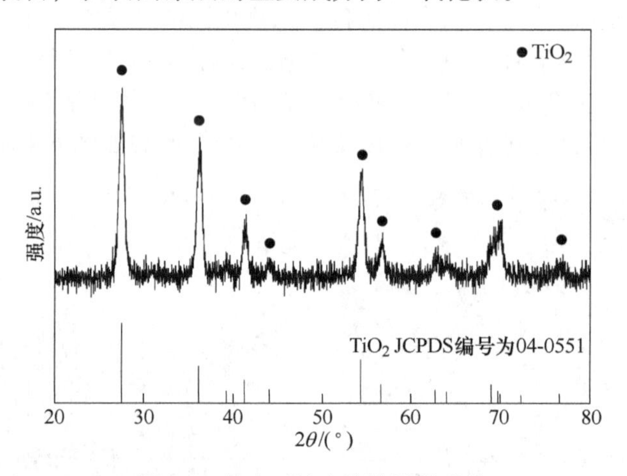

图 6-5　钛表面纳米棒涂层的成分

6.1.2　钛表面 BST 纳米棒涂层的制备

钛表面二氧化钛纳米棒涂层虽然具有一定的生物相容性，但依然是生物惰性的，无法与人体骨形成良好的骨性结合。钛酸钡是一种压电陶瓷，有良好的生物相容性，并且具有压电效应，可以促进新骨的再生。在钛酸钡中掺杂锶元素可以提高涂层的压电系数，进一步提高涂层的压电性能，促进骨生长，缩短骨修复周期；同时锶是一种促成骨元素，在钛酸钡中掺入锶元素，可以提高涂层的促进成骨作用。因此将钛表面的二氧化钛纳米棒涂层转化为钛酸锶钡纳米棒涂层，可以凭借其良好的生物相容性和压电效应，促进骨缺损的修复。将氢氧化钡和氢氧化锶按一定的比例加入去离子水中，搅拌均匀，与上述处理好的钛片一起加入 50 mL 水热反应釜中，在 160 ℃下进行水热反应 2 h，之后将钛片取出，清洗烘干，即可将钛表面的 TiO_2 纳米棒涂层转化为钛酸锶钡纳米棒涂层。

6.1.2.1 Sr掺杂量对钛表面BST纳米棒涂层微观形貌和物相组成的影响

为了研究水热溶液中Sr掺杂量对钛表面BST纳米棒涂层的影响，分别在不掺杂Sr、Sr掺杂量为0.1(Ba∶Sr比为9∶1)、0.2(Ba∶Sr比为8∶2)、0.3(Ba∶Sr比为7∶3)条件下制备了钛表面BST纳米棒涂层，各组样品的扫描电镜结果如图6-6所示，其中右上角插图为样品对应的截面形貌图。由图可以看出，随着Sr掺杂量的增加，和钛表面的TiO_2纳米棒涂层（见图6-4）相比，纳米棒的形貌基本可以保持，直径增加（300 nm左右），这是因为水热反应将TiO_2转变为BST的过程中发生了体积膨胀，导致纳米棒的直径增加。

图6-6 不同Sr掺杂量下钛表面BST纳米棒涂层的微观形貌
（a）$BaTiO_3$；（b）BST0.1；（c）BST0.2；（d）BST0.3

不同Sr掺杂量下制备的钛表面BST纳米棒涂层的成分如图6-7所示。由图可知，所制备的钛表面BST纳米棒涂层成分主要为BST和TiO_2，分别对应于JCPDS卡片编号为39-1395和JCPDS卡片编号为04-0551，无其他杂相。从图中标亮部分可以看出，随着Sr掺杂量的增加，BST物相对应的特征峰出现了右移的趋势，这是因为Sr的离子半径比Ba的离子半径要小，因此Sr掺杂进去之后，会导致晶格常数变小，从而导致特征峰发生右移，这也说明了钛表面纳米棒涂层中Sr的成功掺杂。

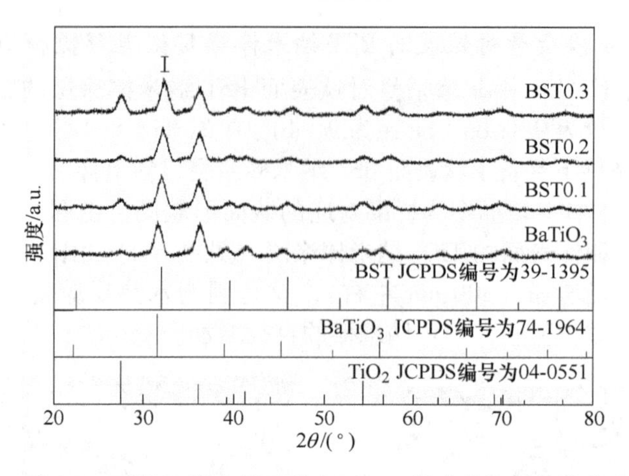

图 6-7　不同 Sr 掺杂量下钛表面 BST 纳米棒涂层的成分

结合以上分析结果，Sr 掺杂量主要对钛表面 BST 纳米棒涂层的成分影响较大，有研究表明钛酸锶钡中锶含量对材料的居里温度有影响，Sr 的含量每增加 1 mol%，居里温度会降低 3. 7 ℃，而压电材料在温度高于居里温度时会由铁电相转变为顺电相，失去压电性能。因此，为了保证钛表面 BST 纳米棒压电涂层保持其压电性能，确定 Sr 掺杂量为 0. 1 进行后续工艺参数的优化。

6. 1. 2. 2　水热时间和水热温度对钛表面 BST 纳米棒涂层微观形貌的影响

水热时间对钛表面 BST 纳米棒涂层微观形貌的影响如图 6-8 所示。从图中可以看出，水热时间为 2 h 时，钛表面依然保持较为规则的纳米棒形貌；随着水热时间的增加，水热反应持续发生，更多的二氧化钛转化为钛酸锶钡，纳米棒的体积膨胀导致纳米棒之间的间隙越来越小，纳米棒越来越致密，最终相互粘连在一起；当水热时间增加到 4 h 时，在钛表面已经覆盖了一层完全致密的涂层，并在涂层上面继续反应生长出杂乱的结构。因此，在后续的制备工艺优化过程中，将水热时间确定为 2 h。

(a)

(b)

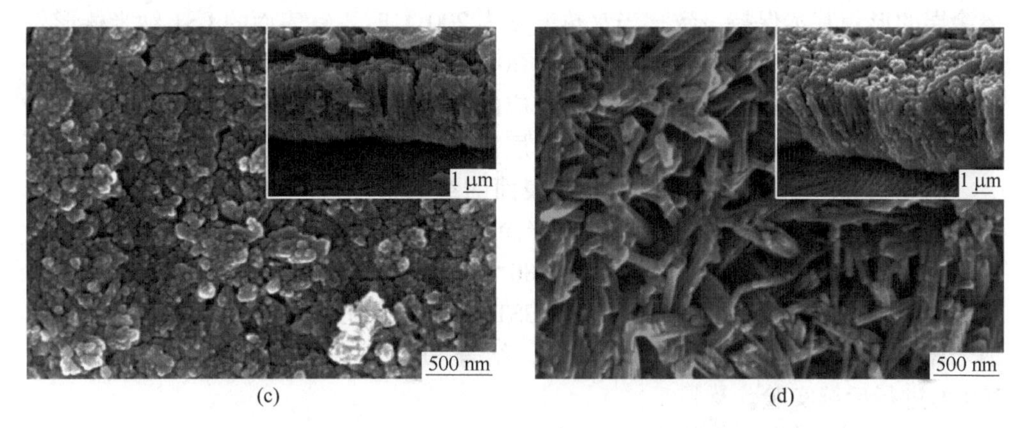

图 6-8 不同水热时间下钛表面 BST 纳米棒涂层的微观形貌

(a) 1 h; (b) 2 h; (c) 3 h; (d) 4 h

水热温度对钛表面 BST 纳米棒涂层的微观形貌影响如图 6-9 所示。从图中可以看出，当水热温度在 180 ℃时，钛表面 BST 纳米棒涂层的形貌和二氧化钛纳米

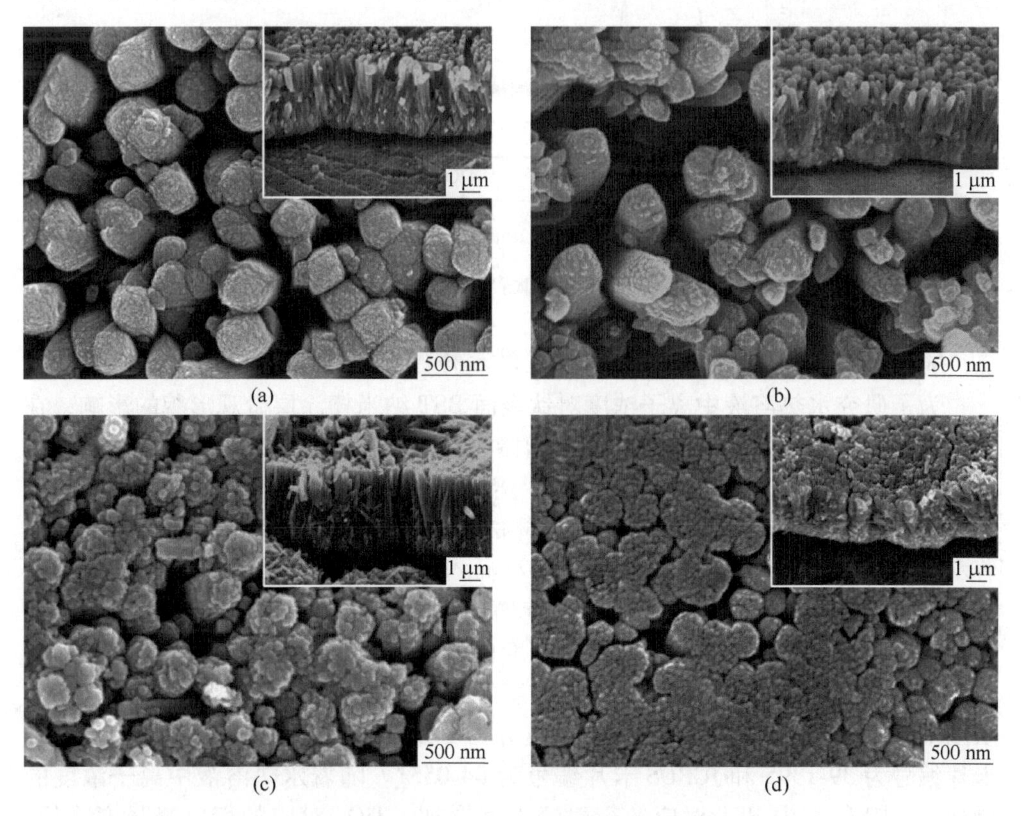

图 6-9 不同水热温度下钛表面 BST 纳米棒涂层的微观形貌

(a) 180 ℃; (b) 200 ℃; (c) 220 ℃; (d) 240 ℃

棒涂层的形貌基本保持一致；当水热温度为 200 ℃时，钛表面的 BST 纳米棒形貌保持较好，分布均匀；当水热温度超过 200 ℃时，反应釜内的高温高压环境会提供水热反应更高的驱动力，加剧水热反应的进行，随着 BST 的持续生成，纳米棒逐渐聚集，最终在钛表面形成致密的一层薄膜。

由于水热温度高于 200 ℃时，钛表面的纳米棒结构难以保持，对 180 ℃和 200 ℃条件下制备的钛表面 BST 纳米棒涂层进行了物相分析，结果如图 6-10 所示。从图中可以看出，当水热温度为 180 ℃时，钛表面涂层的主要成分为 TiO_2；当水热温度为 200 ℃时，XRD 谱图中 BST 对应的特征峰强度明显增强，钛表面纳米棒涂层的主要成分为 BST。因此，结合 SEM 分析结果，选择水热温度为 200 ℃进行后续实验。

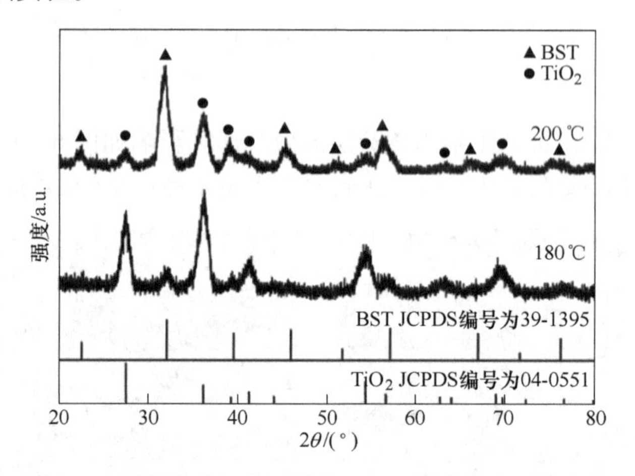

图 6-10　不同水热温度下钛表面 BST 纳米棒涂层的成分

6.1.2.3　离子浓度对钛表面 BST 纳米棒涂层微观形貌和物相组成的影响

为了研究水热溶液中离子浓度对钛表面 BST 纳米棒涂层微观形貌的影响，在不同离子浓度下制备钛表面的 BST 纳米棒涂层，结果如图 6-11 所示。

从图 6-11 中可以看出，水热溶液中离子浓度在 0.03 mol/L 和 0.05 mol/L 时，钛表面 BST 纳米棒的形貌和 TiO_2 纳米棒的形貌基本保持一致，无明显变化；随着水热溶液中离子浓度的增加，在 0.07 mol/L 时，钛表面的 BST 纳米棒顶部变得粗糙，有小颗粒出现；离子浓度继续增加到 0.09 mol/L 时，纳米棒顶部的小颗粒增多形成团簇，并且纳米棒的致密度也增加。

结合 XRD 对钛表面 BST 纳米棒涂层的成分进行分析，结果如图 6-12 所示。从图中可以看出，钛表面涂层的主要成分为 BST 和 TiO_2 两相，分别对应 JCPDS 卡片编号为 39-1395 和 JCPDS 卡片编号为 04-0551。随着水热溶液中离子浓度的增加，XRD 物相中 BST 对应的衍射峰强度增加，TiO_2 对应的衍射峰强度降低，表明涂层中 BST 相的含量随着水热溶液中离子浓度的增加而增加。当水热溶液中

图 6-11　水热溶液不同离子浓度下钛表面 BST 纳米棒涂层的微观形貌
(a) 0.03 mol/L; (b) 0.05 mol/L; (c) 0.07 mol/L; (d) 0.09 mol/L

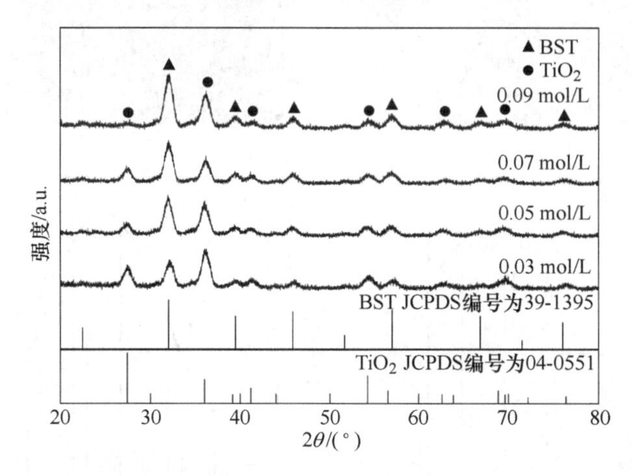

图 6-12　水热溶液不同离子浓度下制备的钛表面 BST 纳米棒涂层的成分

离子浓度在 0.05 mol/L 以上时，TiO_2 相的特征峰明显降低，说明此时涂层的主要成分为钛酸锶钡，还有少量的二氧化钛存在；这是因为水热溶液中离子浓度较低时，只够少量的 TiO_2 能参与水热反应转化为 BST，而随着水热溶液中离子浓度的增加，可供水热反应的离子增加，钛表面有更多的 TiO_2 纳米棒参与反应转变为 BST 纳米棒。结合 SEM 分析结果，为了在钛表面制备形貌规则，且主要成分为 BST 的纳米棒涂层，选择水热溶液中离子浓度为 0.05 mol/L 进行后续实验。

对钛表面 BST 纳米棒涂层的制备工艺优化结果表明：在 Sr 掺杂量为 0.1、水热时间为 2 h、水热温度为 200 ℃、水热溶液中离子浓度为 0.05 mol/L 时，TiO_2 纳米棒涂层经过水热反应后转变为 BST 纳米棒涂层，纳米棒保持规则的形貌，分布均匀，垂直于钛基底生长，如图 6-13 所示。对 BST 纳米棒进行了直径和长度的分布统计，如图 6-13（c）和（d）所示，纳米棒的直径约为 320 nm、长度约为 1.7 μm。钛表面 BST 纳米棒涂层的 XRD 分析结果如图 6-13（e）所示，从图中可以观察到钛酸锶钡和二氧化钛的衍射峰，分别对应 JCPDS 卡片编号为 39-1395 和 JCPDS 卡片编号为 04-0551，没有其他物质的特征峰出现，说明二氧化钛向钛酸锶钡转变的过程中没有生成其他物质，涂层的主要成分为钛酸锶钡和少量的二氧化钛。

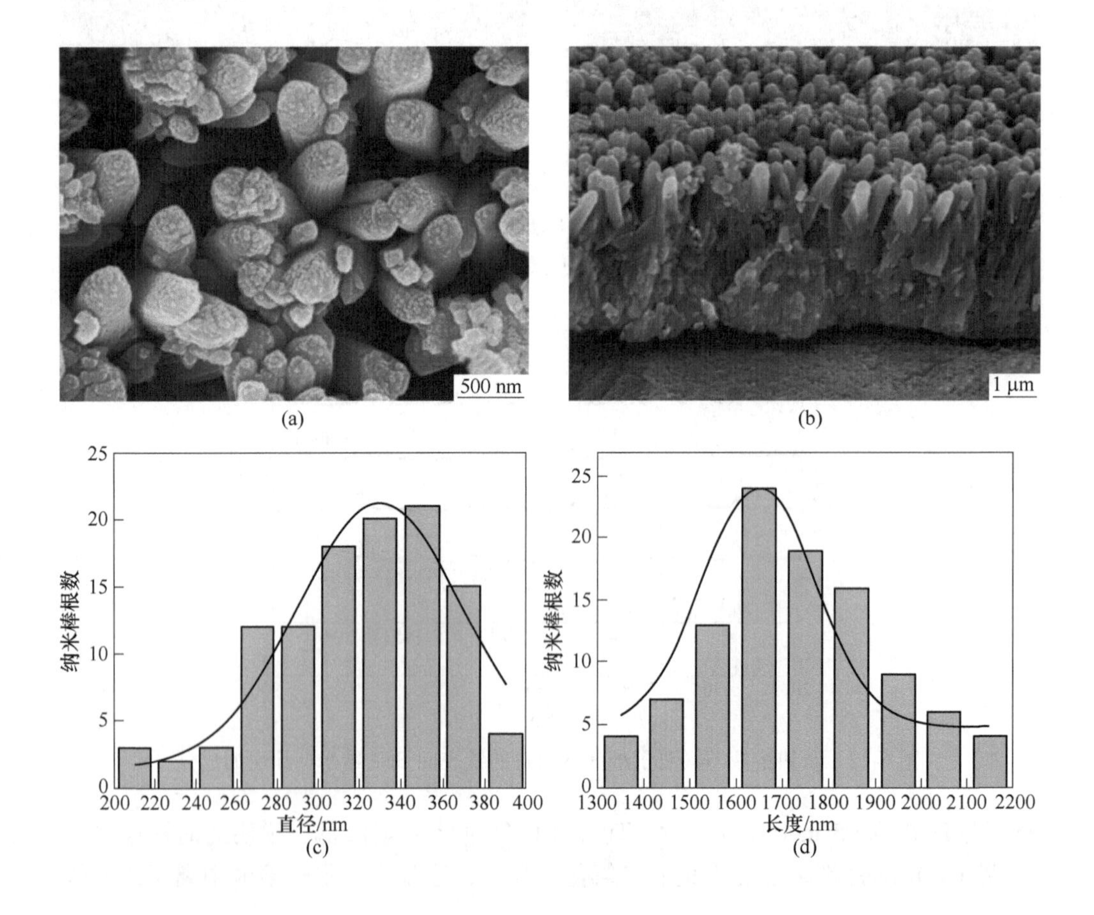

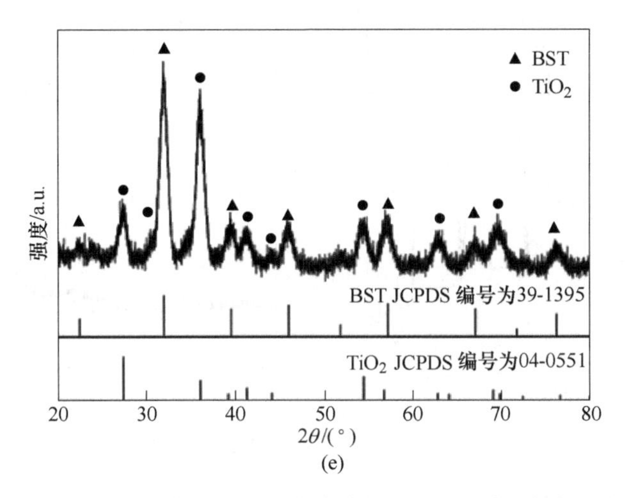

(e)

图 6-13 钛表面 BST 纳米棒涂层的微观形貌和物相组成

（a）平面图；（b）截面图；（c）纳米棒直径统计分布图；（d）纳米棒长度统计分布图；（e）XRD 分析结果

6.1.2.4 钛表面 BST 纳米棒涂层的生长机理

对钛表面 BST 纳米棒涂层进行了 XPS 分析，结果如图 6-14 所示。从图 6-14（a）可以看出，钛表面 BST 纳米棒涂层的元素有 Ti、O、Ba、Sr、C，结合 XRD 分析结果可知，Ti、O、Ba、Sr 元素出现的特征峰对应于钛酸锶钡和二氧化钛，而 C 是由于 XPS 测试中带入或者污染引起的。以 284.8 eV 为中心作为 C 1s 峰的基准对涂层中其他元素的结合能进行校准，对其余存在的元素进行了精细谱分析。图 6-14（e）是 Ti 2p 光谱，电子的自旋轨道耦合将 Ti 2p 分为两个能级：463.9 eV 的 Ti $2p_{1/2}$和 458.1 eV 的 Ti $2p_{3/2}$，Ti 在 455 eV 没有出现 Ti^{3+}的分峰，说明将 TiO_2 纳米棒涂层转化为 BST 纳米棒的水热过程中没有其他杂质生成。图 6-14（f）是涂层的 O 1s 峰的拟合结果，在 531.3 eV 和 529.2 eV 出现两个不同组分的峰，其中 529.2 eV 处的特征峰对应于 BST 中的晶格氧原子，531.3 eV 对应于表面氧原子。Sr 3d 的分峰拟合结果如图 6-14（c）所示，可以看出 Sr 3d 分为两个能级，134.4 eV 处的 Sr $3d_{3/2}$和 132.6 eV 处的 Sr $3d_{5/2}$。Ba 3d 的分峰结果如图 6-14（d）所示，分为两个能级：Ba $3d_{3/2}$和 Ba $3d_{5/2}$，每个能级可拟合为两个子峰。

对钛表面 BST 纳米棒涂层进行了透射电镜分析，结果如图 6-15 所示。从图 6-15（a）的形貌图可以看出，钛表面的 BST 涂层以纳米棒结构的形式存在；图 6-15（b）为纳米棒涂层的高分辨透射电镜图，从图中可以观察到 0.279 nm 的晶面间距，对应于 BST 的（1，1，0）晶面；图 6-15（c）中的电子衍射花样图经过校准分析，也和 BST 的衍射花样相对应。钛表面 BST 纳米棒涂层的透射电镜

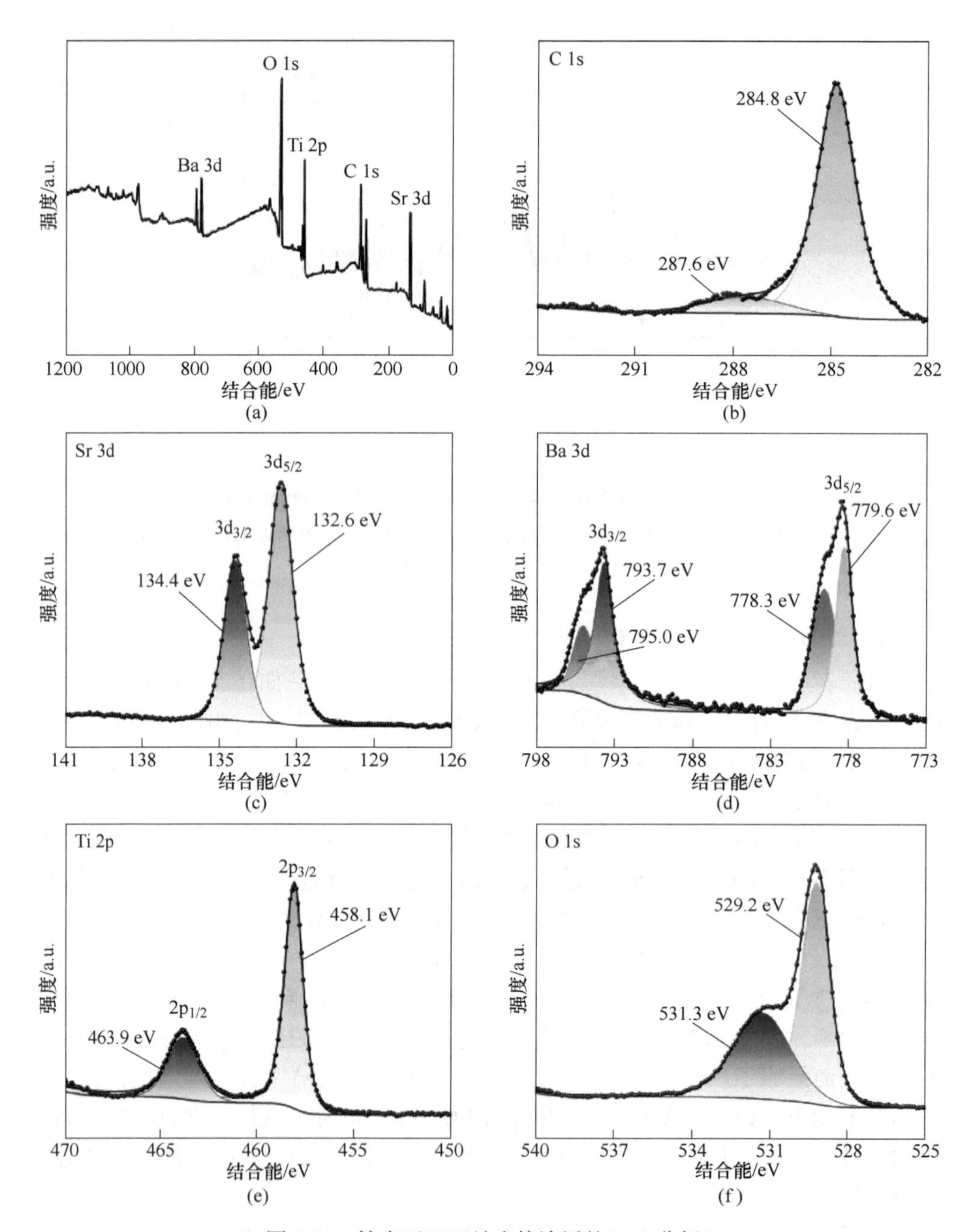

图 6-14　钛表面 BST 纳米棒涂层的 XPS 分析

(a) 全谱图；(b) C 1s 谱图；(c) Sr 3d 谱图；(d) Ba 3d 谱图；(e) Ti 2p 谱图；(f) O 1s 谱图

分析结果和 XRD、SEM 分析结果一致。

通过对钛表面 TiO_2 纳米棒涂层和钛表面 BST 纳米棒涂层的分析可知，钛表

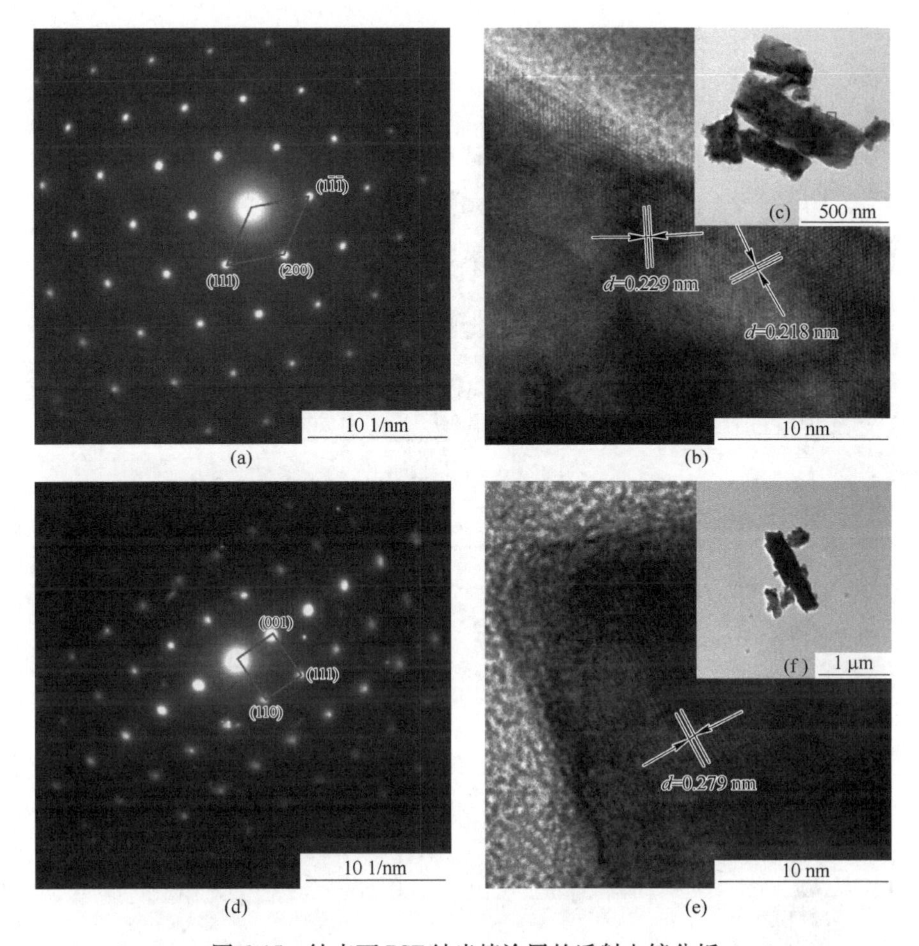

图 6-15 钛表面BST纳米棒涂层的透射电镜分析

(a) TiO_2 棒状阵列的SAED成像；(b) TiO_2 棒阵列的HRTEM图像；(c) TiO_2 棒阵列的透射电镜图像；(d) BST阵列的SAED成像；(e) BST棒阵列的HRTEM图像；(f) BST棒阵列透射电镜图像

面BST纳米棒的合成机理如图6-16所示。钛片在含有钛酸丁酯的盐酸溶液中发生水热反应生成二氧化钛纳米棒涂层，在这一过程中，钛酸丁酯首先在盐酸溶液中发生一系列水解，生成二氧化钛晶粒并在钛片表面发生形核，得到形核位点；随着水热反应的进行，钛酸丁酯不断水解得到二氧化钛，新生成的二氧化钛沿着钛片表面的形核位点外延生长，由于晶核的长大总是趋向表面能减小的方向，所以二氧化钛沿着［001］晶向生长，形成纳米棒结构。在水热反应的过程中，溶液中的盐酸可以抑制钛酸丁酯的水解，减缓二氧化钛晶粒生成的速率，使二氧化钛晶粒有足够的时间在形核处外延生长；同时，溶液中的 Cl^- 吸附到（110）晶面，阻碍了溶液中的生长基元向（110）晶面运输，抑制了（110）晶面的生长，从而促使二氧化钛沿着［001］晶向生长为纳米棒。

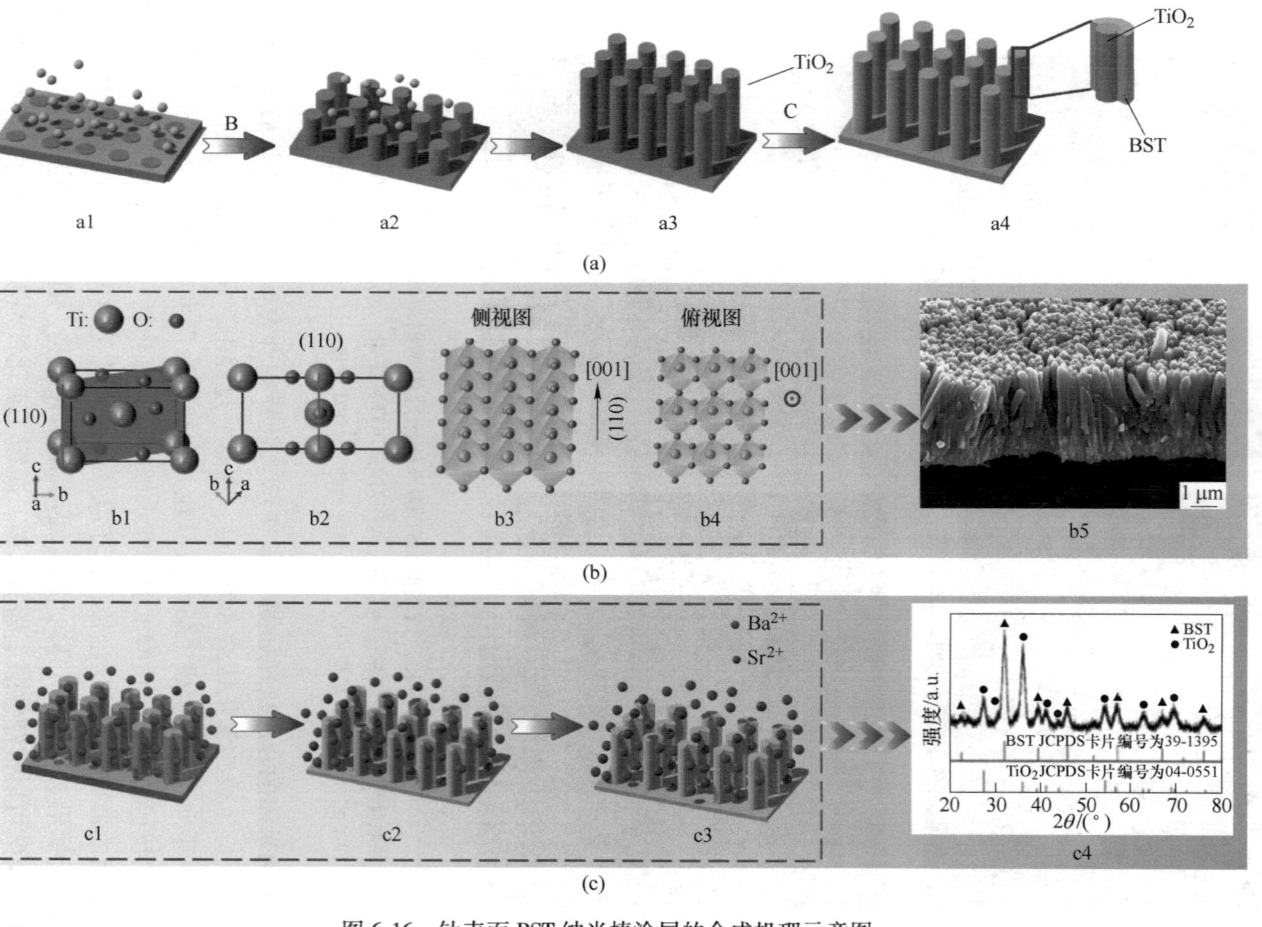

图 6-16　钛表面 BST 纳米棒涂层的合成机理示意图

在钛表面制备二氧化钛纳米棒涂层后，通过水热反应将二氧化钛纳米棒涂层转化为钛酸锶钡纳米棒涂层，这一反应遵循原位反应的机制。水热反应开始时，Ba^{2+}和Sr^{2+}在碱性环境下与TiO_2纳米棒表面发生反应，将纳米棒表层的TiO_2转化为 BST；随着水热反应的进行，Ba^{2+}和Sr^{2+}穿过纳米棒表面形成的 BST 层，与内部的TiO_2继续反应，将内部的TiO_2持续转化为 BST，BST 的厚度逐渐增加，溶液中的Ba^{2+}和Sr^{2+}浓度随着水热反应的进行而降低，就会导致TiO_2向 BST 转变的速率降低；当达到一定浓度时，离子浓度不足以提供反应继续进行的驱动力，导致在钛表面 BST 纳米棒内部有少量的TiO_2残留下来，这与涂层的 XRD 结果相一致。

6.1.3 钛表面 BST 棒阵列涂层的性能及表面电荷分布

6.1.3.1 钛表面 BST 纳米棒涂层的结合力

膜基结合力对涂层材料的服役寿命至关重要，按照 GB/T 30707—2014 标准，通过划痕法对制备的钛表面 BST 纳米棒涂层进行涂层的结合力测试。将试样牢固地固定在试样台上，用金刚石压头以设定的速率在涂层表面连续划动，这一过程中施加在压头上的力线性递增，通过金相显微镜观察涂层表面的划痕。当涂层出现明显剥落时对应施加的载荷称为临界载荷，以此来确定涂层结合力的大小，同时记录划痕过程中的声学信号和摩擦力的数值，作为辅助判定涂层结合力的参数。

对钛表面 BST 纳米棒涂层的划痕进行金相观察，结果如图 6-17 所示。从图中可以看出，在红色虚线框所示位置，涂层出现了明显的剥落；由于施加的载荷是均匀增加的，经过计算在此位置对应施加的载荷为 31. 8 N，因此将钛表面 BST 纳米棒涂层的结合力确定为 31. 8 N。

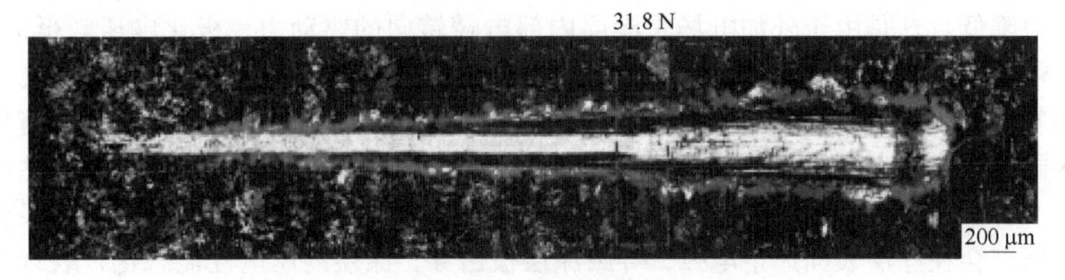

图 6-17 钛表面 BST 纳米棒涂层划痕的金相照片

划痕法测试过程中的摩擦力变化如图 6-18 所示。从图中可以看出，对应的摩擦力变化曲线在 31. 8 N 处出现相应的转折点，表明在此位置涂层完全剥落，压头接触到基体，从而导致摩擦力发生变化，出现转折点，与划痕的金相照片结果一致，涂层的结合力为 31. 8 N。钛表面 BST 纳米棒涂层的结合力高于一般的钛基骨植入材料涂层的结合力（13～16 N），因此本研究制备的钛表面 BST 纳米棒涂层的结合强度满足作为骨植入材料的要求。

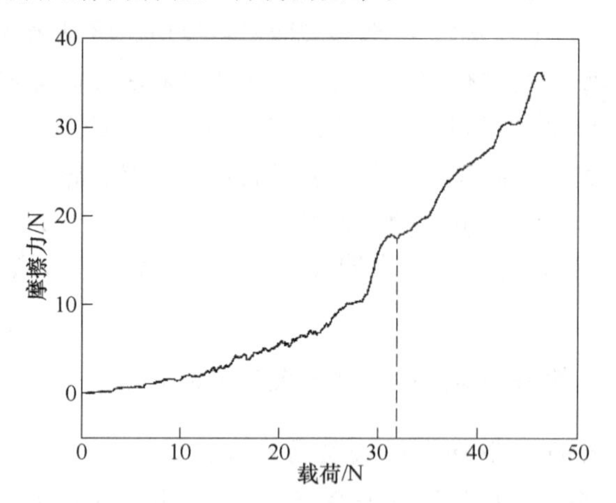

图 6-18　钛表面 BST 纳米棒涂层划痕的摩擦力曲线

6.1.3.2　钛表面 BST 纳米棒涂层的压电性能

压电材料需要经过极化处理才能表现出压电特性，对压电材料施加一定的外加电场，迫使材料中无规则排列的电畴发生规则排列。在一定温度下保持一段时间后，撤去外加电场，已经规则排列的电畴基本保持不变，形成剩余极化，从而表现出压电特性。研究了极化电压、极化温度和极化时间对钛表面 BST 纳米棒涂层压电系数的影响，结果如图 6-19 所示。

不同极化电压下钛表面 BST 纳米棒涂层的压电系数如图 6-19（a）所示。由图可以看出，当极化电压小于 11.5 kV 时，涂层的压电系数随着极化电压的增大而增大，从 0.23 pC/N 增大到 0.78 pC/N；当极化电压继续增大时，涂层的压电系数降低。这是由于外加电场是涂层内部电畴转向的驱动力，极化电压较低时，提供给涂层内部不规则电畴转向的驱动力较小，只能使部分电畴朝着外加电场方向发生规则排列，因此涂层的压电系数较小；随着极化电压增大，涂层内部有更多的电畴在外加电场作用下发生规则排列，所以压电系数增大；当极化电压达到 11.5 kV 时，涂层内部的电畴全部规则排列，压电系数达到最大；继续增加极化电压，会在涂层表面产生电弧，导致涂层被击穿，涂层的压电性能恶化，表现为涂层的压电系数降低。

图 6-19（b）反映了极化温度对钛表面 BST 纳米棒涂层压电系数的影响，可以看出随着极化温度的增加，涂层的压电系数先缓慢增大然后下降，这是由于极化方式采用高温空气极化，在一定的温度范围内极化温度越高，涂层内部的电畴越容易向着极化电场方向偏转；但是当极化温度继续升高到达一定值时，会导致涂层的漏电流增加，从而影响涂层的压电性能，压电系数降低。不同极化时间下

钛表面BST纳米棒压电涂层的压电系数如图6-19（c）所示，从图中可以看出，极化时间对涂层压电系数的影响比极化电压和极化温度对涂层压电系数的影响要小，随着极化时间的增加，涂层的压电系数基本保持在一定的范围内。

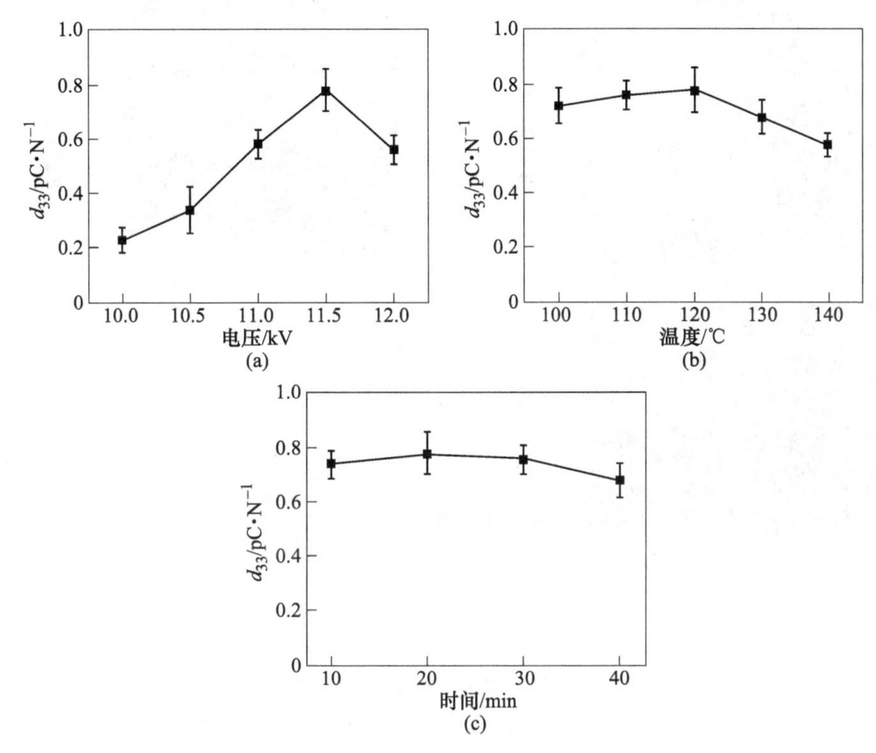

图6-19 不同因素下钛表面BST纳米棒涂层的压电系数

（a）极化电压；（b）极化温度；（c）极化时间

通过研究极化参数对钛表面BST纳米棒压电涂层压电系数的影响规律可知：在极化电压为11.5 kV、极化温度为130 ℃、极化时间为20 min时，钛表面BST纳米棒涂层表现出最高的压电系数，为0.78 pC/N；相比于钛表面制备的TiO_2@$BaTiO_3$同轴纳米管的压电系数（0.28 pC/N），有显著的提高。

为了进一步表征钛表面BST纳米棒涂层的压电性能，通过压电力显微镜（PFM）对钛表面BST纳米棒涂层的压电性能进行表征。在压电力显微镜尖端施加直流偏压，通过测量涂层的压电响应振幅和相位来评估涂层的压电特性，结果如图6-20所示。图6-20（a）为2D形貌图，可以看出涂层表面有纳米棒结构存在，且与钛表面垂直。图6-20（b）和（c）分别为压电力显微镜探针所引起的压电响应的振幅和相位图，在振幅图中，由施加的尖端偏压引起涂层的纳米棒结构发生变形，证明了压电响应的存在，表明钛表面的BST纳米棒涂层具有压电效应。振幅与偏置电压的关系如图6-20（d）所示的蝴蝶曲线，通过分析可得，钛表面BST纳米棒涂层的逆压电系数为320 pm/V，压电性能较好，相位与偏置电压的电滞曲线显示了局部磁区的切换行为。

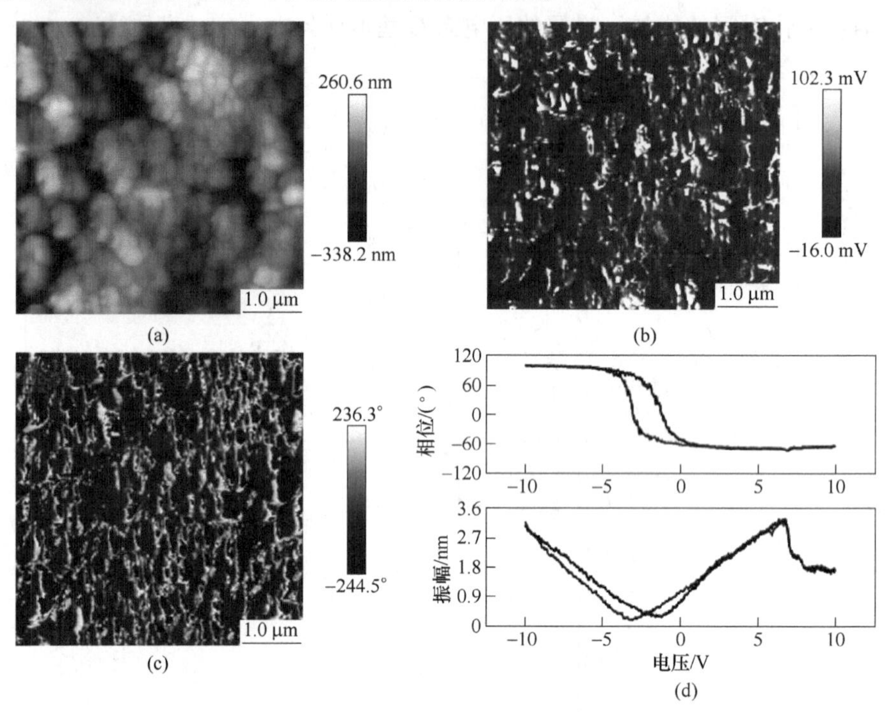

图6-20　钛表面BST纳米棒涂层的PFM测量结果

（a）2D形貌图；（b）振幅图；（c）相位图；（d）SS-PFM分析

6.1.3.3　钛表面BST纳米棒涂层的电荷分布

分析不同状态下钛表面BST纳米棒的表面电位，结果如图6-21所示。BST棒上的电位分布结果表面在90°、60°和45°倾斜角度下受下载荷作用如图6-21（a）所示。三个倾斜角度的BST棒顶部呈负电位，并向底部逐渐过渡到正电位。倾斜角度越大，BST棒顶部的负电位也越大。横向加载时，倾斜90°和倾斜60°时BST棒表面电位分布结果如图6-21（b）所示。倾斜90°时，BST棒在施加载荷方向的底部为负电位，在表面的其余部分为正电位。倾斜角度为60°时，沿倾斜方向加载时，BST杆表面电位主要为负电位，加载反向底部有部分正电位分布。当加载方向相反时，表面电位分布呈现正、负电位反转。图6-21（c）显示了不同粘接量BST棒的表面电位分布。从图中可以看出，不同粘接量的BST棒表面电位分布基本相同，呈现出自上而下由负电荷向正电荷过渡的分布趋势。BST表面电位分布不随BST棒粘接量的增加而发生显著变化。结果表明，电势分布与加载方向和电势倾斜角度密切相关；此外，BST棒表面同时存在正电位分布和负电位分布。

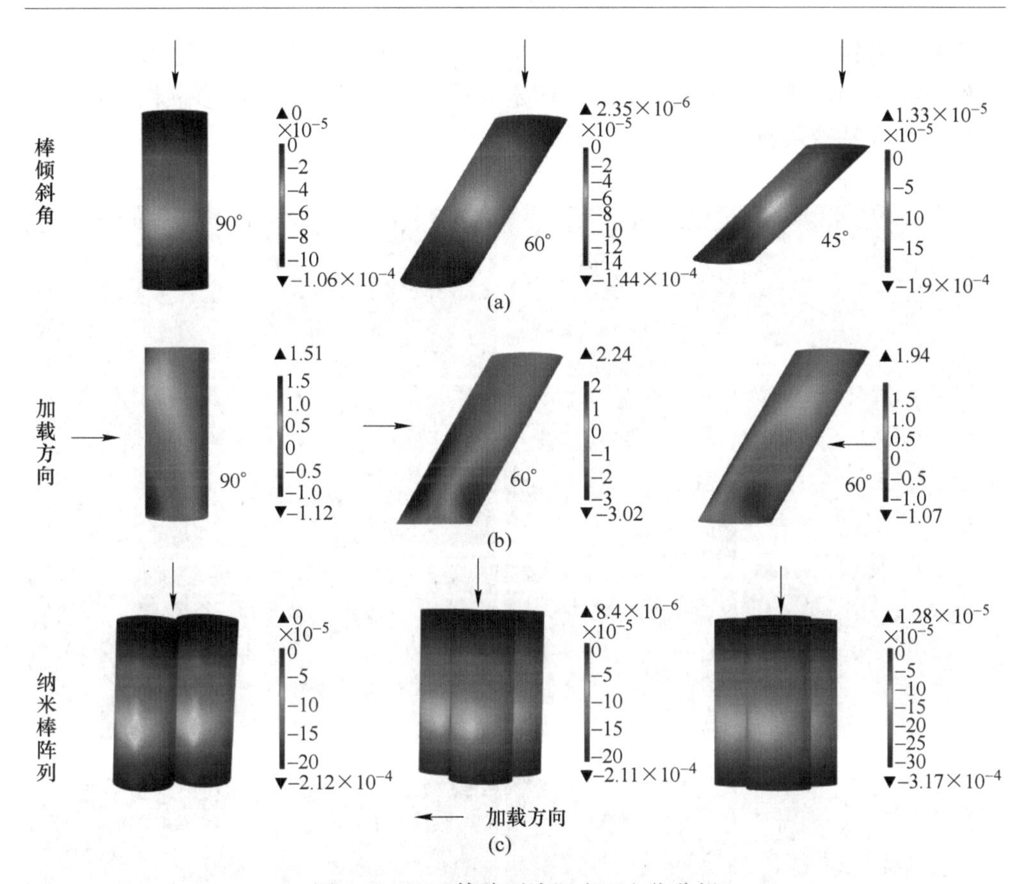

图 6-21 BST棒阵列涂层表面电位分析

（a）单个BST棒不同倾斜角度的表面电位图像；（b）不同应力加载方向下单根BST棒的表面电位图像；（c）多个BST棒的表面电位图像

6.1.4 钛表面BST棒阵列涂层的矿化

骨修复材料在植入人体后其表面形成类骨磷灰石，才能够与人体骨形成良好的骨性结合，这是骨修复材料能否在人体中成功服役的关键。采用模拟体液浸泡的方式模拟骨修复材料植入人体后的体液环境，测定了涂层样品的质量和钙离子浓度的变化，研究了钛表面BST纳米棒涂层诱导钙沉积的能力。使用低频脉冲超声装置，通过低频脉冲超声激发BST压电涂层的压电效应，研究了压电效应对钛表面BST纳米棒涂层诱导钙沉积能力的影响。

研究BST、BST(P)、BST-LIPUS和BST(P)-LIPUS涂层在SBF中浸泡后的变化，结果如图6-22所示。样品在SBF中浸泡1天、4天、7天后的形貌如图6-22（a）所示，BST样品表面有少量针状沉积物，BST(P）样品表面沉积物主要由大球形颗粒材料和少量针状材料组成，BST-LIPUS样品表面沉积物由大量小球形颗粒材料和少量针状材料组成，BST(P)-LIPUS 样品表面沉积物由大球形颗粒材料和一些针状材料组成。此时，假定大球形颗粒材料、小球形颗粒材料和针状材料为羟基磷灰石。

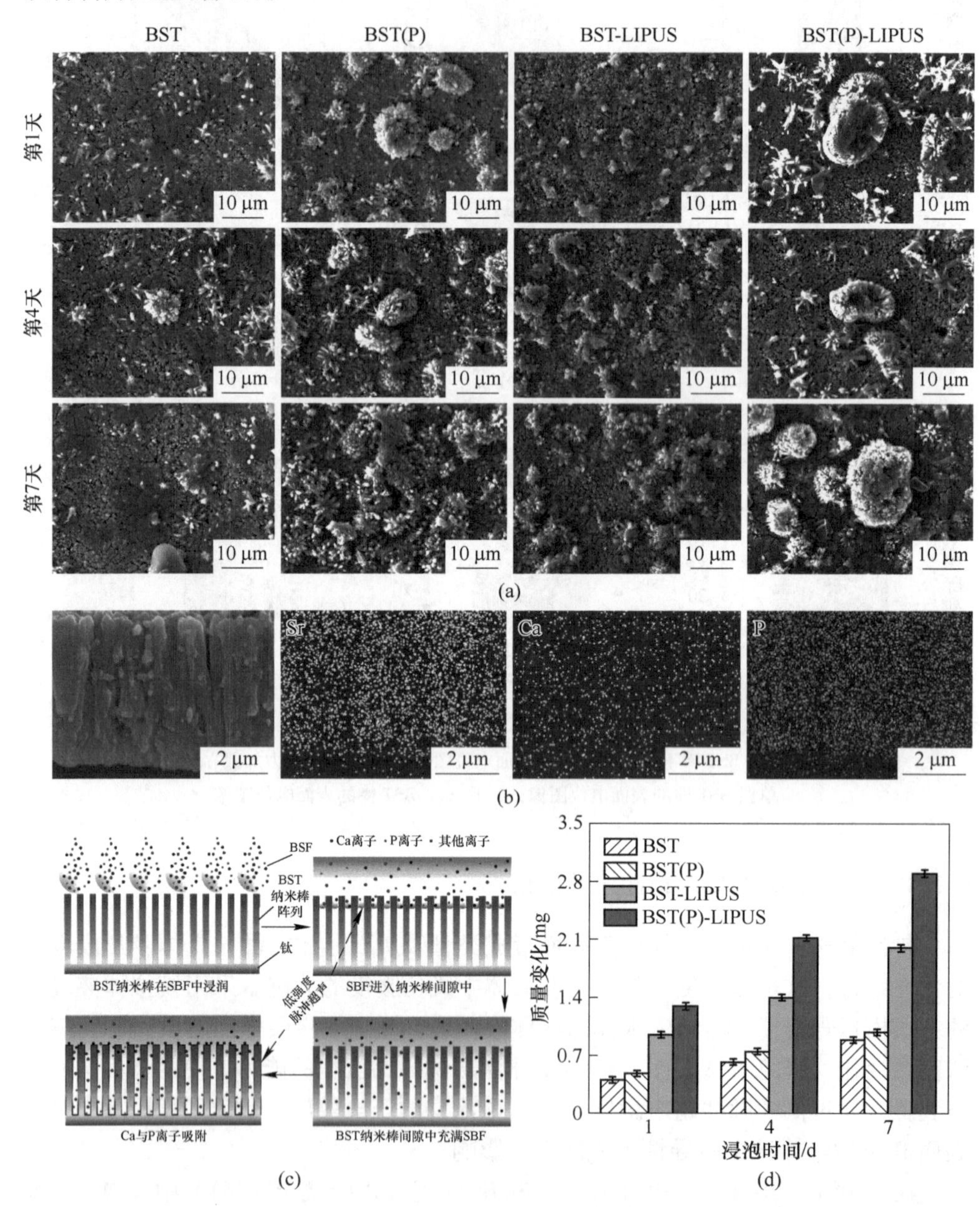

图 6-22　BST 棒阵涂层在 SBF 中浸泡不同时间、不同条件下的变化分析

(a) SBF 浸泡不同时间后试样的表面形貌；(b) BST(P)-LIPUS 在 SBF 中浸泡 1 天后的能谱图；(c) BST 棒阵涂层在 SBF 中浸泡后截面变化示意图；(d) 试样在 SBF 中浸泡不同时间后的质量变化

BST(P)-LIPUS样品在SBF中浸泡1天后的截面EDS结果如图6-22（b）所示，Sr、Ca、P元素在截面上分布均匀。如图6-22（c）分析了这一现象的产生原因，BST棒之间的间隙很小，当BST棒阵列涂层浸入SBF溶液时，在BST棒阵列间隙顶部形成SBF液滴曲面，如图6-22（c）所示。液滴在表面张力的作用下悬浮，根据渗透现象的成因，SBF对黏附层（SBF与BST棒的界面）中液体分子的力与对SBF内部分子的力不同，BST在附着层上的分子吸引力大于SBF在附着层上的分子吸引力，分子力的不平衡导致粘接层延伸。在润湿现象和表面张力的作用下，液体在凸液表面的压力发生了变化，在BST棒阵列间隙的空气中产生额外的压力，导致润湿作用减缓，形成新的平衡。气液表面压差与表面曲率的关系符合拉普拉斯公式，用公式（6-1）表示。

$$\Delta p = \gamma\left(\frac{1}{R_1} + \frac{1}{R_2}\right) \tag{6-1}$$

式中，Δp为曲面界面两侧的压差；γ为液面张力系数；R_1和R_2为作用在Δp的曲面上一点的任意两个正交曲率半径，根据拉普拉斯公式，曲面的曲率半径越小，曲面两侧的压差越大。BST棒阵列间隙内气压的降低或SBF侧的压力液体表面的增加会破坏液体凸面平衡。因此，当低强度脉冲超声应用于BST棒阵列涂层时，这种平衡逐渐被打破。在低强度脉冲超声的作用下，SBF溶液逐渐浸入并填充进BST棒阵列间隙中。

BST棒阵涂层在SBF中浸泡不同时间后的质量变化，如图6-22（d）所示。各试样的质量随保温时间的增加而增加，BST(P)涂层的质量增加幅度大于BST涂层，经低频超声脉冲处理的样品质量比不经低频超声脉冲处理的样品质量增加更多。BST(P)-LIPUS的质量增加最大，达到2.9 mg，产生这种现象的主要原因是低频脉冲超声与压电效应的协同作用。如图6-22（d）所示，在BST棒阵涂层表面沉积了针状羟基磷灰石和球形羟基磷灰石，特别是BST(P)-LIPUS涂层表面沉积了大量球形羟基磷灰石，增重达到2.9 mg，表明BST涂层具有良好的生物相容性。

6.1.5　钛表面BST纳米棒涂层的生物性能

6.1.5.1　细胞毒性和细胞增殖

将纯钛作为对照组，TiO_2纳米棒涂层、$BaTiO_3$纳米棒涂层、极化处理的$BaTiO_3$纳米棒涂层$BaTiO_3$(P)、BST纳米棒涂层、极化处理的BST纳米棒涂层BST(P)与成骨细胞共培养1天、3天、5天后，用MTT法测试各组样品的细胞毒性，结果如图6-23所示。从图中可以看出，各组样品的吸光度值随着共培养的时间增加而增加，表明成骨细胞在各组涂层表面都有较好的细胞活性，并且各组样品的吸光度值与对照组之间没有显著差异，说明钛表面涂层对成骨细胞没有表现出生物毒性，对成骨细胞在涂层的增殖不会产生不利影响。

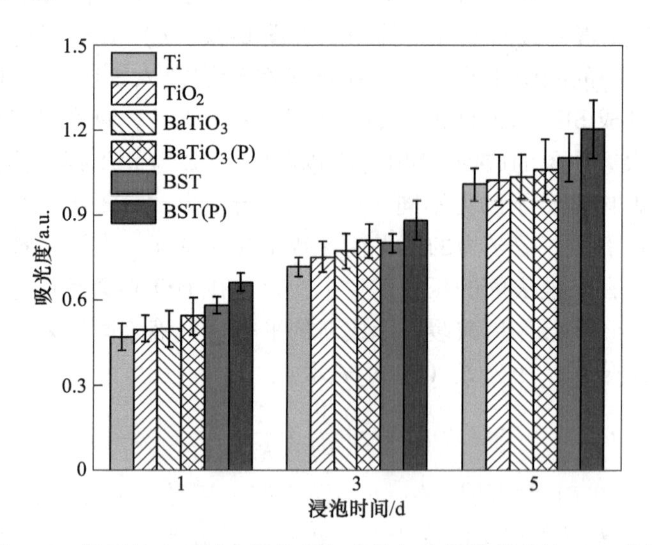

图 6-23　钛及钛表面纳米棒涂层与成骨细胞共培养后的 MTT 分析

各组样品与成骨细胞共培养 1 天、3 天、5 天后的细胞增殖结果如图 6-24 所示。从图中可以看出，随着与成骨细胞共培养时间的增加，各组样品的吸光度值呈现递增的趋势，表明成骨细胞的数量随着共培养时间增加而增加。压电涂层经过极化处理之后，在各个时间点的吸光度值都高于非极化组，表明极化处理产生的电荷可以促进成骨细胞在涂层表面的增殖。

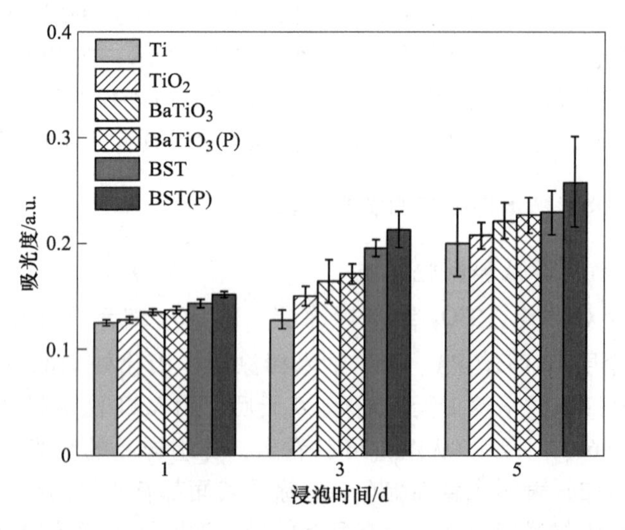

图 6-24　钛及钛表面纳米棒涂层与成骨细胞共培养后的细胞增殖结果

6.1.5.2　细胞黏附和荧光染色

以纯钛作为对照组，将各组样品与成骨细胞共培养1天、3天、5天，对样品表面黏附的成骨细胞进行荧光染色处理，结果如图6-25所示。从图中可以看

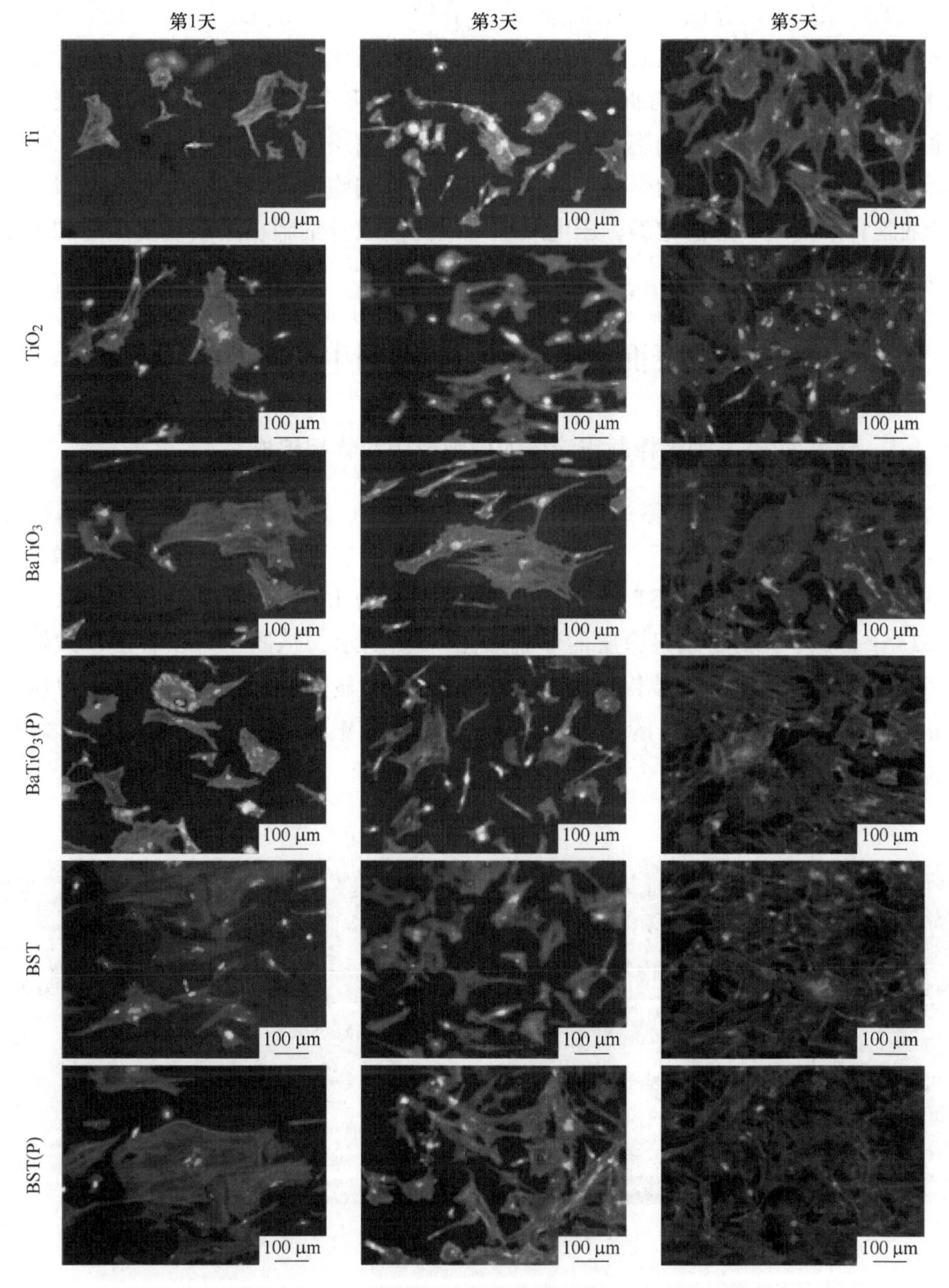

图6-25　钛及钛表面纳米棒涂层与成骨细胞共培养后的荧光染色照片

出，随着与成骨细胞共培养时间的增加，各组样品表面都有明显的细胞黏附和生长，细胞的形态饱满，可以观察到完整清晰的细胞骨架（用红色表示）以及被包裹在细胞质中的细胞核（用蓝色表示），细胞相互黏连分布在整个涂层表面。BST(P) 涂层表面黏附的成骨细胞最多，在第5天时已经完全覆盖在整个涂层表面，这是由于极化处理之后，涂层表面由于剩余极化产生的电荷促进了成骨细胞的黏附，并且Sr元素也有促进成骨的作用，因此BST涂层相比 $BaTiO_3$ 涂层，在涂层表面有更多的成骨细胞黏附和生长。钛表面涂层的细胞实验结果表明：钛表面的压电涂层具有良好的生物相容性，不会引起细胞毒性，在涂层表面黏附的成骨细胞骨架清晰，形态饱满，压电效应可以提高成骨细胞在涂层表面黏附和增殖的能力。

6.2　钛表面 BST-Ag 棒阵列生物压电涂层

6.2.1　钛表面 BST 纳米棒载银涂层的微观形貌和物相组成

将钛表面 BST 纳米棒涂层分别在 0.5 mol/L、1.0 mol/L、1.5 mol/L 硝酸银溶液中浸泡一段时间后，在光反应仪中将涂层表面的硝酸银转变为银单质，制备出不同载银量的 BST 纳米棒涂层，标记为 BST-Ag 0.5、BST-Ag 1.0 和 BST-Ag 1.5。钛表面载银涂层的形貌如图 6-26 所示，从图中可以看出，载银后涂层表面纳米棒形貌与载银前的纳米棒形貌无明显变化；图 6-26（d）为钛表面 BST-Ag 1.0 涂层表面的银元素分布图，表明银元素在涂层表面是均匀分布的。

(a)

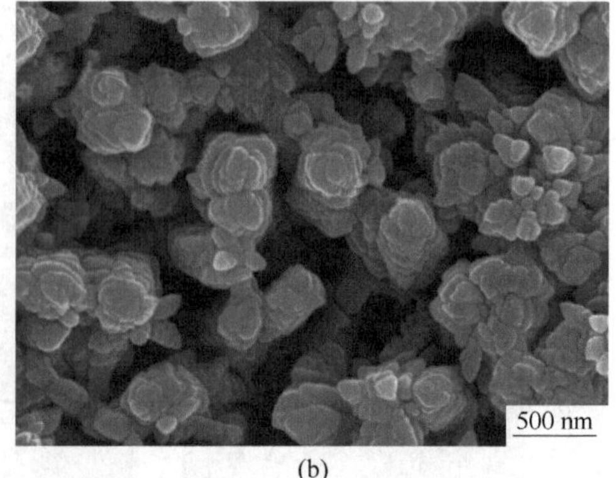

(b)

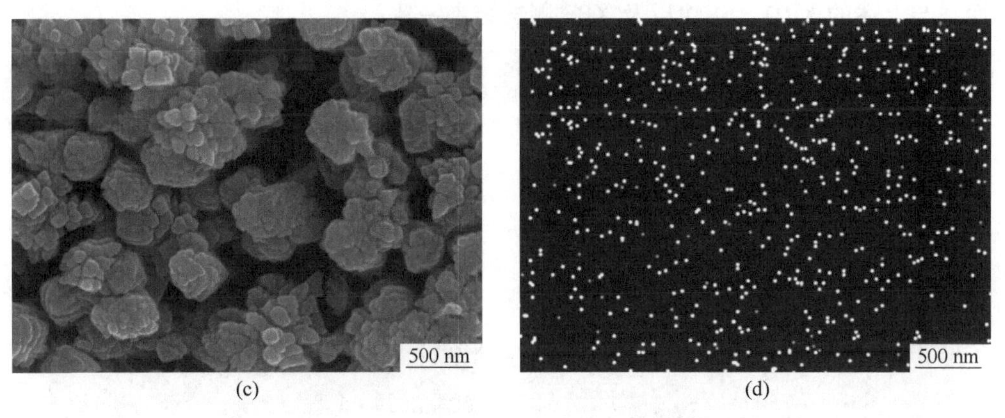

图 6-26 不同载银量钛表面 BST 纳米棒载银涂层的形貌

(a) BST-Ag 0.5;(b) BST-Ag 1.0;(c) BST-Ag 1.5;(d) BST-Ag 1.0 涂层表面的银元素分布

钛表面不同载银量 BST 纳米棒涂层的物相组成，如图 6-27 所示。从图中可以看出，当硝酸银的浓度为 0.5 mol/L 时，XRD 谱图中没有出现银的特征峰，可能是涂层表面银的负载量太少或者没有负载上。当硝酸银的浓度为 1.0 mol/L 时，XRD 谱图中出现银单质的特征峰，此时涂层的成分主要为钛酸锶钡、二氧化钛和银，对应的标准卡片分别为 JCPDS 卡片编号为 39-0395、JCPDS 卡片编号为 04-0551 和 JCPDS 卡片编号为 87-0598，表明银以单质的形式存在于涂层中。

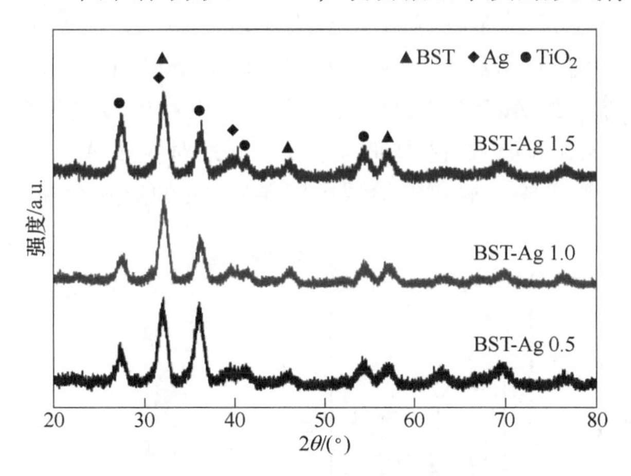

图 6-27 不同载银量钛表面 BST 纳米棒载银涂层的成分

对钛表面 BST 纳米棒载银涂层进行了透射电镜分析，如图 6-28 所示。从图 6-28 (a) 的图像中可以看到在纳米棒表面有颗粒状的物质，进行高分辨透射电镜分析，结果如图 6-28 (b) 所示，可以观察到 $d=0.204$ nm 的晶面间距，对应单质银的 (200) 晶面，表明单质的纳米银以颗粒的形式负载在 BST 纳米棒的表面，与上述的 XRD、SEM 以及 XPS 测试结果一致。

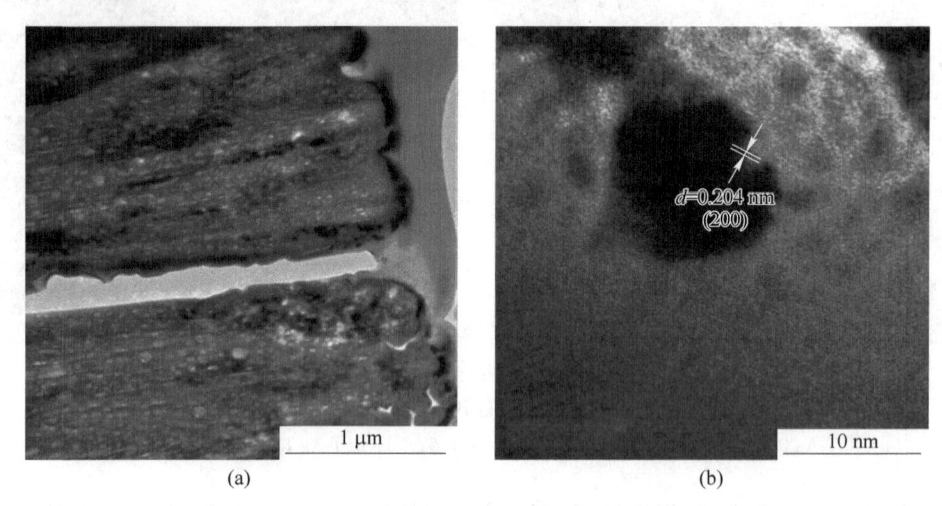

(a)　　(b)

图 6-28　钛表面 BST 纳米棒载银涂层的透射电镜分析
(a) 透射电镜图像；(b) HRTEM 图像

对钛表面 BST 纳米棒载银涂层进行了 XPS 分析，结果如图 6-29 所示。从图 6-29 (a) 的全谱图可以看出，BST 纳米棒载银涂层的表面元素主要有 C、O、Ti、Ba、Sr、Ag，C 是由测试或污染引入的，其余元素均与 BST/Ag 涂层的元素相对应。与钛表面 BST 纳米棒涂层（见图 6-14）相比，BST 纳米棒载银涂层的光谱图在 370 eV 处左右出现了新峰，这对应于 Ag 3d 的信号峰。图 6-29 (b) 为 BST 纳米棒载银涂层的 Ag 3d 拟合后的谱图，可以看出经过拟合之后，Ag 3d 轨道在 367.8 eV 和 373.8 eV 处检测到信号峰，分别对应于 Ag $3d_{5/2}$和 Ag $3d_{3/2}$的结合能，表明 Ag 在 BST 纳米棒载银涂层中以单质 Ag 的形式存在。

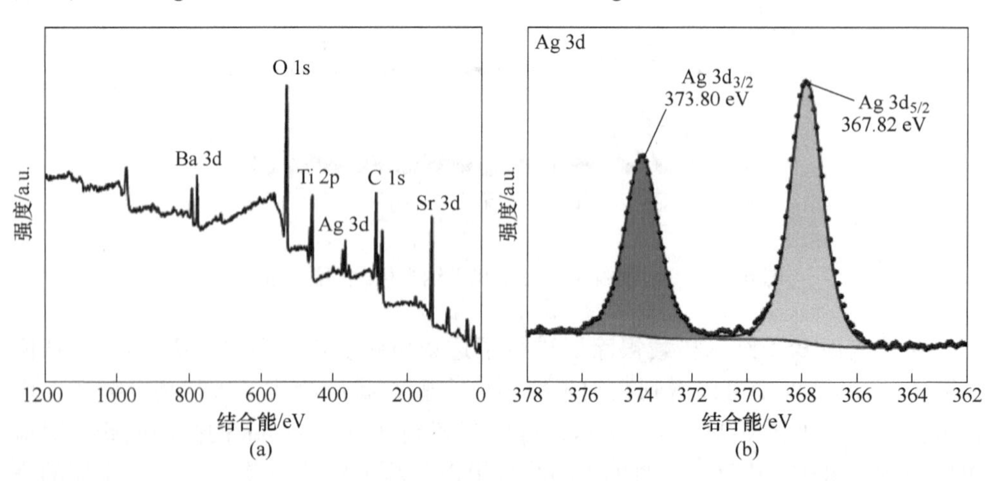

(a)　　(b)

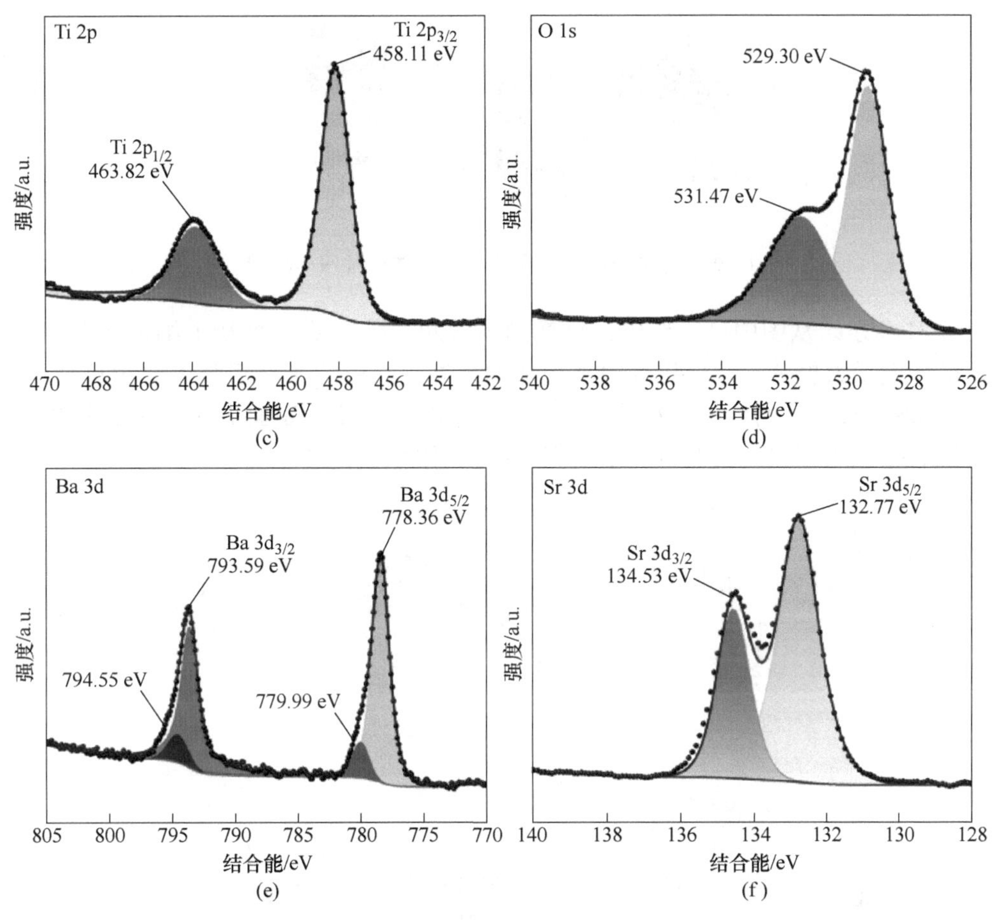

图 6-29 钛表面 BST 纳米棒载银涂层的 XPS 分析

(a) 全谱图；(b) Ag 3d；(c) Ti 2p；(d) O 1s；(e) Ba 3d；(f) Sr 3d

一般来说，活泼金属的硝酸盐受热会分解为亚硝酸盐，而不活泼金属的硝酸盐分解生成的为金属单质。因此，在紫外灯的照射作用下，BST 纳米棒表面的硝酸银发生还原反应，被分解为单质银、二氧化氮和氧气，单质银黏附在纳米棒的表面，二氧化氮和氧气在空气中挥发。纳米银颗粒在 BST 纳米棒表面负载的示意图如图 6-30 所示，硝酸银转化为银单质的反应方程式见公式（6-2）。

$$2AgNO_3 \xlongequal{\text{紫外灯照射}} 2Ag + 2NO_2\uparrow + O_2\uparrow \tag{6-2}$$

6.2.2 钛表面 BST 纳米棒载银涂层的压电性能和亲水性能

涂层的压电性能产生的表面电荷对涂层表面的银离子释放有影响，因此将钛表面 BST 纳米棒载银涂层样品经过极化处理之后测定了压电系数 d_{33}，结果如

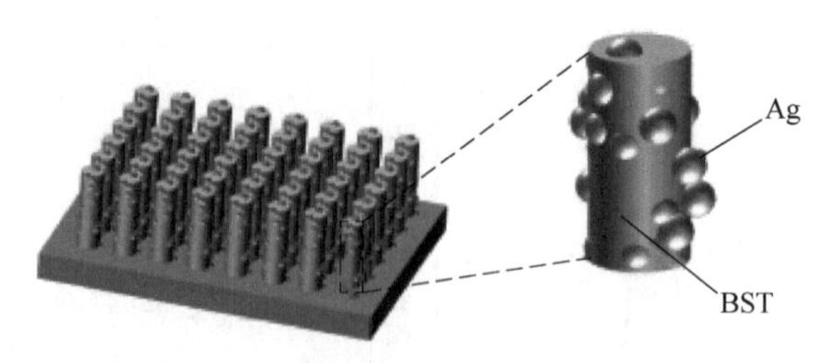

图 6-30　钛表面 BST 纳米棒载银涂层结构示意图

图 6-31 所示。从图中可以看出，负载纳米银颗粒后，钛表面 BST 纳米棒载银涂层的压电系数提高，并且随着银添加量的提高，涂层的压电系数先增大再减小；其中 BST/Ag 1.0 的压电系数最高，为 1.22 pC/N，较钛表面 BST 纳米棒涂层提升了 56%，表明银的负载有利于提高压电涂层的压电系数。

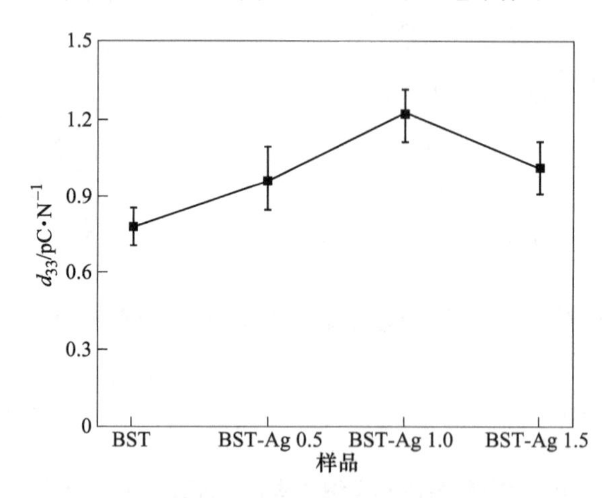

图 6-31　不同载银量钛表面 BST 纳米棒载银涂层的压电系数

图 6-32 为纳米银颗粒对于涂层压电系数的作用示意图，纳米银颗粒作为导电相，可以与 BST 压电相之间建立电接触，提供了导电通路，促进电荷的传输，同时纳米银颗粒可以增强极化电场的强度，迫使更多的电畴沿着电场方向排列，从而导致涂层压电系数的提高。但是，当银负载量增加到一定量时，涂层的压电系数下降，这是因为增加纳米银颗粒的数量时，它们将渗透形成传导路径，形成漏电流，降低涂层的击穿电压，从而降低极化效果，使涂层的压电性能降低。

植入体材料表面的润湿性是调节细胞行为的重要因素，良好的润湿性可以促进羟基磷灰石的沉积，提高植入体表面的生物活性，促进成骨细胞的早期黏附，有利于骨组织的生长。因此，研究了不同 Ag 负载量下钛表面 BST 纳米棒载银涂层的水接触角，结果如图 6-33 所示。从图中可以看出，随着 Ag 负载量的增加，钛表面 BST 纳米棒载银涂层的水接触角也呈现出增大的趋势，但整体上仍然表现

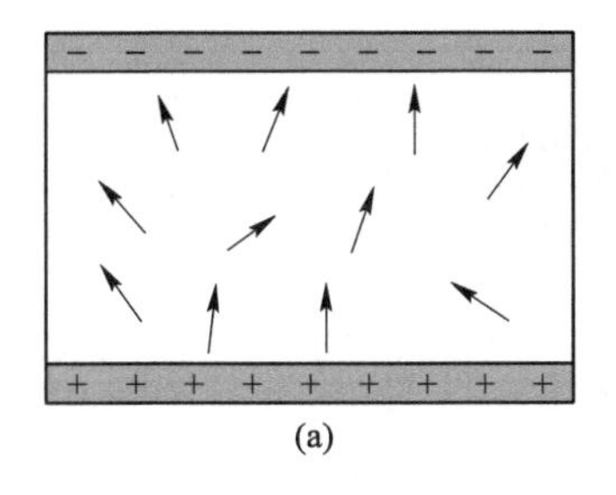

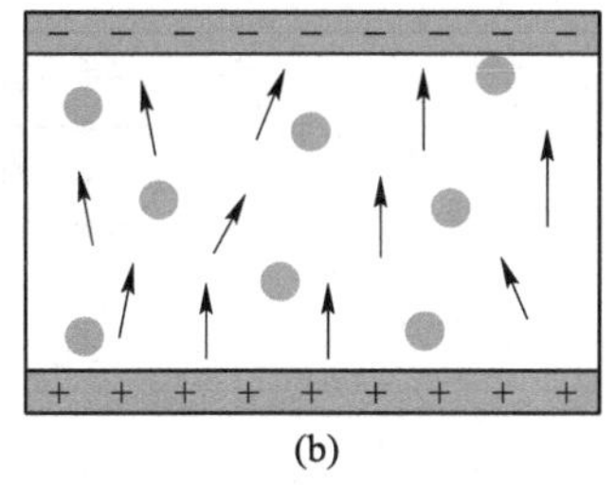

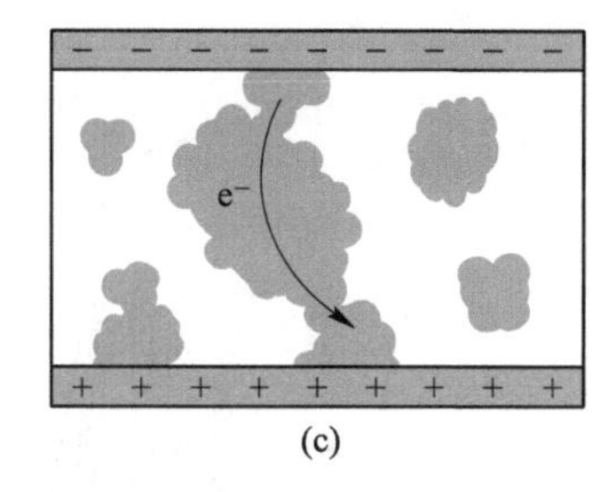

图 6-32 载银量对钛表面 BST 纳米棒涂层压电系数影响规律示意图
（a）未载银；（b）适量银；（c）过量银

出亲水性。这是因为随着银负载量的增加，钛表面 BST 纳米棒涂层表面附着的纳米银颗粒增加，从而导致涂层的亲水性能降低。

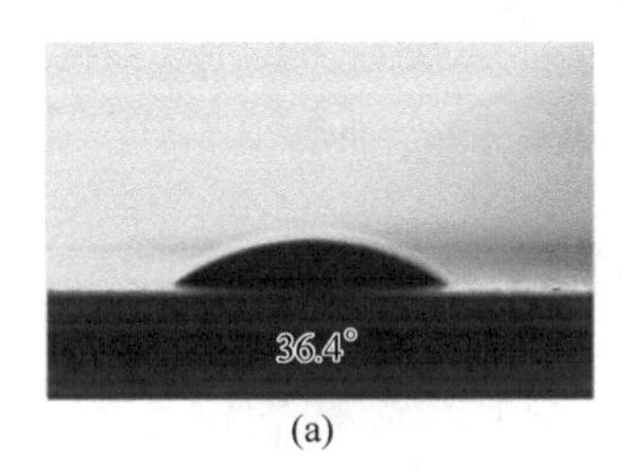

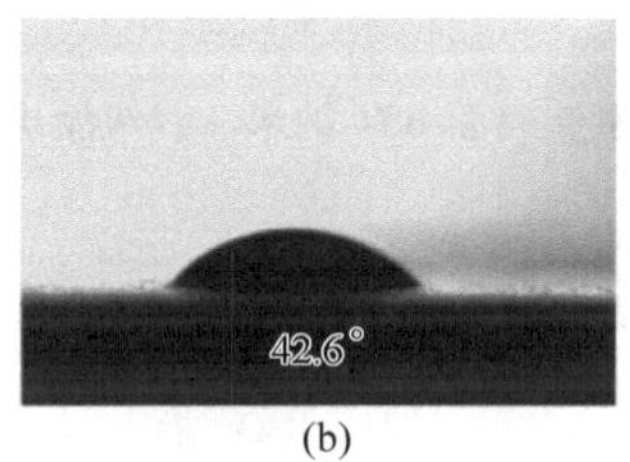

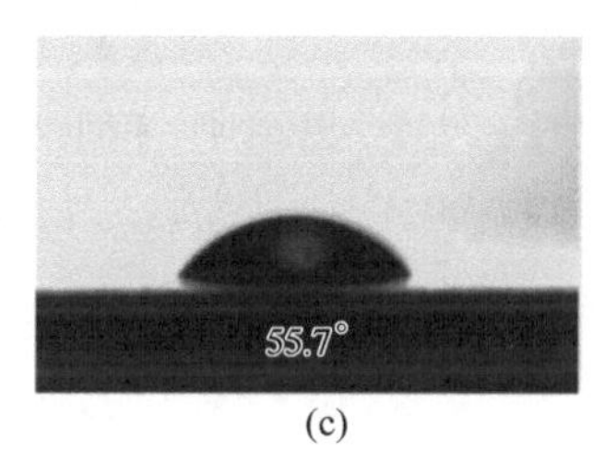

图 6-33 不同载银量钛表面 BST 纳米棒载银涂层的水接触角
（a）BST-Ag 0.5；（b）BST-Ag 1.0；（c）BST-Ag 1.5

6.2.3 钛表面 BST-Ag 棒阵列涂层的银离子释放机制

将载银涂层样品浸泡在 PBS 溶液中，每天更换 PBS 溶液，测试浸泡后 PBS 溶液中的银离子浓度，得到钛表面 BST 纳米棒载银涂层的非累计银离子释放曲线，结果如图 6-34 所示。从图中可以看出，随着在 PBS 溶液中浸泡时间的增加，涂层表面银离子的释放浓度呈现降低的趋势，在浸泡开始的第 1 天，涂层释放的银离子浓度较高；从第 2 天开始，银离子的释放进入平缓期。而随着载银量的增加，涂层释放的银离子浓度越高，在各个时间点银离子释放量的顺序为：BST-Ag 1.5>BST-Ag 1.0>BST-Ag 0.5。比较 BST-Ag 1.0 和 BST-Ag 1.0(P) 两组可以发现，在银离子释放初期，BST-Ag 1.0 涂层释放的银离子浓度比 BST-Ag 1.0(P) 高；经过一段时间后，BST-Ag 1.0(P) 涂层释放的银离子浓度比 BST-Ag 1.0 涂层释放的银离子浓度高；这表明压电效应对涂层表面的银离子释放有缓释的作用，其作用机理如图 6-35 所示。

涂层表面负载的纳米银颗粒浸泡到 PBS 溶液中后，发生氧化溶解，形成银离子。由于溶液中银离子浓度梯度的存在是银离子向 PBS 溶液中扩散的驱动力，浓

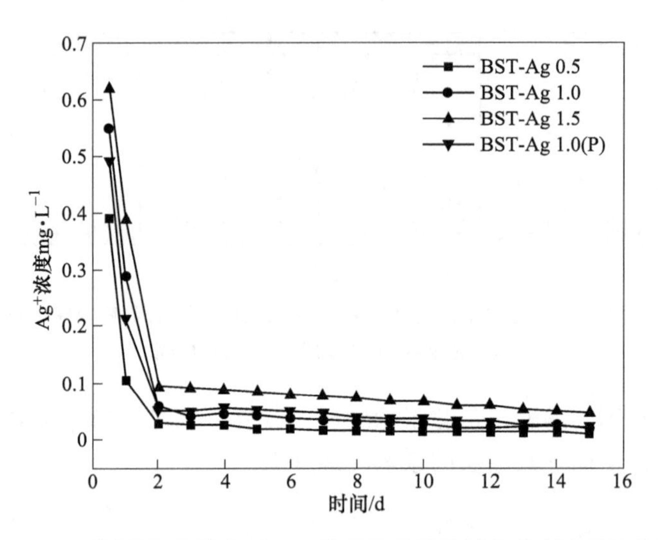

图 6-34　不同载银量钛表面 BST 纳米棒载银涂层的银离子释放曲线

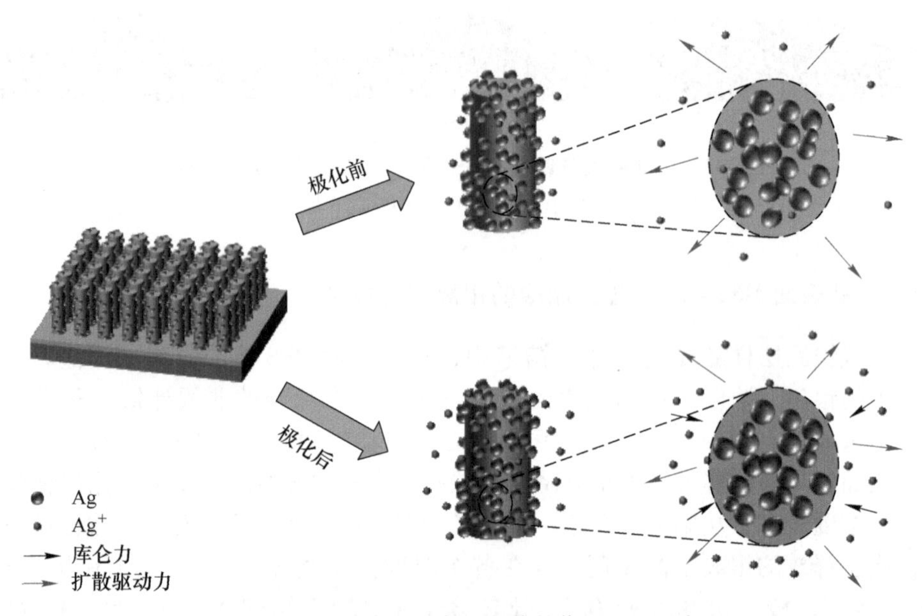

图 6-35　压电效应对银离子释放的作用机理示意图

度梯度越大，扩散得越快；而压电涂层经过极化处理之后，会在涂层表面形成残余表面电荷，电荷和银离子之间存在库仑力的作用，导致银离子向涂层表面吸附，抑制银离子向 PBS 溶液中的扩散。在释放初期，未极化涂层溶液中只存在扩散驱动力，而极化涂层溶液中还有表面电荷与银离子之间的库仑力，所以未极化涂层向溶液中释放银离子的速率快，溶液中的银离子浓度较高；经过一段时间后，在极化涂层表面形成较高的银离子聚集区，此时极化涂层溶液中的扩散驱动力大于未极化涂层溶液中银离子扩散驱动力，极化涂层此时释放到溶液中的银离子浓度较高。

6.2.4 钛表面 BST-Ag 棒阵列涂层的抗菌性能

为了研究涂层的抗菌性能，将纯钛作为对照组，BST-Ag 1.0 和 BST-Ag 1.0(P) 作为实验组，样品在 PBS 溶液中浸泡不同天数后，对浸泡后的溶液做抑菌环实验。将浸泡不同天数后的样品与金黄色葡萄球菌共培养，通过平板计数法计算涂层的抑菌率，使用扫描电子显微镜观察金黄色葡萄球菌在涂层表面的黏附状态，使用荧光显微镜观察涂层表面的细菌存活状态，并分析压电效应对载银涂层抗菌性能的影响机制。

6.2.4.1 抑菌环实验

将各组样品在 PBS 溶液中浸泡 0.5 天、1 天、7 天后，收集浸泡后的溶液，将滤纸片在溶液中浸渍，通过抑菌环实验研究钛表面 BST 纳米棒载银涂层对金黄色葡萄球菌的抑菌效果，结果如图 6-36 所示。从图中可以看出，纯钛组样品没有出现抑菌环，表明纯钛对金黄色葡萄球菌没有抑菌作用。未浸泡组为各组样品浸泡前的 PBS 溶液，所以没有抑菌环出现。

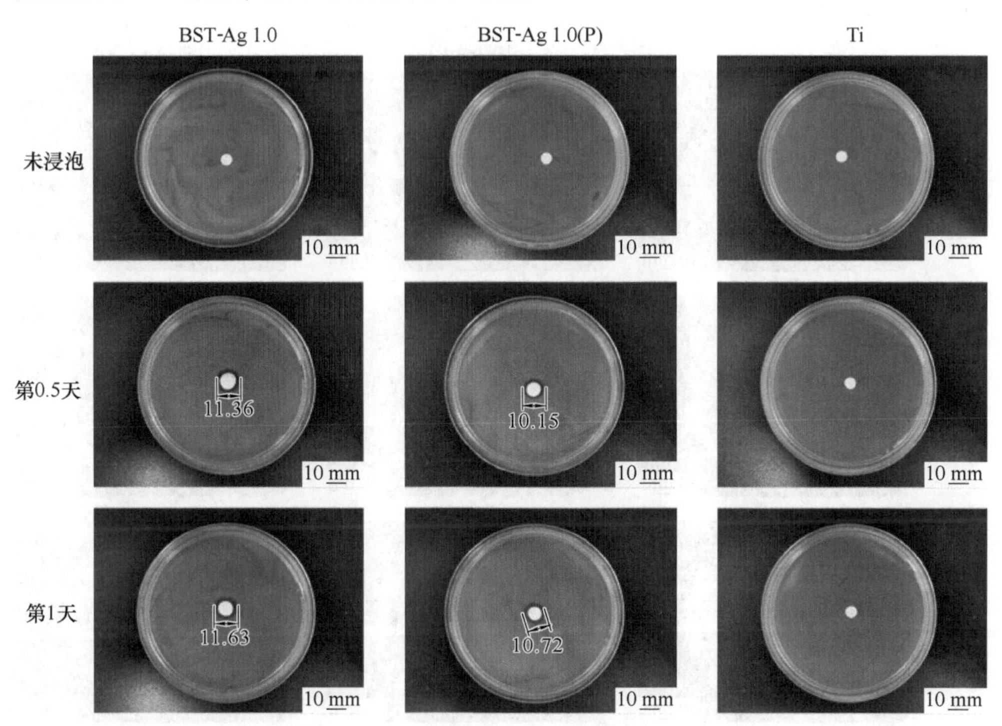

图 6-36　钛表面 BST 纳米棒载银涂层对金黄色葡萄球菌的抑菌环结果

随着载银涂层在 PBS 溶液中浸泡时间的增加，涂层表面持续向溶液中释放银离子，因此抑菌环的直径逐渐增大，抑菌效果也越好。BST-Ag 1.0(P）涂层比 BST-Ag 1.0 涂层的抑菌环直径要小，这是因为 BST-Ag 1.0(P）涂层经过极化处理，在涂层表面存在残余负电荷；而银离子带正电，在库仑力的作用下，银离子被吸附在涂层表面，导致释放到溶液中的银离子较少。因此，BST-Ag 1.0(P）涂层的抑菌环比 BST-Ag 1.0 涂层小。

6.2.4.2　载银涂层的抑菌率

将在 PBS 溶液中浸泡了不同天数的样品与金黄色葡萄球菌共培养 24 h，通过平板计数法计算了载银涂层的抑菌率。共培养后的金黄色葡萄球菌菌落生长结果如图 6-37 所示。

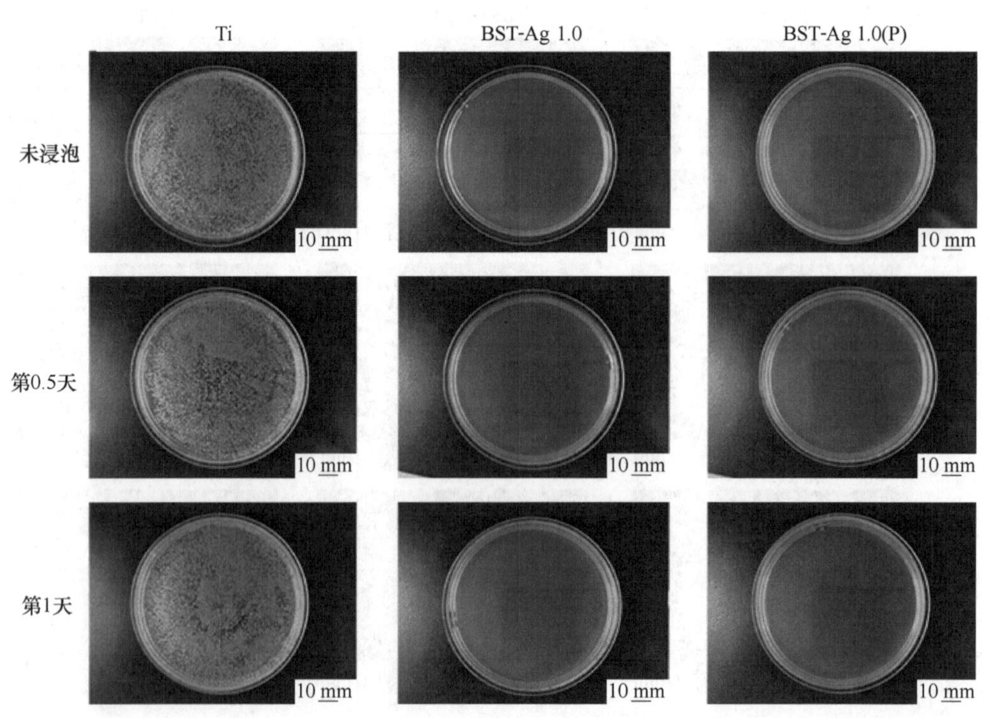

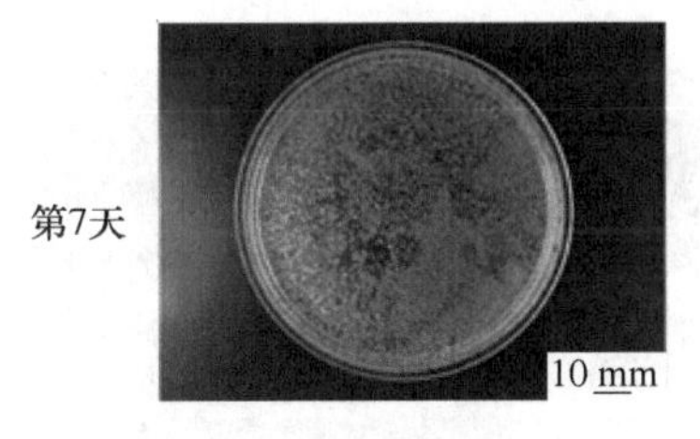

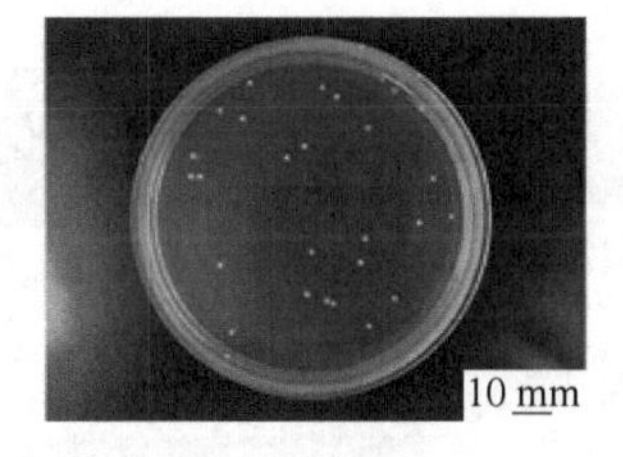

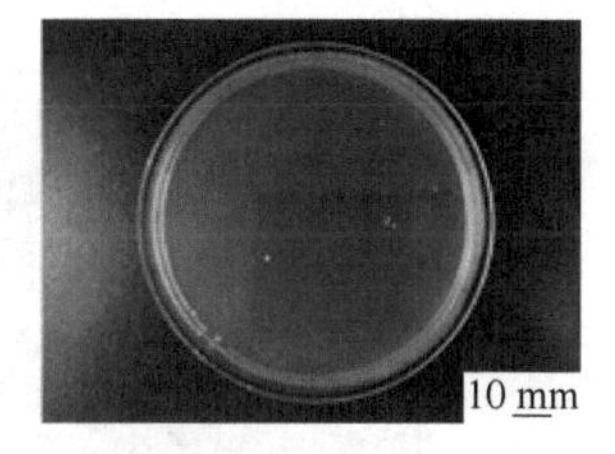

图 6-37　钛表面 BST 载银涂层对金黄色葡萄球菌的抑菌效果图

从图 6-37 中可以看出，载银涂层未浸泡、浸泡 0.5 天和 1 天的琼脂板上都没有菌落出现，表明载银涂层对金黄色葡萄球菌的抑菌率为 100%；载银涂层在浸泡 7 天后的琼脂板上有极少量的细菌生长，说明在 PBS 溶液中浸泡 7 天后，抑菌率仍然可达 99.9%。载银涂层极化之后由于表面电荷的存在，减缓涂层表面的银离子释放速率，使涂层可以保持长久良好的抗菌效果，因此极化涂层浸泡 7 天后表面出现的菌落数量比未极化涂层少。

6.2.4.3　细菌黏附和荧光染色

为了进一步表征钛表面 BST 纳米棒载银涂层对金黄色葡萄球菌的抑制作用，将在 PBS 溶液中浸泡不同天数后的样品与金黄色葡萄球菌共培养 24 h 后，用扫描电子显微镜观察涂层表面黏附的细菌，结果如图 6-38 所示。从图中可以看出，纯钛组表面都黏附了大量的金黄色葡萄球菌，表明纯钛没有抑菌作用，细菌可以在其表面黏附生长。随着载银涂层在 PBS 溶液中浸泡时间的增加，涂层表面开始有少量的细菌黏附，这是因为涂层表面的银离子在浸泡过程中被大量释放，涂层表面的银离子浓度降低，抑菌效果降低，导致涂层表面出现少量的细菌黏附。载银涂层极化之后表面黏附的细菌数量比未极化的涂层少，是由于极化导致涂层表面形成负电荷，一方面负电荷可以减少细菌的黏附，另一方面表面电荷导致极化涂层浸泡 7 天后表面的银离子浓度较高，有较好的抑菌作用。

图 6-38　钛表面 BST 纳米棒载银涂层与金黄色葡萄球菌共培养 24 h 后的细菌黏附结果

将纯钛、BST-Ag 1.0 和 BST-Ag 1.0(P) 在 PBS 溶液中浸泡不同天数后，与金黄色葡萄球菌共培养 24 h，对涂层表面的细菌进行死活染色，结果如图 6-39 所示，其中死细菌显示为红色、活细菌显示为绿色。从图中可以看出，在不同的时间点，纯钛表面都有绿色荧光点出现，没有出现红色荧光点，表明金黄色葡萄球菌在纯钛表面可以大量存活。钛表面 BST 纳米棒载银涂层表面有大量的红色荧光点出现，说明钛表面 BST 纳米棒载银涂层对金黄色葡萄球菌有很好的抑菌效果；在 PBS 溶液中浸泡 7 天后，载银涂层表面除了大量红色荧光点之外，还出现了少量绿色荧光点，表明载银涂层表面有少量活菌，这是因为载银涂层在 PBS 溶液中浸泡 7 天后，表面的银离子大量释放到溶液中，导致涂层的抑菌效果下降。同时极化后的涂层表面出现的红色荧光点和绿色荧光点总量都比未极化的涂层表面少，表明涂层表面的电性可以减少金黄色葡萄球菌在涂层表面的黏附，导致极化涂层表面黏附的细菌少。

压电效应对涂层抗菌性能的影响作用如图 6-40 所示。从图中可以看出，钛表面纳米棒压电涂层经过极化处理之后，在涂层表面有残余负电荷存在，细菌表面带负电荷，与涂层表面的负电荷之间存在排斥作用，可以减少细菌在涂层表面的黏附；除此之外，由于涂层的压电效应在涂层表面产生了较高的银离子浓度区，因此提升了涂层极化处理之后的抗菌效果。

6.2.5　钛表面 BST-Ag 棒阵列涂层的细胞学研究

将纯钛、BST-Ag、极化处理的 BST-Ag(P) 涂层分别与成骨细胞共培养 1 天、3 天、5 天后，用 MTT 法测试各组样品的细胞毒性，结果如图 6-41 (a) 所示。从图中可以看出，各组样品的吸光度值随着与成骨细胞共培养的时间增加而增

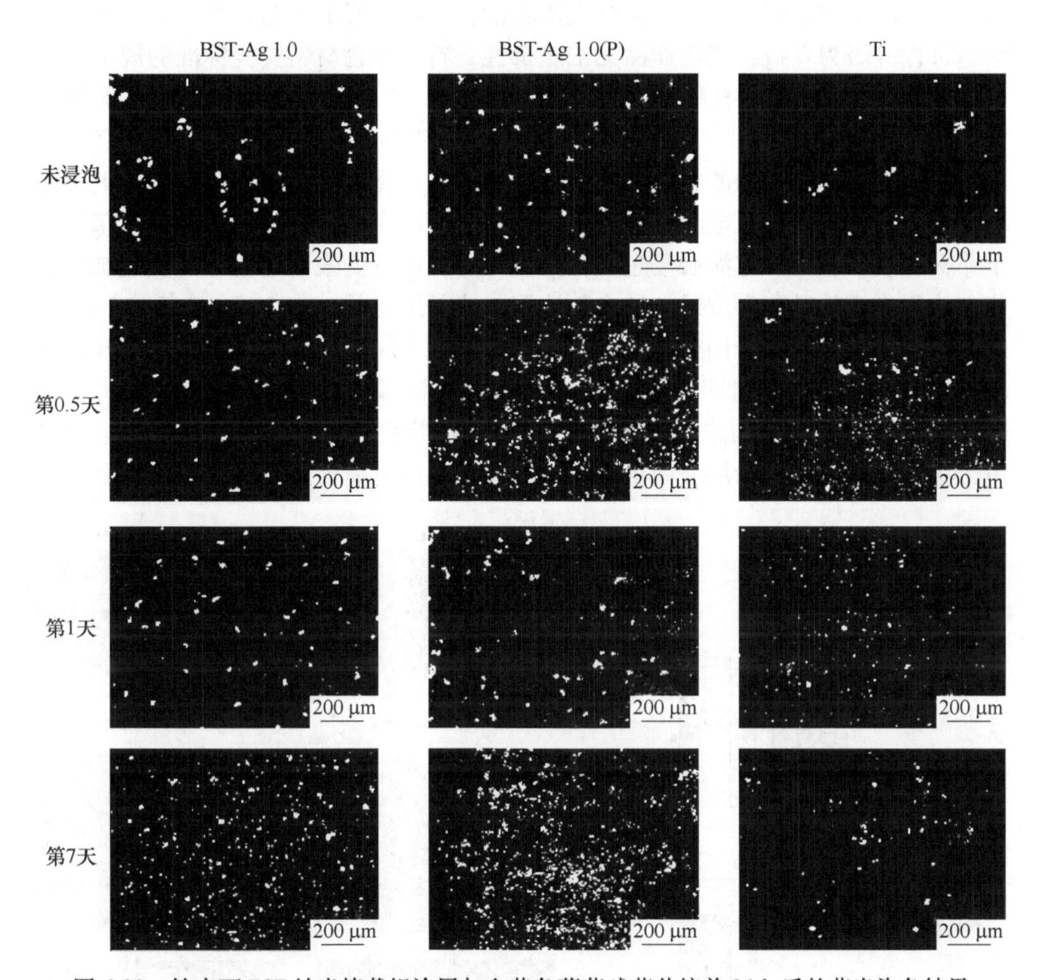

图 6-39　钛表面 BST 纳米棒载银涂层与金黄色葡萄球菌共培养 24 h 后的荧光染色结果

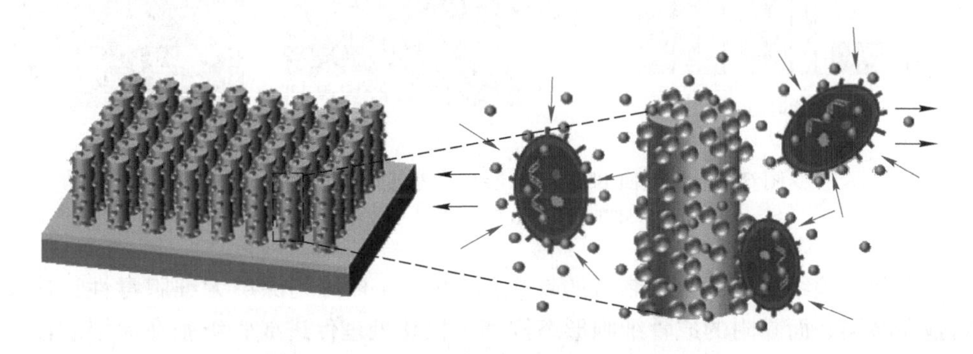

图 6-40　压电效应对涂层抗菌性能的作用示意图

加，表明成骨细胞可以在各组涂层表面存活，且有较好的细胞活性。各组样品的细胞毒性等级为 0 级，表明样品无细胞毒性，符合生物材料安全标准的规定。

各组样品与成骨细胞共培养 1 天、3 天、5 天后的细胞增殖结果如图 6-41（b）所示。从图中可以看出，随着与成骨细胞共培养时间的增加，各组样品的吸光度值呈现递增的趋势，表明涂层表面的成骨细胞数量随着共培养时间的增加而增加。钛表面压电涂层经过极化处理之后，在各个时间点的吸光度值都高于非极化组，表明压电涂层经过极化处理之后，产生的表面电荷可以促进成骨细胞在涂层表面的黏附和增殖。钛表面涂层与成骨细胞共培养 1 天、3 天、5 天后，黏附在样品表面的成骨细胞染色结果如图 6-41（c）所示。从图中可以看出，随着与成骨细胞共培养时间的增加，各组样品表面都有明显的细胞黏附，尤其是 BST-Ag 1.0(P）涂层与成骨细胞共培养 5 天后，涂层表面的细胞形态舒展。这是由于极化处理之后，涂层表面由于剩余极化产生的电荷促进了成骨细胞的黏附。

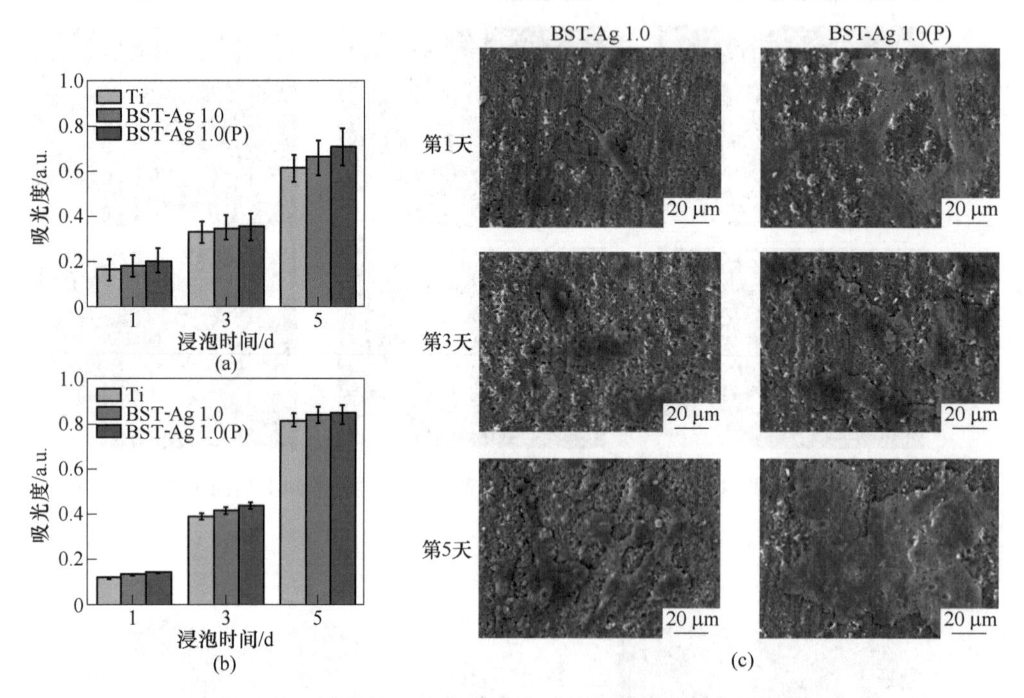

图 6-41　钛表面 BST-Ag 涂层与成骨细胞共培养后的结果

（a）MTT；（b）ALP；（c）表面细胞黏附

细胞实验结果表明：所制备的钛表面 BST-Ag 棒阵列涂层无细胞毒性；成骨细胞在涂层表面黏附的成骨细胞形态饱满；极化处理促进成骨细胞在涂层表面的黏附和增殖，有利于成骨细胞的生长。

参考文献

[1] ASCHARIYA Prathan, JONGRAK Sanglao, WANG Tao, et al. Controlled structure and growth mechanism behind hydrothermal growth of TiO_2 nanorods [J]. Scientific Reports, 2020, 10 (1): 8065.

[2] ZHOU Zhi, TANG Haixiong, HENRY A. Sodano. Vertically aligned arrays of $BaTiO_3$ nanowires [J]. ACS Applied Materials & Interfaces, 2013, 5 (22): 11894-11899.

[3] WANG Hongen, CHEN Zhenhua, LEUNG Yuhang, et al. Hydrothermal synthesis of ordered single-crystalline rutile TiO_2 nanorod arrays on different substrates [J]. Applied Physics Letters, 2010, 96 (26): 263104.

[4] FENG Xinjian, SHANKAR Karthik, OOMMAN K Varghese, et al. Vertically aligned single crystal TiO_2 nanowire arrays grown directly on transparent conducting oxide coated glass: synthesis details and applications [J]. Nano Letters, 2008, 8 (11): 3781-3786.

[5] VENDIK O G, HOLLMANN E K, KOZYREV A B, et al. Ferroelectric tuning of planar and bulk microwave devices [J]. Journal of Superconductivity: Incorporating Novel Magnetism, 1999, 12 (2): 325-338.

[6] HRUDANANDA Jena, MITTAL V K, SANTANU Bera, et al. X-ray photoelectron spectroscopic investigations on cubic $BaTiO_3$, $BaTi_{0.9}Fe_{0.1}O_3$ and $Ba_{0.9}Nd_{0.1}TiO_3$ systems [J]. Applied Surface Science, 2008, 254 (21): 7074-7079.

[7] RAJINI P Antony, TOM Mathews, SITARAM Dash, et al. X-ray photoelectron spectroscopic studies of anodically synthesized self aligned TiO_2 nanotube arrays and the effect of electrochemical parameters on tube morphology [J]. Materials Chemistry, 2012, 132 (2/3): 957-966.

[8] LIU Kefan, MI Lijie, WANG Haiwang, et al. Preparation of $Ba_{1-x}Sr_xTiO_3$ by the sol-gel assisted solid phase method: Study on its formation mechanism and photocatalytic hydrogen production performance [J]. Ceramics International, 2021, 47 (15): 22055-22064.

[9] KARSTEN Rachut, THORSTEN J M Bayer, JAN O Wolff, et al. Off-stoichiometry of magnetron sputtered $Ba_{1-x}Sr_xTiO_3$ thin films [J]. Physica Status Solidi B, 2019, 256 (10): 1900148.

[10] TANYA Gupta, SAMRITI, JUNGHYUN Cho, et al. Hydrothermal synthesis of TiO_2 nanorods: formation chemistry, growth mechanism, and tailoring of surface properties for photocatalytic activities [J]. Materials Today Chemistry, 2021, 20: 100428.

[11] DONGLIANG YU, ZHU Xufei, XU Zhen, et al. Facile method to enhance the adhesion of TiO_2 nanotube arrays to Ti substrate [J]. ACS Applied Materials & Interfaces, 2014, 6 (11): 8001-8005.

[12] SUN Mengwei, YU Dongliang, LU Linfeng, et al. Effective approach to strengthening TiO_2 nanotube arrays by using double or triple reinforcements [J]. Applied Surface Science, 2015, 346 (15): 172-176.

[13] 田永尚，曹丽嘉，李水云，等．极化工艺对压电储能 $Ba_{0.96}Sr_{0.04}TiO_3$ 陶瓷铁电性和场致应变的影响机制 [J]. 信阳师范学院学报（自然科学版），2021，34（3）：467-471.

[14] WU Cong, TANG Yufei, ZHAO Kang, et al. In situ synthesis of TiO_2@$BaTiO_3$ coaxial

nanotubes coating on the titanium surface [J]. Journal of Alloys and Compounds, 2020, 845: 156301.

[15] STASSI S, LAMBERTI A, LORENZONI M, et al. Multiscale measurements of piezoelectric response of hydrothermal converted $BaTiO_3$ 1D vertical arrays [J]. Applied Physics Letters, 2018, 113 (25): 253102.

[16] LEE S. Good to the last drop: interfacial droplet chemistry, from crystals to biological membranes [J]. Acc. Chem. Res. 2018, 51: 2524-2534.

[17] ZHOU Y, JIA Z, SHI L, et al. Pressure difference-induced synthesis of P-doped carbon nanobowls for high-performance supercapacitors [J]. Chem. Eng. J. 2020, 385: 123858.

[18] ZHANG B, NAKAJIMA A. Nanometer deformation caused by the laplace pressure and the possibility of its effect on surface tension measurements [J]. J. Colloid Interface Sci. 1999, 211: 114-121.

[19] SHUAI Cijun, XU Yong, FENG Pei, et al. Antibacterial polymer scaffold based on mesoporous bioactive glass loaded with in situ grown silver [J]. Chemical Engineering Journal, 2019, 374: 304-315.

[20] SHUAI Cijun, LIU Guofeng, YANG Youwen, et al. A strawberry-like Ag-decorated barium titanate enhances piezoelectric and antibacterial activities of polymer scaffold [J]. Nano Energy, 2020, 74: 104825.

[21] PAIK Haemin, CHOI Yoon-Young, HONG Seungbum, et al. Effect of Ag nanoparticle concentration on the electrical and ferroelectric properties of Ag/P (VDF-TrFE) composite films [J]. Scientific Reports, 2015, 5 (1): 13209.

[22] ZHOU Ruixiang, ZHANG Chi, XIE Juning, et al. Bismuth oxide modifies titanium implant for improved osteogenesis and immune regulation [J]. Materials Letters, 2023, 333.

[23] 杨立军，石丹玉，文品，等．钛基表面微纳结构的制备及润湿性 [J]. 应用激光，2022, 42 (9): 82-88.

[24] QOSIM Nanang, SUPRIADI Sugeng. Formation of oxide layer and wettability on the surface of electrical discharge machining-based implant engineered by micro-finishing [J]. Journal of Biomimetics, Biomaterials and Biomedical Engineering, 2022, 6591: 25-33.